KB197973

3판

방호공학

저자 소개

백상호 육군사관학교 토목환경학과 교수

이준학 육군사관학교 토목환경학과 교수

박상우 육군사관학교 토목환경학과 교수

안진호 육군사관학교 토목환경학과 조교수

전영준 육군사관학교 토목환경학과 조교수

3판

방호공학

3판 발행 2024년 12월 31일

지은이 백상호, 이준학, 박상우, 안진호, 전영준
펴낸이 류원식
펴낸곳 **교문사**

편집팀장 성혜진 | **책임진행** 윤지희 | **디자인** 김도희 | **본문편집** 디자인이투이

주소 10881, 경기도 파주시 문발로 116
대표전화 031-955-6111 | **팩스** 031-955-0955
홈페이지 www.gyomoon.com | **이메일** genie@gyomoon.com
등록번호 1968.10.28. 제406-2006-000035호

ISBN 978-89-363-2623-4 (93530)
정가 32,000원

3판

방호공학

백상호 · 이준학 · 박상우 · 안진호 · 전영준 지음

PROTECTIVE STRUCTURAL ENGINEERING

3판 머리말

2013년 개정판 발간 이후 약 10년의 시간이 흘렀다. 2010년 11월 23일 연평도 포격전 이후, 2011년 국방시설본부에 방호과가 신설되었고, 2012년 주요 군사시설의 방호설계 기준 연구를 시작으로 국방 · 군사시설 기준에 대한 연구가 체계적으로 시작되었다. 육군사관학교는 군사시설의 방호능력 향상을 위해 토목환경학과 교수를 중심으로 국방 · 군사시설 방호담당자들의 직무역량 증진 및 방호 전문가들의 네트워크 형성을 위한 '군사시설방호워크숍'을 2015년부터 개최하여 왔으며, 북한의 6차 핵실험 직후인 2017년 10월 1일 북한의 핵무기 및 대량살상무기 방호를 위한 전문연구기관인 핵 · WMD방호연구센터를 창설한 바 있다. '군사시설방호워크숍'은 미래전략기술연구소 핵 · WMD방호연구센터의 방호기술세미나로 그 명맥을 이어나가고 있다. 또한 육군사관학교는 2019년 한국화생방방어학회와 공동으로 '방호구조물 설계 분석을 위한 국제심포지엄(Design and Analysis of Protective Structures, DAPS)'을 성공적으로 개최하였다.

북한의 탄도미사일 및 핵위협이 지속되어 최근 국방 · 군사시설 및 대피시설에 대한 방호가 중요해짐에 따라 2023년 7월 7일 한국방호시설학회가 창립되었으며, 국방시설본부는 2024년 1월 1일부로 방호시설발전과를 신편하였다. 2024년 5월 3일에는 국방시설본부와 육군사관학교가 공동주최하고 한국방호시설학회와 육사의 미래전략기술연구소 핵 · WMD방호연구센터가 공동주관하는 '2024년 한국방호시설학회 춘계학술대회'가 육사 충무관 강당에서 성황리에 개최되었다. 국방시설본부는 '軍 특수기술 분야 중 방호시설 기획, 계획, 설계, 시공, 유지보수를 담당할 전문인력'을 양성하고 인증하기 위한 국방 분야 국가자격인 '방호기술관리사'를 신설하였다. 방호기술관리사는 방폭 · 방탄, 화생방, EMP 분야에 대해서 1급과 2급을 구분하여 운영될 예정이다.

이와 같이 최근 국방 · 군사시설 방호에 대한 중요성과 방호 전문인력 양성의 필요성에 대한 인식이 높아진 것은 방호기술 발전을 위한 공감대 형성 차원에서 바람직하다고 보겠다. 본서는 대학 강의 목적으로 집필하였으며, 초보자들이 방호공학의 기초부터 응용까지 전반적인 핵심 내용을 살펴볼 수 있도록 구성하고자 노력하였다. 직전판(2판)은 총 9장으로 구성하여 군사 구조물 전반을 다뤘으나, 본 개정판(3판)은 방호구조물 설계에 중점을 두고 기존의 3장을 중심으로 개정하였다. 이에 3판에서는 군용하중급수, 군용도로 등 군구조물 내용의 대부분이 빠지게 되었으며, 가독성을 고려하여 기존의 표와 그림을 새로 작성하였음을 밝힌다. 다소 미진한 부분이 있지만 지속적으로 보완하여 개정해 나갈 것을 밝히는 바이다. 또한 이 책의 개정판을 위해 수고를 아끼지 않은 교문사 출판사 직원 여러분에게 감사드린다.

2024년 12월

화랑대에서 저자 일동

머리말

전쟁에서 승리하기 위해서는 뛰어난 무기체계를 보유하는 것도 중요하지만 이에 못지않게 초전에 적의 위력적인 무기체계로부터 아군의 생존성을 지킬 수 있는 방호에 대한 대책과 기술이 필요하다. 방호는 전장에서 승리하기 위해 반드시 필요한 7대 전장기능 중 하나로서, 미국의 9.11 테러나 북한의 연평도 포격 도발사건에서도 알 수 있듯이 무기위력이 커짐에 따라 현대전에서도 그 중요성이 증가하고 있다. 군사공학은 전장에서 발생하는 제반 문제점을 공학적으로 해결하기 위하여 등장한 학문으로서 좁은 의미로는 토목공학의 군사적 응용이라고 할 수 있다. NATO군과 미 국방부는 기동부대의 원활한 전투수행을 위하여 전투지원을 위한 다양한 형태의 군사공학적 해법을 내놓고 있지만, 이것을 배경지식 없이 이해하는 것은 쉽지 않다. 예를 들어 연합작전에서 동맹국 기동장비의 신속한 교량통과를 보장하기 위해 만들어진 군용하중급수, 화생방 및 EMP 방호, 군 방호구조물의 설계 절차 등은 공학적인 전문지식뿐만 아니라 군과 전쟁양상, 무기체계 등에 대한 이해를 필요로 하기 때문에 공학적 지식이 없는 군 간부와 실무 경험이 없는 민간기술자들이 관련 내용을 이해하는 데 어려움이 많았다. 본서는 이런 점에 착안하여 누구나 쉽게 공학적인 접근방식과 개념을 이해하며, 나아가 토목공학에서 다루는 군사적 실무 응용능력을 함양할 수 있도록 만들어졌다. 이 책은 사관생도 교육을 목적으로 《군사구조물》이라는 제목으로 1984년에 첫 발간되었으며, 생도교육 이외에도 지난 40여 년 동안 국내 군사시설 분야의 실무자뿐만 아니라 군사시설을 설계 · 시공하는 민간기술자에게 널리 활용되어 왔다. 그 후 2003년 《방호공학》이라는 제목으로 개정되었으며, 그동안 생도교육 내용을 바탕으로 올해 재개정을 하게 된 것을 기쁘게 생각한다. 본서는 많은 부분이 NATO와 미국의 관련 자료를 바탕으로 작성되었으며, feet, pound 단위를 meter, kgf 단위로 환산하였음을 밝혀 둔다.

이 책이 나오기까지 집필진 개개인이 나름대로 최선을 다하였으나 보완해야 할 부분이 적지 않을 것으로 생각하며, 이 책을 읽는 독자들의 기탄없는 지적과 훌륭한 의견을 기대해 마지않는다. 또한 이 책의 개정판을 위해 수고를 아끼지 않은 교문사 출판사 직원 여러분에게 감사드린다.

2013년 1월

화랑대에서 저자 일동

차례

CHAPTER 2

구조공학 기초

CHAPTER 3

무기 효과

CHAPTER 4

방호구조물 설계

CHAPTER 5

화생방 방호시설 설계

CHAPTER 6

핵·EMP 방호시설 설계

CHAPTER 7

방호시설 종합설계

CHAPTER 1

방호공학 개요

방호(防護, protection)는 보호할 만한 가치가 있는 자산(資産, asset)을 이를 위협하는 대상으로부터 지켜낸다는 의미를 가지고 있다. 전장에서 승리하기 위해 반드시 필요한 기능인 7대 전장기능(정보, 지휘통제, 화력, 기동, 방호, 전투근무지원, 네트워크 환경) 중 하나인 방호는 '적의 위협으로부터 아군의 전투력을 효과적으로 보호하고 아군의 행동의 자유를 보장하기 위한 조직적인 활동'으로서, 아군의 생존성(survivability)을 보장하기 위해서는 적의 위협에 대한 방호대책이 마련되어야 한다. 방호공학(防護工學)은 이를 위한 해법이자 공학적 이론과 원리를 적용하는 학문으로, 자산을 위협하는 요인이 무엇이냐에 따라 몇 가지로 대별된다. 민간 부분에서는 일찍이 화재로부터 자산을 지켜내기 위한 목적의 화재방호공학(fire protective engineering)이 발전되어 왔으며, 최근 들어 재해 · 재난으로부터 인명과 재산을 보호하기 위한 방재공학(disaster protective engineering)이 주목을 받고 있다. 군에서는 일찍이 각종 적의 공격(재래식 및 핵무기 등)으로부터 아군의 전투력을 보호하고 생존성을 보장하기 위하여 견고하고 튼튼한 진지 및 방호시설을 구축하려는 노력을 기울여왔는데, 이를 통해 축성학 및 방폭 · 방호구조공학(explosion proof and protective structural engineering)이 발전되어 왔다.

넓은 의미의 방호는 예상되는 모든 위협에 대하여 인원과 장비의 생존성을 보장하기 위한 것으로서, 여기서 예상되는 모든 위협은 화재나 댐 붕괴 등 인위적인 재난과, 폭우로 인한 산사태, 재래식무기, 핵무기, EMP(Electro-Magnetic Pulse)에 의한 공격, 테러, 급조폭발물(Improvised Explosive Devices, IEDs), 사이버 공격 등 전 · 평시 군에서 발생할 수 있는 모든 위협을 말한다. 본서에서 다루고 있는 군사방호공학(이하 방호공학)은 토목공학적인 관점에서 적이 의도한 공격, 즉 재래식, 핵무기, EMP 등 적의 무기체계에 의한 공격에 방호될 수 있는 군사시설 및 방호시설을 설계 · 해석하는 기본 원리와 절차를 다루는 '방호구조공학'을 의미한다.

방호공학은 예상되는 모든 위협으로부터 자산을 보호하며 구조물 본연의 기능을 유지하고 군사적 목적 달성을 위해 사용되는 응용학문이다. 방호시설 설계 시에는 어떠한 위협에 노출되었을 때 구조물이 제 기능을 발휘함으로써 구조물 내부에서 활동하는 인원들의 생존 가능성을 향상시키는데 중점을 둔다. 작전을 수행하는 전투원의 생존성을 보장하기 위해서는 방호시설이 필요하지만, 방호시설은 첩보, 감시, 정찰, 장애물 설치 등의 많은 방어수단들이 위협을 막지 못했을 때를 대비한 최후의 수단으로써 활용되어야 하며, 독립적으로 운영되는 것이 아니라 이러한 수단과 통합적으로 운용되어야 한다.

1.1 방호공학 용어의 정의

방호공학의 연구 대상은 생존성 보장이 요구되는 진지, 거점, 방호시설, 요새, 축성 등이다. 각 용어의 정의를 살펴보면 다음과 같다.

진지(陣地, position)는 전투부대의 공격이나 방어를 위한 준비로 구축해 놓은 지역, 부대에 의해서 점령된 장소 혹은 지역, 전투행위를 하기 위해 준비된 개인 · 부대 · 장비의 구체적인 전투위치를 의미한다. 예를 들어 전투진지는 접근로의 통제 가능한 지역에 선정된 방어위치를 의미하며 주진지, 예비진지, 보조진지, 차후진지로 구분할 수 있다.

거점(據點, strong point)은 활동의 근거지로 삼는 곳, 비교적 영구적인 자재로 축성화된 강력한 진지, 진지 내 중요 지점, 전 방향에서 전투가 가능하도록 강력하게 편성된 진지를 의미한다.

방호시설(protective facility)은 넓은 의미로 인원, 장비 및 물자, 시설 등을 적의 직접적인 공중, 지상 공격, 화생방 공격 및 악기상으로부터 보호하기 위하여 구축한 제반 시설물을 의미하며, 좁은 의미로는 직접적 전투행위보다 간접적 전투지원 및 작전 지속능력의 보존을 위해 비교적 정밀하게 영구적으로 구축된 시설물을 의미한다. 방호시설은 구조적인 관점에서 방호구조물이라고도 하며, 용도에 따라 지휘통제시설(지휘소), 전투진지(포상, 교통호 등), 저장시설(유류고, 탄약고), 숙영시설, 기타(인공 또는 자연구조물)로 구분되고, 축조 형태에 따라 지상시설, 지하시설, 지상복토시설, 반지하시설, 동굴형 시설로 구분된다.

요새(要塞, fort)는 국방상 중요한 지점에 견고하게 마련해 놓은 군사적 방어시설로서, 전략 혹은 작전상 중요한 지점에 적의 어떠한 공격에도 견딜 수 있도록 구축한 영구적인 제반 방어시설을 의미한다.

축성(築城, fortification)은 군사상 방어 목적으로 중요 지역에 구조물을 쌓는 것을 의미하며, '요새화'라는 말로도 통칭된다. 축성은 영구축성과 야전축성으로 구분된다. 영구축성(permanent fortification)은 콘크리트 등 준비된 재료를 이용하여 반영구적인 진지를 만드는 것이고, 야전축성(field fortification, temporary fortification)은 땅을 파서 둔덕을 쌓는 등 야전에서 쉽게 구할 수 있는 재료를 활용하여 가용한 진지를 구축하는 것을 의미한다. 예를 들어 국방시설본부에서 발주하여 설계도면을 통해 건설업체에서 시공하는 방호시설은 영구축성에 해당하고, 각급 야전부대에서 반기 1회 자체 계획을 세워서 주변 거점에 개인호, 교통호 등의 진지를 자체적인 인력과 장비로 구축하는 것은 야전축성에 해당한다.

1.2 무기체계와 방호수단의 관계

역사적으로 볼 때 칼과 창은 근접 전투에서 인원을 효과적으로 살상하기 위한 무기로 등장했고, 이러한 무기를 방어하기 위한 수단으로 방패와 갑옷이 등장했다. 칼이 날카로워지고 창이 길어지는 등 무기의 위력이 커짐에 따라, 전투 수행 간 적의 무기의 위력을 감소시키고 생존성을 보장하기 위한 여러 가지 수단이 강구되었다. 예를 들면 뾰족한 칼과 창을 견뎌낼 수 있도록 방패의 크기를 크고, 그 재질을 두껍게 한다든지, 방패 외곽에 칼과 같은 장치를 두어 공격과 방어를 동시에 하도록 한다든지 하는 것이다.

이와 같이 방호수단의 발달은 무기체계 발달사와 그 계보를 함께 하고 있다. 무기체계가 개발됨으로써 이에 대한 생존성을 보장하기 위하여 방호수단이 개발되었으며, 이러한 방호수단을 뛰어넘기 위하여 기존보다 위력이 센 고성능 무기체계가 등장하게 되었다. 예를 들어 항공기로부터 공중투하된 폭탄으로 인해 군사시설이 파괴되자, 이에 대한 대응으로 수 미터 두께를 가진 고강도 콘크리트 방호구조물이 등장하게 된다. 그러나 현대에는 이를 타격하기 위해 두께 7 m 이상의 콘크리트를 관통하여 내부에서 폭발할 수 있는 벙커버스터(bunker burst)라는 무기가 개발되었다. 그러나 두꺼운 콘크리트를 관통할 수 있는 벙커버스터가 개발되었다고 하여 기존 방호시설이 전부 위협에 노출되었다고 단언하기는 힘들다. 왜냐하면 적이 벙커버스터만을 가지고 중대급부터 군사령부급까지 모든 군사시설을 공격할 것이라고 판단하는 것은 난센스이기 때문이다.

제대별 무기체계의 다양화로 적과 교전 시 사용되는 무기체계는 어느 정도 정형화되어 있을 것으로 판단된다. 예를 들어 전시에 동급제대끼리의 전투를 한다는 원칙은 없지만, 적의 규모가 파악된다면 가급적 비슷한 규모의 병력이 투입되어 쌍방 전투를 할 것이다. 예를 들어 최악의 경우 대대급 병력이 1단계 상급제대인 연대급 병력을 상대하는 경우가 있을 수 있겠지만, 2단계 상급제대인 사단급 병력과 싸우는 일은 극히 드물 것이다.

일반적인 방호시설 설계의 기본 과정은 실제 전장에서 해당 시설을 목표물로 공격할 것이라고 예상되는 무기 중 가장 위협적인 무기체계에 방호되도록 만든다. 물론 적이 해당 시설을 어떤 무기로 공격해 올지는 알 수 없다. 그러나 최소한 2단계 상급제대의 편제화기 이상으로 공격해 오지는 않을 것으로 판단한다면 제대별, 시설별 적정 방호수준을 정할 수 있을 것이다. 이것을 방호등급 또는 방호성능, 방호도, 방호수준 등의 용어로 나타낼 수 있다. 대대급 벙커와 군사령부급 벙커는 방호수준에 차이가 있으며, 이것은 시설물의 중요성에 따라 달라진다. 따라서 벙커버스터가 개발되어 콘크리트 구조물을 무력화할 수 있다고 하여 방호공학의 의미가 퇴색되는 것은 아니다. 위협이 되는 각 무기에 대하여 방호될 수 있는 수단을 마련한다는 측면에서 방호공학은 제대별 방호시설의 적정한 방호수준을 제시하는 데 기여할 수 있다.

방호공학자들은 벙커버스터가 이미 개발되었기 때문에 이에 대응할 수 있는 방호수단을 강구하게 될 것이다. 예를 들어 벙커버스터의 타격이 예상되는 방호시설은 벙커버스터 공격에 견딜 수 있는 새로운 신소재를 개발하여 방호하거나, 애초에 타격을 받지 않도록 위치에 대한 보안을 강화하고, 위치가 노출되더라도 정확한 위치에 타격되지 않도록 공중에서 요격을 하거나, GPS(Global Positioning System) 전파를 교란하는 등의 대책을 강구할 수 있을 것이다.

제2차 세계대전 당시 핵무기의 등장은 기존 방호시설의 효용성에 대한 의문을 갖게 하기에 충분했다. 핵무기는 지상에 있는 모든 것을 초토화시켰기 때문이다. 그러나 미소 냉전시대에 이미 미국과 러시아(구소련)는 핵무기에도 방호될 수 있는 방호시설을 구축한 바 있으며, 그 핵심 기술은 현재까지도 유효하게 적용되고 있다.

전쟁에서 승리하기 위해서는 강력한 무기체계를 개발해야 한다. 그러나 적도 우리와 마찬가지로 무기체계 개발에 힘쓰고 있다는 것을 전제로 한다면, 적의 무기체계로부터 생존성을 보장할 수 있는 방호체계 개발에도 소홀해서는 안 될 것이다. 특히 북한의 연평도 포격 도발사건에서 알 수 있듯이 빗발치는 포탄 속에서도 인원과 장비를 보호하고 효과적으로 대응할 수 있는 견고한 방호시설을 갖추는 것은 아군의 생존성과 전투력을 보존하기 위한 필수 요건으로서 지속적인 관심을 기울여야 할 것이다.

1.3 군 방호의 개념과 종류

역사적으로 볼 때 군(軍)에서 사용하는 방호는 지휘통제, 방호, 기동, 화력, 정보, 작전 지속지원 등 6대 전투수행기능 중 하나이다. 통합방위법 제2조(정의) 제12항에서는 '"방호"란 적의 각종 도발과 위협으로부터 인원 · 시설 및 장비의 피해를 방지하고 모든 기능을 정상적으로 유지할 수 있도록 보호하는 작전 활동을 말한다.'라고 정의하고 있다. 방호의 구성 요소로는 정보 수집, 감시, 경찰, 장애물 설치, 방호시설 등이 포함된다. 방호의 목표는 다양한 구성 요소를 통해 궁극적으로 전투수행능력을 보장하고 생존성을 높이는 것이라 할 수 있다. 이 중에서 방호시설은 주어진 위협으로부터 시설 내부에 있는 자산(asset)의 생존과 기능을 보장하는 최후의 방호수단이 된다. 본서에서는 '방호시설'과 '방호구조물'이라는 단어를 동일한 의미로 사용한다.

방호는 위협의 종류에 따라 재래식 무기 방호와 비재래식 방호(Chemical, Bacteriological, Radiological, Nuclear; CBRN)로 구분된다. 재래식 무기에는 비핵무기가 포함되며 발사무기(projectile), 폭탄(bomb), 로켓과 미사일, 기타 특수 무기(화생방, EMP 등)로 구성된다. 이에 대응하는 방호 방법으로는 방폭과 방탄이 있다. 비재래식 방호는 핵무기와 관련된 방호로, 핵 · 방사선, 화학 · 생물학, EMP에 대한 방호가 포함된다.

방호의 개념과 수단은 기술 발전과 전투수행 개념의 변화에 따라 세대를 구분할 수 있으며 1세대 생존형 방호, 2세대 작전지속형 방호, 3세대 지능형 방호로 변화해 왔다. 1세대 방호는 주로 방탄과 방폭에 중점을 두었으며, 2세대 방호는 화생방 방호까지 포함하여 작전 지속성을 강화하는 방향으로 발전했다. 3세대 방호는 4차 산업기술을 접목하여 지능형 방호체계를 구축하는 것이 특징이다. 현재 4차 산업혁명 기술은 군사 분야에도 활발히 적용되고 있다. 첨단과학기술을 군사 분야에 적극 활용하기 위한 노력이 추진되는 가운데, 대량 살상무기(Weapons of Mass Destruction, WMD)로부터 군의 자산을 보호하기 위한 기술개발은 4차 산업혁명에 대비한 과학기술 생태계의 일부로 추진되고 있다.

그림 1.1에서 보듯, 3세대 방호 개념은 시스템적 방호를 의미한다고 볼 수 있다. 육군의 Army Tiger 4.0 프로젝트가 그 예시이다. 이 방호체계는 지휘소, 센서, 기동 부대, 사격 부대(shooter) 간의 유기적인 연결을 통해 이루어진다. 지휘소는 자동화된 지휘통제용 차량과 AI 기반의 지휘결심 지원 시스템을 포함하며, 이 시스템은 다양한 전술 정보를 실시간으로 통합하고 분석하여 최적의 결정을 내리는 역할을 한다. 센서 역할을 하는 드론봇과 같은 무인 장비들은 전장 상황을 지속적으로 감시하고, 수집된 데이터를 지휘소로 전송한다. 이 정보는 빠르게 분석되어 적절한 방호 조치를

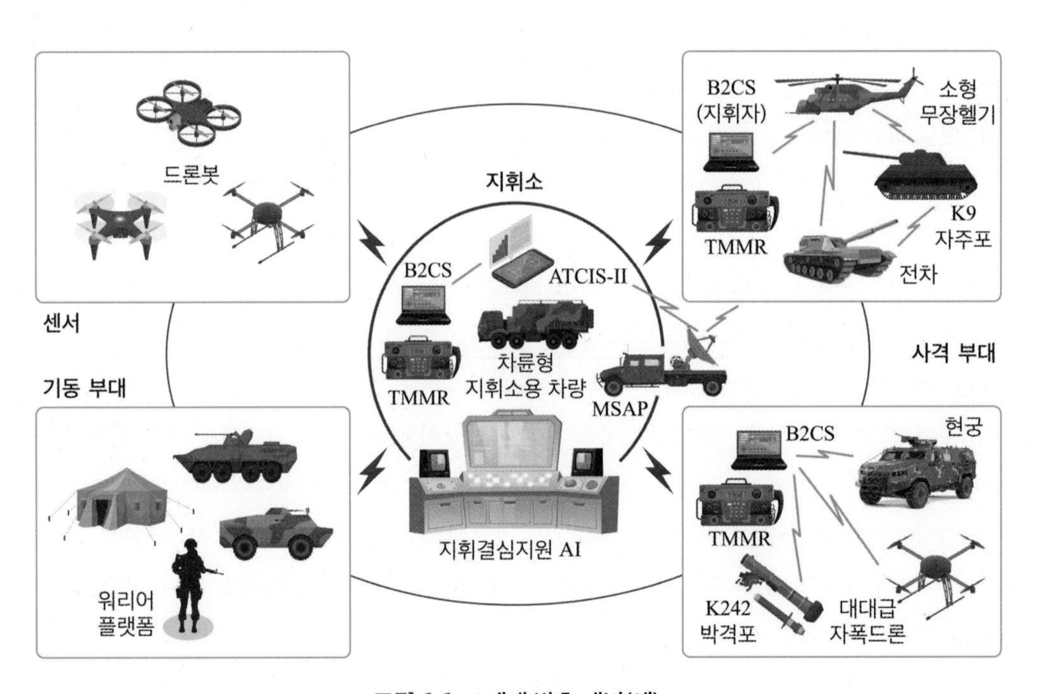

그림 1.1 3세대 방호 개념(예)

취하는 데 사용된다. 기동 부대는 워리어 플랫폼을 탑재한 다양한 장비와 병력을 포함하며, 지휘소의 명령에 따라 신속하게 이동하여 방호 및 대응 작전을 수행한다. 사격 부대는 K9 자주포, 헬기 등 다양한 화력을 가진 장비들을 포함하며, 지휘소에서 전달받은 정보를 바탕으로 적의 위협을 제압하는 임무를 맡는다. 이러한 모든 요소들이 네트워크를 통해 긴밀하게 연결됨으로써, 적의 위협에 신속하고 효과적으로 대응할 수 있는 통합 방호체계가 구현된다.

1.4 방호설계 3요소

방호설계에서 중요한 세 가지 요소는 위협, 방호대상, 방호시설이다. 이 요소들은 군사적 목적의 방호 구조물 설계뿐만 아니라 일반적인 구조물 설계에서도 필수적으로 고려해야 할 중요한 원칙들이다.

첫 번째 요소인 위협(donor system)은 구조물이나 방호대상에 가해질 수 있는 다양한 외부하중이나 충격을 의미한다. 토목공학 및 구조공학에서 위협은 설계 시 매우 중요한 고려사항이며, 특히 충격하중은 크기와 방향이 예측하기 어려운 경우가 많아 구조물의 안정성에 중대한 영향을 미친다. 이러한 위협은 구조물에 큰 응력과 변형을 유발할 수 있으므로 설계 과정에서 이를 충분히 고려해야 한다. 위협의 규모와 형태, 그리고 방호시설과의 상대적 거리도 중요한 요소로 작용하며, 이들을 종합적으로 분석하여 구조물의 안정성을 보장해야 한다.

두 번째 요소인 방호대상(acceptor system)은 보호해야 할 대상을 의미한다. 이는 사람, 중요 자산, 또는 다른 폭발물 등으로 구체화할 수 있으며, 방호설계의 핵심 목표는 이러한 방호대상을 외부 위협으로부터 얼마나 효과적으로 보호할 수 있는지를 평가하는 것이다. 방호대상을 안전하게 보호하기 위해서는 방호대상의 중요도와 취약성을 면밀히 분석하고, 예상되는 위협 수준에 따라 적절한 방호 조치를 마련해야 한다.

세 번째 요소인 방호시설(protection system)은 외부 위협으로부터 방호대상을 보호하기 위해 설계된 구조물이다. 이 시설물의 재료 선택, 형상, 기하학적 구성, 위협에 대한 응답(response), 거동(behavior) 등은 위협에 대응할 수 있도록 신중하게 설계되어야 한다. 방호시설이 외부하중에 대해 얼마나 잘 저항할 수 있는지를 구조공학적인 관점에서 분석하는 것이 중요하며, 이러한 시설물이 적의 공격이나 자연재해로부터 방호대상을 효과적으로 보호할 수 있도록 해야 한다. 또한 구조물의 안정성과 내구성을 보장하기 위해서는 다양한 하중에 따른 적절한 지지 조건과 지점(support) 설계가 필수적이다.

이와 같은 방호설계 3요소를 바탕으로 위협을 분석하여 하중을 도출하고, 이에 대응하는 방호시설과 방호대상의 특성을 고려하여 방호구조물을 설계함으로써 구조물이 안정적이고 안전하게 유지될 수 있도록 하는 것이 필수적이다. 이 과정에서 모든 위협을 완벽히 예측하거나 대응하기는 어려우므로, 방호설계 시에는 최악의 상황을 가정하고, 이를 고려한 구조적 안전 계수(safety factor)를 적절히 설정하는 것이 중요하다. 결과적으로 방호설계 3요소를 고려한 설계는 군사적 목적뿐만 아니라, 일반적인 구조물 설계의 기본 원칙과 일치하는 중요한 과정이다.

예를 들면 포병이 포(대포)를 배치하고 운용하기 위해 만든 방호구조물을 '포상'이라고 한다. 적의 공격으로부터 병력과 장비를 보호하고 효과적인 사격을 가능하게 하기 위해 포상은 매우 중요한 구조물이다. **그림 1.2**는 이러한 포상의 방호설계에 필요한 세 가지 주요 요소인 하중, 반력, 처짐 및 내력에 대한 간단한 예시를 제시하고 있다. 포상에 작용하는 하중은 구조물의 자체 중량인 자중과 외부 공격으로 인한 충격하중으로 나뉜다. 이러한 하중은 구조물의 안정성에 큰 영향을 미치며, 이를 견디기 위해서는 하중에 대응하는 반력을 충분히 고려해야 한다. 반력은 구조물이 하중을 받을 때 무너지지 않도록 지점(support), 기둥, 벽체 등을 통해 안정성을 유지하고 연쇄적인 붕괴를 방지하는 역할을 한다. 또한 구조물이 하중을 받을 때 발생하는 처짐을 최소화하거나 일부 허용함으로써 사용성을 확보하고, 내력과 저항을 비교함으로써 구조물의 내구성과 안전성을 보장하는 것이 중요하다. 따라서 포상과 같은 군사 구조물의 설계에서는 적의 위협을 분석하여 하중을 도출하고, 이를 기반으로 반력과 내력을 고려해 구조물이 안정적이고 안전하게 유지될 수 있도록 설계하는 것이 필수적이다.

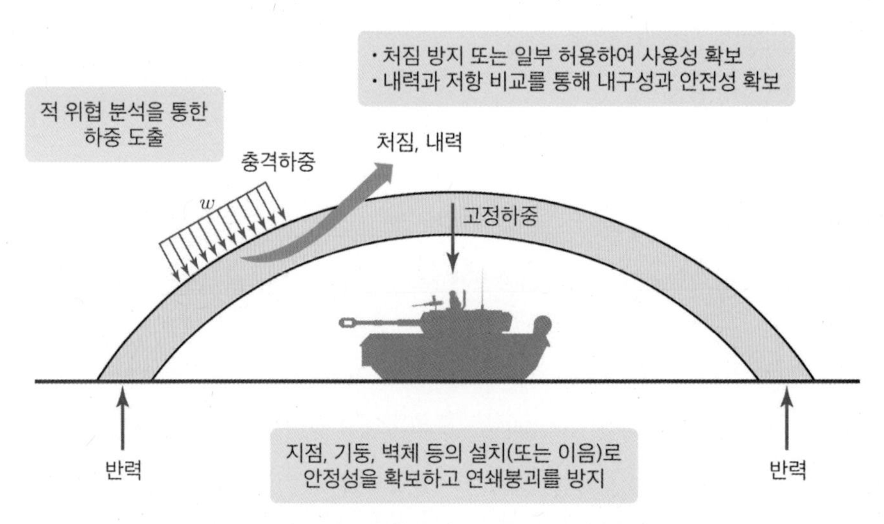

그림 1.2 방호설계 3요소 예시(포상의 방호설계)

방호설계 3요소를 요소별로 하나씩 자세히 살펴보자.

(1) 위협

방호구조물을 설계하기 위해서는 방호대상에 가해질 수 있는 무기의 효과와 위협의 특성에 대해 파악해야 한다. 무기 효과는 폭파압력, 파편, 지반충격, 화염, 열, 핵, 화생방과 같은 다양한 물리적 현상으로 나타난다. 이러한 효과들은 방호대상에 심각한 피해를 줄 수 있으며, 방호설계 시 반드시 고려해야 한다. 위협의 특성으로는 위협의 규모와 형태가 있으며, 방호시설과의 상대적 거리 역시 중요한 요소로 작용한다. 위협의 규모가 클수록, 또는 위협이 방호대상과 가까울수록, 구조물에 가해지는 하중은 더욱 커지고, 이에 따라 방호시설의 설계 기준이 높아져야 한다.

위협의 한 종류로서 군사/비군사용 무기를 살펴보자. 무기의 종류는 재래식 무기(비핵무기)와 핵무기로 구분할 수 있다. 재래식 무기에는 포탄, 폭탄, 미사일, 로켓, 기화 무기, 폭약, 급조폭발물(Improvised Explosive Devices, IEDs) 등이 포함된다. 핵무기는 방호설계에서 특히 주의해야 하는 위협 요소로, 그 파괴력과 방사능 효과는 다른 재래식 무기와 비교할 수 없을 정도로 강력하다. 무기 효과로는 열(heat), 폭풍(blast wave), 관입(penetration), 파편(fragmentation), 전자기파(Electromagnetic Pulse, EMP), 화생방(Chemical, Biological, and Radiological, CBR) 등이 있다. 각 효과는 방호대상에 따라 다른 형태의 피해를 유발하며, 이에 따라 방호설계 시 각각의 효과에 대한 대응 방안을 마련해야 한다.

결국 방호설계에서 위협 요소를 철저히 분석하는 것은 매우 중요하다. 무기의 종류와 효과, 위협의 규모와 형태, 그리고 방호대상과의 거리를 모두 고려하여, 구조물이 위협에 효과적으로 대응할 수 있도록 설계해야 한다. 이러한 분석과 설계가 적절히 이루어져야만 구조물과 방호대상이 안전하게 보호될 수 있다.

(2) 방호대상

방호대상은 보호가 필요한 사람, 중요 자산, 또는 다른 폭발물 등을 의미한다. 이러한 방호대상은 다양한 시설물 내에 위치하며, 방호시설은 외부 위협으로부터 방호대상을 보호할 수 있도록 설계되어야 한다.

시설물의 종류는 지휘소, 포상 구조물, 병영, 탄약고, 자재 보관 창고 등으로 다양하다. 이런 시설들은 방호대상을 보호하는 역할을 하며, 각각의 목적에 따라 다양한 목적의 공간을 구성할 수 있다. 예를 들어 지휘소 내에는 기계실, 작전실, 물품 보관 창고, 그리고 인원이 사용하는 공간인지 아닌지의 여부에 따라 공간을 구성할 수 있다. 탄약고의 경우, 위험 물질의 성질에 따라 1.1급(폭압 발생), 1.2급(파편 발생), 1.3급(열 발생) 보관 등으로 구분하여 설계한다. 적절한 수준의 방호를 제공하기 위해서는 방호할 대상이 어느 정도의 위협까지 견딜 수 있는지 고려해야 한다. 인체에 가해지는 경미한 초과 압력(0.21~0.42 kg/cm^2)에서는 일시적인 청각 장애나 약한 타박상, 뼈의 골절 등이 발생할 수 있으며, 극심한 초과 압력(1.03 kg/cm^2 이상)에서는 치명적인 부상을 초래할 수 있다. 따라서 인원에 대한 방호를 위해서는 압력에 따라 어떤 장애가 발생하며, 어느 수준까지 압력을 허용할 것인지 판단해야 한다. 결국 방호설계에서 방호대상의 보호 수준을 결정하기 위해서는 예상되는 위협 수준을 고려하여, 해당 대상이 위치한 시설물의 설계와 구조를 신중하게 결정해야 한다. 이러한 평가와 설계를 통해 방호대상이 다양한 위협으로부터 최대한 안전하게 보호될 수 있도록 하는 것이 중요하다.

(3) 방호시설

방호시설은 외부 위협으로부터 방호대상을 보호하기 위해 설계된 구조물로, 방호시설 설계 시 가장 중요한 점은 위협 요소를 방호대상이 감당할 수 있는 허용치 이내로 제한하여 방호대상을 안전하게 보호하는 것이다.

방호시설의 설계를 위해서는 다양한 고려 요소가 있다. 콘크리트의 강도와 두께는 구조물의 내구성과 저항력을 결정하는 중요한 요소로, 외부 충격이나 폭발에 대해 충분한 강도를 제공해야 하며, 격실구조설계를 통해 내부 공간을 분리하여 손상을 일정 공간으로 제한시켜 전체 구조물의 방호 성능을 유지하는 역할을 도모한다. 희생부재(sacrifice member)는 구조물의 일부가 파괴되거나 손상되더라도 전체 구조물의 안정성을 유지할 수 있도록 설계된 요소로, 이 부재가 외부 충격을 흡수하거나 완화하는 역할을 한다. 또한 철근의 양과 배근 방법은 구조물의 내구성을 보장하기 위해 중요한 설계 요소이다.

방호시설에는 변위 연성비와 지점 회전각과 같은 성질도 고려된다. 변위 연성비(displacement ductility ratio)는 구조물이 파괴되기 전까지 변형을 허용할 수 있는 능력을 의미하며, 이는 구조물의 연성과 관련이 깊다. 충격을 받으면 바스러지는 콘크리트보다는 철근이나 철골 구조물에서 연성비가 더 크다. 지점 회전각(support rotation angle)은 구조물이 외력을 받을 때 지점에서 발생하는 꺾임의 정도를 나타내며, 이는 구조물의 안정성을 판단하는 중요한 지표로 사용된다.

또한 방폭문과 방폭유리의 강도와 성능은 외부 폭발로부터 내부를 보호하는 데 중요한 역할을 한다. 방호 설비 역시 설계에 포함되며, 이는 구조물 내부의 특정 장비나 공간을 추가적으로 보호하기 위한 장치들로 구성된다. 내부 구조의 기하학적 형상은 방호시설의 전체적인 방호 성능에 큰 영향을 미친다. 기하학적 형상은 충격파의 분산, 에너지 흡수, 그리고 구조적 안정성을 강화하는 데 기여할 수 있으며, 이를 통해 방호대상이 외부 위협으로부터 안전하게 보호될 수 있다. 정리하면, 방호시설의 설계는 외부 위협에 대한 철저한 분석과 이를 견딜 수 있는 강도, 연성비, 기하학적 설계가 조화롭게 이루어져야 한다. 이러한 설계를 통해 방호대상이 다양한 위협으로부터 최대한 안전하게 보호될 수 있도록 하는 것이 방호시설의 주요 목적이다.

1.5 방호시설 설계 시 고려사항

방호시설 설계 시 고려해야 할 주요 요구조건과 그 중요성에 대해 살펴보자. 방호시설은 정보, 법집행, 탐색, 미사일 방어체계 등 다양한 방호수단의 최후의 방어선 역할을 한다. 즉, 방호시설은 모든 방호체계의 마지막 방어막으로, 공격이 직접적으로 가해지는 상황에서 결정적인 보호 역할을 수행한다. 따라서 방호시설의 설계는 매우 중요하며, 모든 가능한 위협에 대비할 수 있도록 철저하게 계획되어야 한다. 예를 들어 2021년 가자전쟁에서 이스라엘은 세계에서 가장 강력한 미사일 방어체계를 보유하고 있었지만, 하마스가 저렴한 로켓을 대량으로 발사했을 때 이를 효과적으로 방어하지 못했다. 이때 최후의 방호수단으로 기능한 것은 바로 방호시설이었다.

방호시설을 설계할 때는 공격자의 전략을 면밀히 분석해야 한다. 공격자는 다양한 무기체계를 조합하여 예측할 수 없는 방식으로 공격할 수 있으므로, 방호시설은 이러한 복합적인 위협에 대비할 수 있도록 설계되어야 한다. 이는 방호시설이 예상치 못한 공격에도 대응할 수 있는 유연성과 강도를 갖춰야 한다는 의미이다.

완벽한 방호를 위해서는 모든 위협을 고려하여 어떤 상황에서도 방호대상이 안전하게 보호될 수 있도록 설계해야 한다. 그러나 현실적으로 예산, 인력, 기술 등의 자원이 제한되어 있다는 점을 감안해야 한다. 이는 방호시설 설계 시 제한된 자원 내에서 자원을 효율적으로 분배하여 사용하는 것이 필수적임을 의미한다.

따라서 신뢰성 있는 정보를 기반으로 위협을 분석하고, 방호대상에 맞는 합리적인 수준에서 방호시설을 설계하는 것이 필요하다. 방호시설을 무조건 튼튼하게 짓는 것이 중요한 것이 아니라, 실제로 필요한 수준에서 가장 효율적으로 설계하는 것이 중요하다는 원칙을 잊지 말아야 한다.

방호등급은 방호시설 설계에서 매우 중요한 요소이며 전술적, 구조적, 경제적 측면을 종합적으로 고려하여 결정된다. 이 등급은 방호시설의 방호수준을 명확히 규정하고, 각 시설의 특성에 맞는 최적화된 방호를 제공하는 데 필수적인 역할을 한다.

방호등급은 국방부에서 결정하는데, 이는 군사시설이나 구조물의 방호수준을 결정하는 중요한 기준이 된다. 방호등급이 결정되면 해당 시설이 직면할 수 있는 위협에 대응할 수 있는 능력과 요구되는 방호수준이 명확해진다. 방호등급을 결정할 때는 세 가지 측면을 고려한다.

첫째, 전술적 측면에서는 적의 공격 형태, 사용 무기, 위협 가능성, 아군의 작전 등 다양한 요소들이 분석된다. 이는 방호시설이 직면할 수 있는 실제 위협을 평가하는 데 중요한 역할을 한다. 예를 들어 적의 침투를 전략적 위치나 중요한 지점을 끝까지 방어하고 지키는 고수방어(固守防禦) 개념으로 작전을 펼치는 부대라면 매우 높은 수준의 방호등급이 필요할 것이다. 반면 주둔지를 벗어나 이동하며 임무를 수행하는 대대급 정도의 전술제대 시설이라면 상대적으로 방호등급이 낮을 것이다.

둘째, 구조적 측면에서는 방호시설이 지상에 위치하는지 지하에 위치하는지, 어떤 재료와 구조를 사용하는지, 그리고 그 규모가 어떻게 되는지가 중요한 고려사항이다. 이러한 구조적 요소들은 방호시설의 물리적 강도와 내구성을 결정한다. 예를 들어 동일한 규모의 폭탄에 저항하는 구조물을 설계하더라도 철근콘크리트를 사용하여 지을 수도 있고, H-형강을 사용하는 철골 구조물로 지을 수도 있다. 지형의 특성을 고려하여 단층으로 짓거나, 여러 층으로 지을 수도 있을 것이다.

셋째, 경제적 측면에서는 방호시설의 설계와 건설에 사용되는 예산의 효율성이 중요한 역할을 한다. 제한된 자원 내에서 최대의 효과를 얻는 것이 목표이며, 이 과정에서 비용 대비 효과를 고려하여 방호시설을 설계한다. 동일 규모라고 해도 지하에 방호시설을 짓는다면 지상에 지을 때보다 건설 비용은 2배 이상 증가할 것이다. 많은 비용을 투입하여 튼튼하고 안전한 구조물을 지으면 좋겠지만, 경제성을 고려하여 어쩔 수 없이 임무 특성에 따라 비용을 절감할 수밖에 없다.

예를 들어 사단 지휘소의 방호등급을 결정한다면, 전방지역 지휘소와 후방지역 지휘소는 서로 다른 방호등급이 필요할 수 있다. 전방지역의 지휘소는 더 높은 방호등급이 요구되는 반면, 후방지역의 지휘소는 상대적으로 낮은 방호등급으로도 충분할 수 있다. 포를 보호하기 위한 포상이라도 고수방어용 포상은 포격 후 이동하는 작전을 수행하는 포상보다 더 높은 방호등급을 가질 수 있다.

방호등급이 결정되면, 이에 따라 방호수준이 설정된다. 예를 들어 철근콘크리트 구조물이라면 벽체의 두께, 콘크리트의 압축강도, 철근의 비율 등 구조적인 요소들이 방호수준을 구체화하는 데 사용된다. 동일한 방호등급이라도 그 안에서 방호의 수준이 A부터 C까지 달라질 수 있다.

방호수준은 구조물이 직면할 수 있는 위협에 따라 세 가지 수준으로 나누어지며, 각 수준에 따라 구조물이 유지할 수 있는 기능과 필요로 하는 방호 조건이 달라진다. 방호시설의 설계는 예상되는 위협에 적절히 대응할 수 있도록 이 방호수준을 고려하여 이루어져야 하며, 이를 통해 구조물의 안전성과 임무 수행 능력을 보장해야 한다.

방호등급에 따라 방호시설이 갖추어야 할 방호력과 방호 조건을 세 가지 수준으로 구분한다.

❶ 방호수준 A

A 수준의 시설은 구조물에 미세한 손상만이 발생한다. 이 수준에서 발생하는 균열은 폭이 0.3 mm 이하로 작으며, 다수의 미세균열이 형성되지만, 이는 구조물의 기능에 큰 영향을 미치지 않는다. 구

조체의 처짐이나 변형이 육안으로 식별되지 않으며, 이러한 상태에서는 방호시설이 지속적으로 임무를 수행할 수 있다. 이 방호수준은 구조물의 기능이 유지되는 상태로, 최소한의 손상만 입은 최고의 방호수준(high) 및 최소 피해(minimal damage) 상태이다.

❷ 방호수준 B

B 수준의 구조물에서는 여러 부분에서 손상이 발생한다. 균열폭 0.3 mm를 초과하는 균열이 발생하며, 일부 콘크리트의 탈락이 있거나 철근이 노출될 수 있다. 그러나 이러한 손상에도 불구하고, 구조물은 여전히 형태를 유지하고 급격한 붕괴로 이어지지는 않는다. 이 상태에서는 방호시설에서 임무는 수행할 수 있으나, 장기적인 사용을 위해서는 추가적인 수리와 보강이 필요하다. 이 수준은 구조물의 기능이 약화된 중간 방호수준(medium) 및 중간 피해(minor damage) 상태이다.

❸ 방호수준 C

C 수준의 구조물은 주요 구조부재들이 심각한 손상을 입어 구조 성능이 크게 상실될 수 있다. 바람, 비, 눈과 같은 외부 환경 요인에 의해 구조물의 붕괴가 우려될 정도로 위험한 상태이다. 작은 충격에도 콘크리트가 탈락하거나 강재가 접합부에서 이탈할 위험이 있으며, 구조물의 처짐과 변형이 명확하게 관찰된다. 이 상황에서는 임무 수행이 불가능하며, 즉각적인 이탈이 요구된다. 이 방호수준은 구조물의 기능이 상실된 낮은 방호수준(low) 및 적절한 피해(moderate damage) 상태이다.

표 1.1 방호수준(예)

방호수준	요구 성능	비고
A	• 구조물 일부에 미세 손상 • 균열폭이 작은(0.3 mm 이하) 미세균열 다수 발생 • 육안으로 구조체의 처짐이나 변형 식별 불가 • 지속적인 임무 수행 가능 상태 유지	구조물 기능 유지 (최소 피해 상태)
B	• 구조물 많은 개소에 손상 • 균열폭인 큰(0.3 mm 이상) 균열 다수 발생 • 콘크리트의 국부적인 탈락과 철근 외부 노출 • 부재 처짐 및 영구 변형 식별, 급격한 붕괴 조짐 없음 • 당장은 임무 수행 가능하나, 보강 필요	구조물 기능 약화 (중간 피해 상태)
C	• 주요 구조부재들이 구조 성능을 상실했고, 바람, 비, 눈 등에 의해 곧 구조물의 붕괴가 일어날 수 있는 상태 • 작은 충격에도 콘크리트가 탈락하거나 강재 접합부가 느슨하여 부재 이탈이 우려되는 상태 • 구조재가 크게 처져 있거나 변형이 관찰되어 급격한 붕괴가 우려되는 상태 • 임무 수행 불가, 즉시 이탈이 필요한 상태	구조물 기능 상실 (적절한 피해 상태)

군사시설의 설계는 방호등급의 결정을 통해 시작된다. 방호등급은 전술적 측면, 구조적 측면, 경제적 측면을 고려하여 결정되며, 이 과정에서 예상되는 위협을 평가하고, 그에 대응할 수 있는 방호수준을 설정하는 것이 중요하다. 전술적 측면에서는 적의 공격 형태와 사용 무기, 위협 가능성 등을 고려하며, 구조적 측면에서는 시설이 지상 또는 지하에 위치하는지와 사용된 재료 및 구조적 형태를 분석한다. 경제적 측면에서는 주어진 예산 내에서 최대의 방호 효과를 달성할 수 있는지 검토한다. 방호등급이 결정되면, 이에 따라 방호수준(A/B/C 수준)이 정해진다. 방호수준은 설계된 군사시설이 어떤 종류의 공격이나 폭발에 견딜 수 있는지를 나타내며, 구체적인 방호력을 확보하기 위한 설계의 기초가 된다. 예를 들어 'GP폭탄 ○○ lb가 △△ m 이격되어 폭파되는 상황'을 가정하고, 그 폭탄의 폭발 압력에 견딜 수 있는 적절한 방호수준을 설정한다. 방호시설 설계를 위해서는 위협 및 방호수준을 구체화하는 것이 매우 중요하며, 방호수준에 맞는 방호력을 확보하도록 시설을 설계한다.

1.6 위험성 평가

위협과 위험은 다른 의미로 사용된다. 외출하려고 하는데 일기예보를 확인해 보니 비가 온다고 예보가 되어 있다면, 비가 내릴 것이라는 것은 '위협'에 해당한다. 비를 맞으면 옷이 젖고 감기에 걸릴 것이라는 것은 당연히 예상되는 결과이다. 비가 올 가능성(위협)에 감기에 걸릴 것이라는 결과를 결합한 것이 '위험'이다. 이어지는 내용을 이해할 때, 위협과 위험을 구분할 필요가 있다.

미국 국토안보부(U.S. Department of Homeland Security)에서 개발한 위협 및 피해 식별 및 위험성 평가(Threat and Hazard Identification and Risk Assessment, THIRA)는 위협요인이 무엇인지 식별하는 것부터 시작하여 구체적인 해결 방안을 제시하기까지의 단계적 접근을 통해, 조직이 직면할 수 있는 위협에 효과적으로 대응할 수 있도록 돕는 절차를 제공한다. 각 단계는 체계적으로 연결되어 있으며, 위험 평가의 정확성과 대응 계획의 실효성을 높이는 데 중요한 역할을 한다.

❶ STEP 1: 위협 식별

첫 번째 단계는 위협을 식별하는 것이다. 이 단계에서는 예상되는 위협에 대한 목록을 작성하여, 어떤 위협 요소들이 존재하는지를 명확하게 정의한다. 지진, 홍수, 태풍과 같은 자연재해, 테러, 사이버 공격, 산업 사고와 같은 인적 · 기술적 위협 등을 식별한다. 이 과정에서 가능한 모든 위협 시나리오를 고려하여 철저하게 분석하고 기록하는 것이 중요하다. 과거 자료, 전문가 분석, 공동체의 의

견 등을 바탕으로 잠재적인 위협에 대한 포괄적인 목록을 작성한다. 다양한 관점에서 접근함으로써 공동체나 조직에 영향을 미칠 수 있는 모든 시나리오를 고려하여야 한다.

❷ STEP 2: 위협의 세부 요소 분석

두 번째 단계는 위협의 세부 요소를 분석하는 것이다. 도출된 위협의 각 세부 요소를 분석하여 이러한 위협이 어떻게 발생할 수 있으며, 그 결과가 어떤 영향을 미칠지를 평가한다. 이를 통해 위협의 심각성과 발생 가능성을 보다 구체적으로 이해할 수 있다. 식별된 위협 요소별로 예상되는 인명 피해, 경제적 영향, 전력 · 통신 중요기반시설 마비 등 잠재적 결과를 분석한다. 이를 통해 1단계에서 고려한 각 시나리오의 심각성과 발생 가능성을 보다 구체적으로 이해할 수 있다.

❸ STEP 3: 역량 목표 설정

세 번째 단계는 역량 목표(capability target)를 설정하는 것이다. 역량 목표를 설정한다는 것은 닥쳐올 위협에 대비해 미리 준비해야 할 것들이 무엇인지 구체적으로 정하는 것을 말한다. 즉, 위협에 대비하여 '무엇을 해야 하는가?'를 정의하는 단계로서, 목표와 방향을 설정한다. 이 목표는 조직이나 시설이 위협에 대응하기 위해 필요한 역량을 정의하며, 위협에 대비한 구체적인 대응 전략을 마련하는 데 중요한 역할을 한다. 예를 들어 태풍이라는 위협에 대응하기 위한 역량 목표는 주민들이 안전한 대피소로 이동할 수 있도록 대피계획을 세우고, 대피소를 준비하는 것이 될 것이다. 또한 비상 물자를 준비하고, 응급 구조팀을 배치하고, 비상 통신망을 구축하는 등의 목표를 설정하여 지역사회가 혼란에 빠지지 않고 안전하게 대응할 수 있도록 해야 한다.

❹ STEP 4: 구체적 해결 방안 제시

네 번째 단계는 구체적인 해결 방안을 제시하는 것이다. 3단계에서 '무엇을 해야 하는가?'를 정의하고 목표와 방향을 설정했다면, 4단계에서는 '어떻게 그것을 실행할 것인가?'를 구체적으로 계획하고 실행하는 단계이다. 목표를 달성하기 위해 필요한 자원과 조치를 분석하고, 이를 실현할 수 있는 구체적인 방안이 제안되어야 한다. 이를 통해 위협에 대응하기 위한 실질적인 계획을 수립하며 인력, 장비, 자금 등 필요한 자원을 식별하여 목표 달성을 위한 효과적인 실행 계획을 마련하는 것이 핵심이다. 예를 들어 태풍에 대비하여 대피소를 지정하고, 비상 물자를 사전에 준비하며, 정기적인 대피 훈련을 통해 주민들이 안전하게 대피할 수 있도록 한다. 또한 위성 전화와 무전기를 활용한 비상 통신망을 구축하고, 응급 구조팀을 사전 배치하여 신속히 대응할 수 있도록 계획한다.

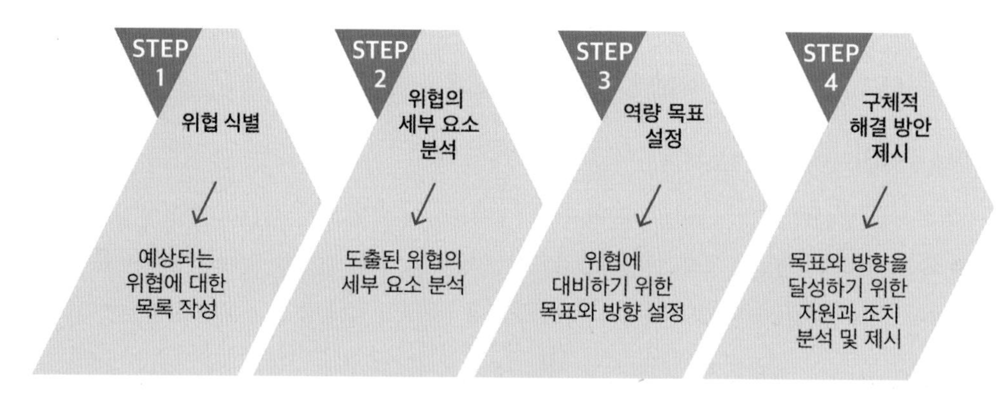

그림 1.3 위험성 평가 단계

출처: U.S. Department of Homeland Security

위협(threat)은 인위적으로 발생하는 위험 요소를 의미하며, 주로 사회기반시설에 대한 테러, 사이버 공격, 군사적 공격 등과 같은 인공적인 위험을 포함한다. 예를 들어 중요기반시설에 대한 공격은 물리적 파괴뿐만 아니라 시스템의 마비를 초래할 수 있으며, 이에 대한 대비책이 필요하다. 재해(hazard)는 자연재해를 의미하며 지진, 홍수, 태풍, 산사태 등과 같은 자연현상으로 인한 위험을 포함한다. 이러한 재해는 인프라와 사람들에게 직접적인 영향을 미칠 수 있으며, 이를 예방하고 피해를 최소화하기 위한 설계와 관리가 중요하다. 위험(risk)은 건물, 사회기반시설, 사람과 같은 특정 자산이 위협이나 재해에 의해 피해를 입을 가능성을 나타낸다.

위험은 위협(또는 재해), 취약성, 영향의 곱으로 계산된다[risk = threat(hazard) × vulnerability × impact]. 이 공식은 위험을 정량화하고, 이를 기반으로 설계 기준을 설정하는 데 중요한 역할을 한다. 위협(또는 재해)은 그 크기와 발생 가능성을 나타내며, 과거 발생 데이터, 지리적 특성, 기후 변화 등을 분석하여 평가할 수 있다. 예를 들어 해안 지역에서는 태풍과 해일의 위협이 높고, 내륙 지역에서는 지진이 주요 위협 요소가 될 수 있다. 취약성(vulnerability)은 특정 자산이 위협 또는 재해에 얼마나 취약한지를 나타낸다. 건물의 내진 설계, 홍수 방어체계, 방수벽 설치 등의 구조적 조치와 비상 대피 훈련, 조기 경보 시스템과 같은 비구조적 조치를 통해 취약성을 줄일 수 있다. 취약성은 이러한 조치들이 얼마나 잘 시행되었는지에 따라 크게 달라진다. 영향(impact)은 위협 또는 재해가 실제로 발생했을 때 자산이나 인프라에 미치는 영향을 평가한다. 이는 재해 발생 시 경제적 손실, 인명 피해, 사회적 불안정성 등을 포함하며, 이러한 영향을 최소화하기 위한 대응 전략을 개발하는 것이 중요하다. 예를 들어 대도시의 경우 지진으로 인한 피해는 경제적 손실이 매우 클 수 있으므로, 이를 고려한 고도의 내진 설계가 필요하다.

표 1.2는 제주도 바닷가에 있는 호텔을 가정하여 태풍과 지진에 대한 위험을 비교한 것이다.

표 1.2 태풍과 지진의 위험성 평가(예)

재해 유형	위협(또는 재해)	취약성	영향	위험
태풍	80.0	0.7	0.9	50.4
지진	30.0	0.5	0.8	12.0

태풍 발생 가능성을 80.0, 호텔의 취약성을 0.7, 태풍으로 인한 영향을 0.9로 가정한 결과, 태풍에 대한 위험은 50.4로 계산된다. 지진 발생 가능성을 30.0, 호텔의 취약성을 0.5, 지진으로 인한 영향을 0.8로 가정한 결과, 지진에 대한 위험은 12.0으로 계산된다. 결론적으로 태풍에 대한 위험이 50.4로 지진에 대한 위험인 12.0보다 훨씬 높게 평가된다. 이는 호텔이 태풍에 더 큰 위험을 갖고 있음을 나타내며, 태풍 대비에 더 많은 주의를 기울여야 함을 시사한다.

1.7 방호대상

앞에서 방호설계의 3요소인 위협, 방호대상, 방호시설에 대해서 살펴보았다. 이번 절에서는 인체, 장비, 폭발물 등 방호대상별 특성을 알아보자.

방호대상은 사람, 중요 자산, 또는 다른 폭발물 등이다. 하중이나 위협은 매우 크고 예측할 수 없는 경우가 많기 때문에 모든 위협을 완벽하게 고려하거나 100% 안전하게 설계하는 것은 불가능하다. 따라서 방호대상이 되는 자산을 고려하여 합리적인 수준으로 방호시설을 설계해야 하며, 이를 방호수준이라고 한다.

방호시설은 방호대상의 허용 수준(허용치)을 고려하여 설계한다. 즉, 방호대상이 보호될 수 있도록 허용치 이하로 위험을 줄이는 것이 설계의 목표이다. 이를 위해 전술적 측면, 구조적 측면, 경제적 측면을 모두 고려하여 방호등급을 결정하고, 그에 맞는 방호수준을 설계해야 한다. 예를 들어 특정 폭탄이 일정한 거리에서 폭발할 때 발생하는 하중을 기준으로, 방호대상이 이 하중을 견딜 수 있도록 설계한다. 방호수준은 A, B, C 수준으로 구분하며, 각 수준은 방호대상의 허용치를 충족하도록 설계된다.

1.7.1 인체 허용한계

인체 허용한계(human tolerance)란 특정 조건에서 신체 기관이 견딜 수 있는 한계나 범위를 의미한다. 그림 1.4에서는 폐 손상과 귀 손상에 대한 생존 가능성과 손상 가능성을 시각적으로 보여준다.

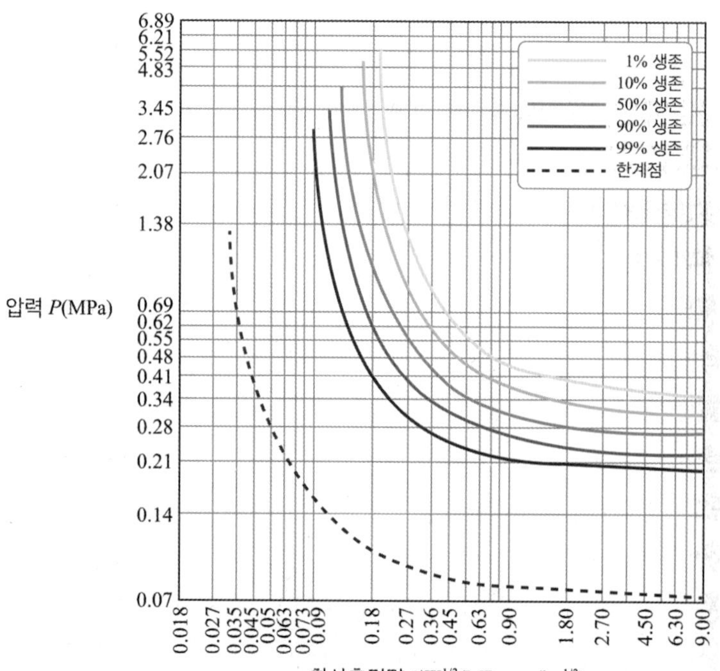

(a) 폐 손상의 생존 곡선

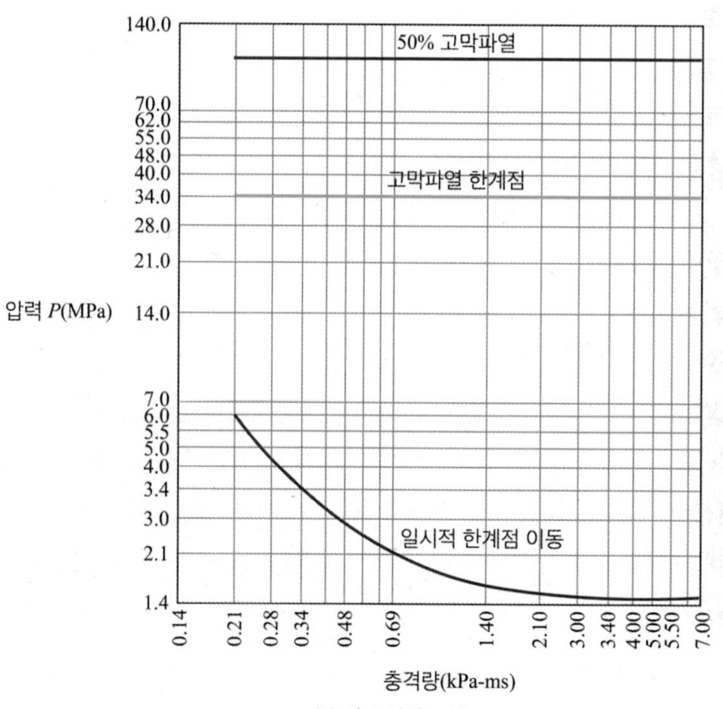

(b) 귀 손상의 곡선

그림 1.4 폐와 고막 손상 곡선

출처: UFC-340-02

두 개의 그래프는 인체가 특정 조건에서 어떤 수준의 압력과 충격량에 노출될 때 생길 수 있는 손상 정도를 예측하는 데 중요한 도구로 사용될 수 있다. 이를 통해 방호설계나 안전 조치가 필요한 상황을 사전에 파악하고, 필요한 대비책을 마련하는 것이 가능하다.

왼쪽 그래프는 폐 손상의 생존 곡선을 나타내고 있다. 이 그래프에는 생존 확률이 1%, 10%, 50%, 90%, 99%인 경우를 나타내는 다양한 곡선이 있는데, 이 곡선은 특정 압력(P)과 환산 충격량($i/W^{1/3}$)의 변화에 따라 폐 손상 시 생존 확률이 어떻게 변화하는지를 나타내며, 피해 발생의 한계를 보여준다. 예를 들어 1% 생존 곡선은 매우 낮은 생존 가능성을 나타내며, 99% 생존 곡선은 높은 생존 가능성을 보여준다. 이는 압력과 환산 충격량이 증가할수록 생존 확률은 급격히 낮아짐을 명확하게 시각화해 준다. 이는 압력과 환산 충격량이 증가하면 인체에 가해지는 스트레스가 커지기 때문이며, 각 곡선은 이러한 조건에서 사람이 생존할 가능성을 예측하는 데 사용된다. 생존율이 50%인 곡선은 통계적으로 중간 지점에 해당하며, 이 지점에서는 생존 가능성이 반반이라고 할 수 있다. 반면 90%나 99%의 생존율 곡선은 인체가 비교적 안전하게 생존할 수 있는 조건을 나타낸다.

한편 한계점(threshold) 곡선은 인체에 손상이 발생하기 시작하는 최소 조건을 나타낸다. 이 곡선은 인체가 어떤 조건에서부터 손상을 입기 시작하는지를 보여주며, 한계점을 넘어서면 인체에 손상이 발생할 가능성이 높아진다. 반대로, 한계점 아래에서는 인체가 손상을 피할 가능성이 높다. 한계점 곡선은 압력과 충격량이 어느 정도일 때 인체가 피해를 입기 시작하는지를 가늠할 수 있는 중요한 지표로 활용된다.

오른쪽 그래프는 귀 손상 곡선을 나타낸다. 이 그래프는 압력(P)과 충격량(kPa-ms)의 관계를 통해 귀 손상의 정도를 예측한다. 그래프에는 50% 고막 파열, 고막 파열 한계점, 그리고 일시적 한계점 이동을 나타내는 곡선이 표시되어 있다. 그림에서 50% 고막 파열 곡선과 고막 파열 한계점이 충격량이 커지더라도 일정하게 유지되는 이유는 고막 파열이 주로 압력의 크기에 의해 결정되기 때문이다. 고막은 매우 얇고 민감한 막으로, 외부에서 가해지는 압력이 일정한 임계치를 넘을 때 파열된다. 이 임계치, 즉 파열을 일으키는 압력 수준은 충격량의 크기와 관계없이 일정하게 유지되므로, 충격량이 커지더라도 50% 고막 파열 곡선과 고막 파열 한계점은 변하지 않게 된다.

따라서 고막 파열의 주요 결정 요인은 압력인 것이다. 고막이 파열되는 데 필요한 최소 압력은 일정한 값을 가지며, 이 값은 고막의 물리적 특성에 따라 결정된다. 충격량이 증가해도 이 값은 변하지 않는다. 다시 말해 고막은 일정한 압력을 견딜 수 있는 한계가 있으며, 이 한계를 넘는 압력이 가해지면 파열이 발생한다. 충격량은 압력이 일정 시간 지속된 정도를 나타내는 값으로, 압력과 시간이 결합된 지표이다. 충격량이 크다는 것은 일정한 압력이 더 오랜 시간 지속되었다는 의미이다. 하지만 고막 파열 여부는 압력의 크기에 의해 주로 결정되므로, 압력이 고막 파열 한계점을 넘는 순간 이미 파열이 발생하게 된다. 이때 충격량이 더 커지더라도 이미 파열된 고막에 추가적인 파열이 발생하는 것은 아니다. 즉, 충격량이 증가해도 파열 여부에 대한 추가적인 변화는 일어나지 않기 때문에 50% 고막 파열 곡선과 고막 파열 한계점은 일정하게 유지된다.

폐 손상과 고막 손상은 모두 압력과 충격량의 영향을 받지만, 그 반응 양상은 다른 것을 알 수 있다. 폐는 압력과 충격량 모두에 매우 민감하며, 이 두 요소가 결합될 때 손상 위험이 크게 증가한다. 반면 고막은 주로 압력에 의해 손상이 결정되며, 일정 압력 이상에서는 충격량의 추가적인 증가가 손상 확률에 큰 영향을 미치지 않는다. 이를 통해 신체 기관에 따라 압력과 충격량이 어떻게 반응하는지를 알 수 있다.

표 1.3과 표 1.4는 인체가 빠른 속도의 폭압에 어떻게 반응하는지를 보여준다. 고막 파열, 폐 손상, 치사율, 그리고 파편에 의한 피부 관통 가능성을 중심으로 폭발로 인한 충격이 인체에 미치는 영향을 압력과 파편면적을 기준으로 평가한다.

먼저 고막 파열과 폐 손상에 대한 압력 한계를 살펴보면, 고막은 약 0.034 MPa의 압력에서 파열될 수 있다. 0.034 MPa은 손가락으로 연필 끝을 강하게 눌러 종이에 자국을 낼 때 가해지는 압력과 비슷하다. 고막 파열이 50% 확률로 발생할 수 있는 압력은 약 0.103 MPa이다. 이는 고막이 외부 충격에 매우 민감하게 반응하며, 비교적 낮은 압력에서도 손상이 발생할 수 있음을 의미한다. 반면 폐 손상은 0.207~0.276 MPa의 압력에서 발생할 수 있으며, 폐 손상이 50% 확률로 발생하는 압력은 0.552 MPa 이상이다. 이를 통해 폐는 고막보다 더 높은 압력을 견딜 수 있다는 것을 알 수 있다.

표 1.3 폭압에 대한 반응(3~5 ms 지속 시)

최대 유효압력(MPa)	고막 파열	폐 손상	치사
한곗값	0.034	0.207~0.276	0.689~0.827
50%	0.103	0.552 이상	0.896~1.241
약 100%	-	-	1.379~1.724

표 1.4 파편의 인간 피부 관통 확률 50% 제원

파편면적/파편질량의 비율 (m^2/kg)	15 g 파편질량의 파편면적 (mm^2)	파편 비산속도 (m/s)	한계에너지 (N · m)
0.006	91.97	30	6.78
0.02	306.58	50	18.98
작고 무거운 파편 0.04	613.16	76	43.39
0.06	919.74	102	78.64
0.08	1,226.32	130	126.09

표 1.5 파편의 충격에 의한 부상 한곗값

중요한 장기	파편질량(kg)	파편 비산속도(m/s)	한계에너지(N · m)
흉부	1.134 이상	3.048	5.42
	0.045	24.38	13.56
	0.00045	121.92	3.39
복부 및 사지	2.72 이상	3.05	12.20
	0.045	22.86	12.20
	0.00045	167.64	6.78
머리	3.63 이상	3.05	16.27
	0.045	30.48	21.69
	0.00045	137.16	4.07

치사율과 관련된 압력 한계치는 고막이나 폐 손상보다 훨씬 높은 압력 범위에 해당한다. 치사율이 50%에 도달할 가능성이 있는 압력은 0.896~1.241 MPa이며, 100%에 가까운 치사율을 나타내는 압력은 1.379~1.724 MPa이다. 이는 인체가 생명에 치명적인 손상을 입기 위해서는 매우 높은 압력이 필요함을 시사한다.

또한 파편에 의한 피부 관통 확률도 인체 피해를 파악하는 중요한 요소이다. 표 1.4는 파편의 면적과 질량의 비율이 인체에 미치는 영향을 보여준다. 먼저, 파편면적/파편질량의 비율은 파편의 면적과 질량 간의 비율을 나타낸다. 이 비율이 클수록 파편의 면적이 크거나 파편의 질량이 작다는 것을 의미한다. 예를 들어 0.006 m^2/kg의 비율을 가지는 파편은 상대적으로 질량에 비해 면적이 작은 반면, 0.08 m^2/kg의 비율을 가지는 파편은 질량에 비해 면적이 훨씬 크다는 것을 나타낸다. 이 비율은 파편이 날아가면서 얼마나 큰 면적을 차지할지를 결정하며, 이로 인해 인체에 가해지는 피해의 범위를 예측할 수 있다.

15 g 파편질량의 파편면적은 15 g의 파편질량에 해당하는 파편의 면적을 나타낸다. 이 값은 파편면적/파편질량의 비율에 따라 달라지며, 비율이 클수록 파편의 면적도 커진다. 예를 들어 파편면적/파편질량의 비율이 0.006 m^2/kg인 경우 파편의 면적은 91.97 mm^2이지만, 0.08 m^2/kg인 경우 파편의 면적은 1,226.32 mm^2로 크게 증가한다. 이는 질량이 일정할 때 면적이 클수록 파편이 인체에 미치는 영향이 더 클 수 있음을 시사한다.

파편 비산속도는 파편이 날아가는 속도를 의미한다. 일반적으로 파편면적/파편질량의 비율이 클수록 비산속도도 증가하는 경향을 보인다. 예를 들어 파편면적/파편질량의 비율이 0.006 m^2/kg인 경우 파편의 비산속도는 30 m/s이지만, 0.08 m^2/kg인 경우 비산속도는 130 m/s로 증가한다. 이는 파편이 더 빠르게 날아갈수록 인체에 가하는 충격력이 커지며, 그로 인한 피해도 커질 가능성이 있음을 의미한다.

한계에너지는 파편이 인체에 충돌할 때 전달되는 에너지를 나타내며, 파편의 질량과 속도에 의해 결정된다. 파편면적/파편질량의 비율이 클수록 비산속도가 증가함에 따라 한계에너지도 증가하는 경향이 있다. 예를 들어 파편면적/파편질량의 비율이 0.006 m^2/kg인 경우 한계에너지는 6.78 N · m이지만, 0.08 m^2/kg의 경우 한계에너지는 126.09 N · m로 크게 증가한다. 이는 파편의 속도와 면적이 클수록 인체에 가해지는 충격이 커지고, 그에 따라 피해가 심각해질 수 있음을 나타낸다.

따라서 **표 1.4**는 파편의 면적과 질량 비율이 클수록 파편이 더 빠르고 강한 에너지를 가지고 비산하게 되며, 인체에 미치는 피해가 커질 가능성이 높다는 것을 보여준다. 이러한 정보를 통해 파편의 특성에 따른 위험도를 정량적으로 평가할 수 있으며, 이는 방호설계와 같은 안전 대책을 마련하는 데 중요한 참고 자료로 활용될 수 있다.

표 1.5는 파편의 충격에 의한 부상 한곗값을 장기별로 제시하고 있다. 표에서 중요한 장기인 흉부, 복부 및 사지, 머리에 대해 각각 파편질량, 파편 비산속도, 한계에너지와 같은 변수들이 부상 한곗값으로 설정되어 있다.

먼저 파편질량에 의한 피해를 보면 흉부, 복부 및 사지, 머리의 경우 특정 질량 이상일 때 파편 비산속도와 한계에너지가 달라진다. 예를 들어 흉부의 경우 1.134 kg 이상의 질량을 가진 파편이 3.048 m/s의 비산속도로 날아올 때 5.42 N · m의 한계에너지를 가하게 된다. 이러한 기준은 부상 가능성을 평가하는 데 중요한 지표로 사용된다. 따라서 이 표를 통해 파편의 질량, 비산속도, 한계에너지가 인체의 특정 장기에 미치는 영향이 달라지는 것을 알 수 있으며, 파편에 의한 부상 위험을 예측하고, 방호설계를 할 때 중요한 참고 자료로 활용할 수 있다.

폭풍 효과와 파편에 의한 인명 피해를 요약하면 다음과 같다.

❶ 폭풍 효과에 대한 인명 피해: 압력 및 충격량으로 허용치 설정

폭풍 효과는 주로 폭발에 의해 발생하는 압력파(충격파)로 인한 인명 피해를 말한다. 이때 인체에 가해지는 압력과 충격량은 중요한 평가 요소가 된다. 폭발로 인해 발생하는 압력이 일정 수준을 초과하면 인체의 장기나 조직이 손상될 수 있다. 또한 압력파가 얼마나 오랫동안 인체에 작용했는지에 따라 인체 피해가 달라진다. 짧고 강한 충격파는 큰 피해를 일으킬 수 있으므로, 충격량 역시 허용치를 설정해 인명 피해를 최소화한다. 충격량이 클수록 인체의 특정 부위, 특히 흉부와 머리와 같은 중요한 장기가 더 큰 피해를 입을 수 있다.

❷ 파편에 대한 인명 피해: 파편의 질량 및 크기에 따른 파편 비산속도로 허용치 설정

폭발 후 발생하는 파편 피해는 파편의 질량과 크기, 비산속도로 결정된다. 같은 속도로 날아갈 때, 파편의 질량이 클수록 인체에 가해지는 충격이 크다. 큰 질량을 가진 파편은 인체의 조직이나 뼈에 심각한 손상을 입힐 수 있다. 따라서 인체가 견딜 수 있는 파편의 최대 질량 허용치를 설정해야 한다. 파편의 크기가 클수록, 그리고 속도가 빠를수록 인체에 가해지는 피해가 크다. 작은 파편이라도 속도가 매우 빠르면 인체에 치명적인 손상을 입힐 수 있다.

이러한 기준은 방호설계나 안전 조치를 할 때 매우 중요한 역할을 하며, 실질적인 피해를 줄이기 위해 정밀한 계산과 테스트를 통해 설정된다.

1.7.2 장비 피해 허용한계

폭발로 인해 발생하는 압력은 충격파의 형태로 주변으로 전파된다. 표 1.6은 폭발에 의한 충격파가 다양한 장비에 미치는 영향을 나타내며, 각 장비가 견딜 수 있는 최대 가속도 허용치를 제시하고 있다. 이 허용치는 장비의 종류와 무게에 따라 달라지며, 이를 통해 장비가 폭풍압력에 노출되었을 때 손상을 예방하는 데 도움을 줄 수 있다.

형광등처럼 민감한 조명기구는 최대 가속도 허용치가 20~30 g으로 설정되어 있다. 이는 이 장비가 비교적 낮은 충격에도 손상될 수 있음을 의미한다. 반면 중장비인 모터, 발전기, 변압기와 같은 장비는 10~30 g의 가속도를 견딜 수 있도록 설계되어 있다. 이들은 무게가 무거운 만큼 더 큰 충격을 견딜 수 있지만, 일정 수준 이상의 가속도에 노출되면 손상될 위험이 있다. 펌프, 콘덴서, 에어컨과 같은 중간 무게의 장비는 15~45 g의 가속도를 견딜 수 있다. 이 장비들은 중량과 구조에 따라 폭풍압력에 대한 저항력이 다르며, 다양한 가속도에 적응할 수 있는 능력을 가지고 있다. 한편 소형 모터와 같은 가벼운 기계는 30~70 g의 가속도를 견딜 수 있는 것으로 나타나 있다. 이들은 무게가 가벼운 만큼 충격을 분산시키는 능력이 뛰어나며, 더 높은 가속도에서도 견딜 수 있다.

표 1.6을 통해서 장비가 폭풍압력에 얼마나 잘 버틸 수 있는지를 판단하는 중요한 기준을 알 수 있다. 장비의 무게와 유형에 따라 허용되는 가속도의 범위가 다르기 때문에, 이를 이용해 장비의 손상을 최소화하고 안전성을 확보할 수 있는 설계를 해야 한다.

표 1.6 폭풍파에 대한 장비 충격 허용치

장비	최대 가속도(g)
형광등 조명기구(램프 포함)	20~30
중장비(모터, 발전기, 변압기 등, 1,814 kg 초과)	10~30
중간 무게의 기계(펌프, 콘덴서, AC장비, 453~1,814 kg)	15~45
가벼운 기계(소형 모터, 453 kg 미만)	30~70

* 장비 피해: 폭풍압력에 의한 충격의 가속도로 허용치 설정
* 폭압으로부터 방호가 가능한 구조체 내 위치한 경우로 가정

1.7.3 폭발물 피해 허용한계

폭발물에 대한 허용 수준을 설정하는 것은 폭발물 사고로 인한 피해를 최소화하고, 특히 연쇄폭발을 방지하기 위해 중요한 과정이다. 이 과정에서 고려되는 주요 요소는 폭발물의 종류, 순폭약량(Net Explosive Quantity, NEQ), 폭발물 안전거리(Quantity Distance, QD)이다. 이러한 요소들은 폭발물의 위험을 평가하고, 인명과 시설을 보호하기 위해 필요한 최소한의 물리적 거리를 설정하는 데 사용된다.

먼저 폭발물의 종류는 그 종류에 따라 폭발 시 발생하는 에너지와 파괴력이 크게 다르다. 예를 들어 고성능 폭약은 일반적으로 더 강력한 폭발력과 더 큰 파편을 생성하므로 보다 큰 안전 이격거리가 필요하다. 반면 저위험 폭발물은 상대적으로 적은 에너지를 방출하기 때문에 이격거리가 작아도 안전을 확보할 수 있다.

두 번째로 순폭약량은 폭발물의 실제 폭발력을 나타내는 중요한 수치로, 이는 폭발물이 포함하고 있는 순수 폭약의 양을 의미하며, 단위는 킬로그램(kg)으로 표시된다. 예를 들어 100 kg의 TNT를 포함하는 폭발물과 10 kg의 TNT를 포함하는 폭발물은 동일한 종류의 폭발물이라도 그 위험성이 크게 다르며, 이에 따라 요구되는 폭발물 안전거리도 달라진다.

세 번째로 폭발물에 대한 폭발물 안전거리 설정은 폭발물의 폭발로 인해 발생하는 파편, 폭풍파, 지면 충격 등이 다른 폭발물이나 시설물에 도달하여 추가적인 폭발이나 피해를 일으키지 않도록 설정된 물리적 거리이다. 이 거리는 폭발물의 종류와 순폭약량에 따라 달라지며, 다음과 같은 요소들을 고려하여 설정된다. 파편의 비산거리는 폭발 시 발생하는 파편이 얼마나 멀리까지 날아갈 수 있는지 예측하여 설정된다. 파편은 매우 빠르고 무겁고 날카로울 수 있어 큰 피해를 줄 수 있다. 폭풍파의 영향은 폭발로 인한 압력파가 주위에 있는 물체나 구조물에 미치는 영향을 고려한다. 폭풍파는 매우 빠르게 퍼져 나가며, 가까운 거리에서 큰 압력으로 물체를 파괴할 수 있다. 연쇄폭발 방지는 폭발물 저장소에서 하나의 폭발물이 다른 폭발물로 이어지는 연쇄폭발을 방지하기 위해 충분한 이격거리를 유지해야 한다. 이는 특히 민감한 폭발물이나 대량의 폭약이 있는 경우 중요하다.

폭발물의 종류, 순폭약량, 그리고 폭발물 안전거리를 종합적으로 고려하여 설정된 폭발물 허용 수준은 폭발로 인한 직접적인 피해뿐만 아니라, 연쇄폭발을 방지하기 위한 필수적인 방어책이다. 이를 통해 폭발물 사고로부터 인명과 시설을 보호하고, 잠재적인 피해를 최소화할 수 있다.

본 장을 요약하면 다음과 같다.

방호대상에 따라 방호수준을 결정하는 과정에서는 해당 방호대상이 견딜 수 있는 허용 수준(허용치)을 고려하여 설계가 이루어져야 한다. 허용치 이하로 설계하는 것은 방호대상을 예상되는 위협으로부터 안전하게 보호하기 위함이다.

방호대상에 대한 허용치 결정 방법은 다음과 같다. 첫째, 도표와 표 등을 활용하여 적절한 허용치를 결정할 수 있다. 폭풍 효과에 대한 인명 피해는 압력을 기준으로 허용치를 설정하며, 이는 예상되는 압력에 따라 인명이 안전하게 보호될 수 있는 범위를 정하는 것이다. 둘째, 파편에 대한 인명 피해는 파편의 질량과 크기에 따른 파편 비산속도로 허용치를 설정한다. 이는 파편이 인체에 미칠 수 있는 위험을 최소화하기 위해서 필요한 조치이다. 또한 장비 피해의 경우에는 폭풍압력에 의한 충격의 가속도를 기준으로 허용치를 설정한다. 이는 장비가 폭풍압력에 노출되었을 때, 그 가속도로 인해 발생할 수 있는 피해를 최소화하기 위한 기준이다. 폭발물 피해를 방지하기 위해서는 파편 및 폭풍파에 의한 연쇄폭발을 막기 위한 안전 이격거리를 설정한다. 이 거리 설정은 폭발물의 종류와 순폭약량에 따라 달라지며, 이는 연쇄폭발로 인한 추가적인 피해를 방지하기 위한 중요한 방법이다.

CHAPTER 2

구조공학 기초

구조공학(structural engineering)은 토목공학의 한 분야로서 구조물(structure)을 해석하고 설계하는 학문을 의미한다. 영어로 structure는 넓은 의미로 일정한 설계에 따라 여러 가지 재료를 얽어서 만든 물건을 의미한다. 예를 들면 인체, 자동차, 책상 등이 있는데, 이러한 것들을 우리말로 번역하면 '구조체'라고 할 수 있다. 구조공학에서 다루는 'structure'는 곧 시설물을 의미하며, 교량, 댐, 빌딩, 육교 등과 같이 형태가 갖춰져 있고 다양한 구조 요소의 조합으로 이루어져 하중을 지탱하여 구조물로서의 역할과 기능을 안전하게 수행하도록 제작된 토목구조물(교량, 댐, 발전소, 고속도로 등) 또는 건축구조물(빌딩, 집 등)을 의미하는데, 본서에서는 이를 구조물로 부르기로 한다.

구조공학은 구조물에 작용하는 외부하중에 의한 반력, 단면력, 구조물의 처짐 등을 계산하고 비교하는 구조물 해석과 외부하중을 버틸 수 있는 구조물을 결정하는 구조물 설계로 구분할 수 있다. 예를 들어 구조물 해석은 구조물이 하중을 얼마만큼 버틸 수 있는지를 가늠하는 것이고, 구조물 설계는 구조물을 어떻게 만들어야 주어진 하중을 안전하게 지지할 수 있는지를 고려하여 설계하는 것이다. 구조물 해석과 구조물 설계는 각각 구조해석(구조역학)과 구조설계로 부르기도 한다. 일반적으로 구조해석 과정에서는 구조물의 형태 및 하중을 단순화하여 해석한다.

2.1 외력과 내력

앞서 구조물의 기본 목적은 하중을 지탱하며 본연의 역할을 안전하게 수행하는 것이라고 하였다. 하중을 지탱한다는 것은 구조물 상의 어떠한 위치에 힘이 가해졌을 때 단 하나의 부재도 파괴 또는 그에 준하는 상태에 도달하지 않고 온전한 상태를 유지하고 있다는 이야기이다. 그렇다면 외부에서 힘을 받고 있는 구조물이 온전한 상태에 있다는 것은 정확히 어떠한 상태를 지칭하는 것일까? 우리는 이에 대한 답을 하기에 앞서 먼저 외력과 내력의 개념에 대하여 알아볼 필요가 있다.

구조물에 작용하는 힘은 구조물을 기준으로 구조물 밖에서 작용하는 힘인 외력과 외력이 작용함으로 인해 구조물 내부에 발생되는 힘인 내력으로 구분할 수 있다. 외력(external force)은 구조물 외부에서 구조물에 가해지는 힘으로서 구조물을 변형시키는 요인이 된다. 외력은 크게 하중과 반력으로 분류된다.

반면 내력(internal force)은 외력을 받는 구조물의 내부에 발생되는 힘으로, 외력을 받아 변형된 구조물이 원래의 상태로 돌아가려는 힘을 말하며, 서로 인접한 단면이 서로에게 가하는 크기가 같고 방향이 반대인 힘이다. 예를 들어 고무밴드를 잡아당기게 되면 고무줄이 늘어나게 되는데, 이때 밴드를 잡아당기는 힘이 외력이고, 늘어난 고무줄 내부에 축적된 원래의 상태로 줄어들려는 힘이 내력이 된다.

부재축에 수직이 되는 단면과 이에 인접한 단면이 서로에게 가하는 내력을 단면력(sectional force)이라고 표현하며, 이 단면력은 내력과 마찬가지로 외력이 가해질 때 발생한다. 단면력은 부재(members)에 작용하는 힘이라고 하여 부재력이라고 부르기도 한다. 단면력의 종류에는 축력, 전단력, 휨모멘트, 비틀림 모멘트가 있다. 축력(axial force)은 단면에 가해지는 부재축과 나란한 방향의 힘이고, 전단력(shear force)은 부재축에 수직 방향으로 작용하는 힘이다. 휨모멘트(bending moment)는 부재를 휘어지게 하는 방향으로 작용하는 모멘트이고, 비틀림 모멘트(twisting moment)는 부재축을 중심으로 부재를 비트는 방향의 모멘트를 의미한다. 여기서 모멘트는 부재축에 직각으로 가해지는 힘에 팔의 길이를 곱한 물리량이다. 개념적으로 2차원 구조물에서 외력이 가해질 때 구조물을 이루고 있는 부재 내부에 발생되는 단면력에는 앞서 언급한 바와 같이 크게 네 종류가 있으나, 이 책에서 다루는 구조해석의 범위에서 비틀림 모멘트는 그 크기가 작아 고려하지 않는 것으로 한다.

2.2 하중과 반력, 지점

하중(load)은 하중의 재하 위치가 고정되어 있는 고정하중(dead load)과, 하중의 위치가 변하는 이동하중(live load)으로 대별된다. 하중의 표시는 한 점에서 작용할 경우 집중하중으로 나타내며, 일정한 구간에 분포될 경우 분포하중으로 나타낼 수 있다. 분포하중은 구간에 걸쳐서 하중이 동일할 경우 등분포하중으로 나타내며, 동일하지 않을 경우 가변분포하중으로 나타낸다.

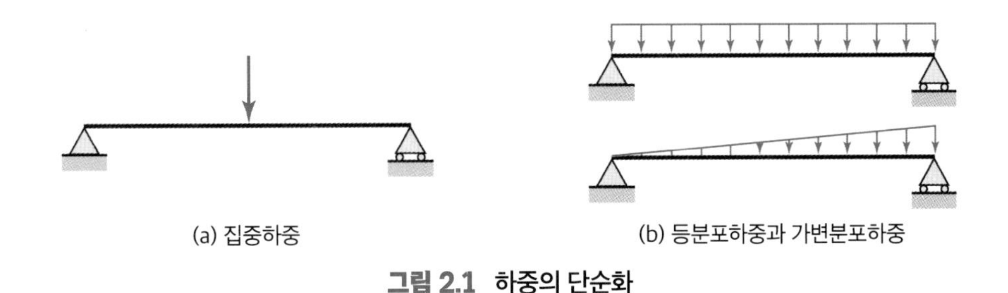

그림 2.1 하중의 단순화

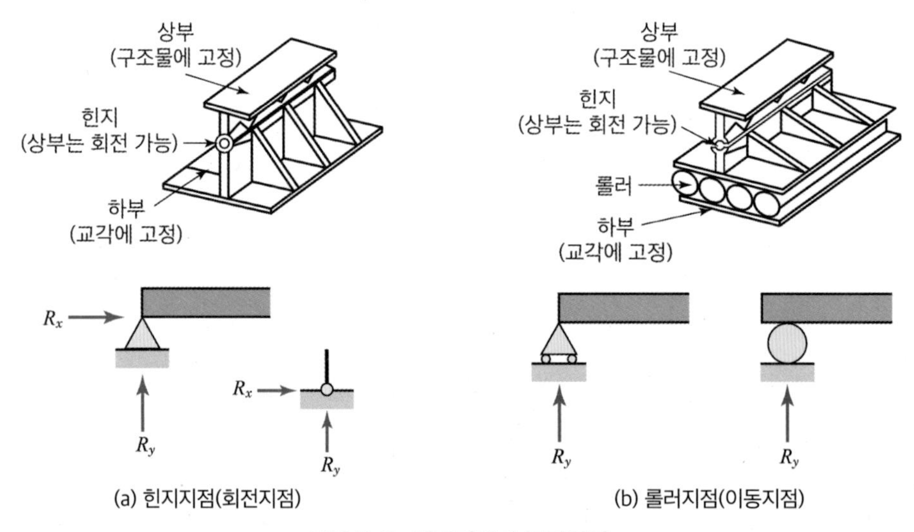

그림 2.2 힌지지점과 롤러지점

구조물에 외력이 작용하면 이에 대한 반작용으로 반력(reaction force)이 지점에서 발생된다. 지점(support)은 구조물을 지지하는 점으로서 구조물을 어느 고정체에 연결하는 부분을 의미한다. 지점은 구조물을 고정하는 방식에 따라 구조물 고정부의 움직임을 수평, 수직, 회전 방향에 대하여 구속하며 수평, 수직 방향으로 고정되어 있고 회전이 가능한 힌지지점(hinged support)과, 수직으로만 구속되어 있고 수평 및 회전 방향으로는 움직일 수 있는 롤러지점(roller support), 모든 방향에 대하여 구속되어 있는 고정지점(fixed support) 등으로 구별된다. 반력은 하중으로부터 구조물을 지지하기 위해 지점이 구조물에 가하는 힘으로 설명할 수 있으며, 지점에서 수평반력, 수직반력, 모멘트 반력이 발생할 수 있다. 반력은 구조물이 지점에 의해 구속된 방향으로 발생하기 때문에 힌지지점은 수평반력과 수직반력을, 롤러지점은 수직반력만을 고려하며, 고정지점의 경우에는 수평반력, 수직반력, 모멘트 반력 세 가지를 모두 고려한다.

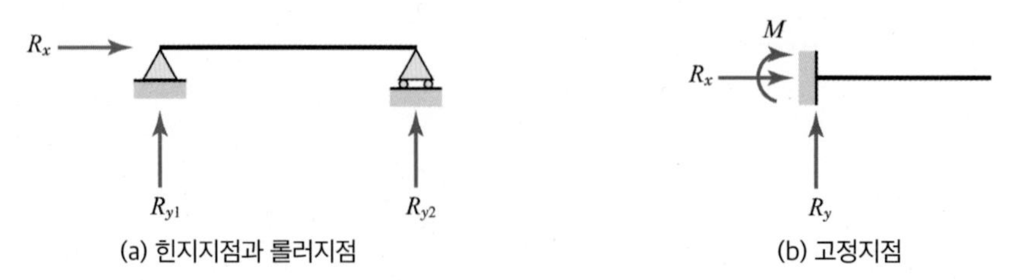

그림 2.3 지점과 반력 요소

2.3 정역학적 평형방정식

정지상태에 있는 물체에 외력이 작용하더라도 정지상태를 유지하려면 그 물체가 속해 있는 역계의 합력이 한 개의 힘이나 하나의 우력이 되어서는 안 된다. 외력을 받는 물체가 가속도가 0인 상태를 유지하고 있을 때 이를 정역학적 평형상태라고 한다. 정역학적으로 평형상태를 유지하기 위해서는 모든 수평분력의 합과 수직분력의 합이 0이 되어야 하며, 임의의 축에 대한 모든 힘의 모멘트 대수합이 0이 되어야 한다.

한 평면 구조물이 정역학적 평형을 유지하려면 이 구조물에 작용하는 하중과 반력은 다음의 세 가지 조건을 만족해야 한다. 이 식을 정역학적 평형방정식이라고 한다.

$$\sum F_x = 0 \tag{2.1a}$$

$$\sum F_y = 0 \tag{2.1b}$$

$$\sum M = 0 \tag{2.1c}$$

2.4 전단력도와 휨모멘트도

일정한 하중이 구조물 상의 고정된 위치에 가해지고 있을 때, 부재 내부에서 발생되는전단력의 값을 부재의 길이를 따라 표시한 그래프를 전단력도(Shear Force Diagram, SFD)라고 하며, 전단력 대신에 휨모멘트 값을 표시한 그래프를 휨모멘트도(Bending Moment Diagram, BMD)라고 한다. 전단력도와 휨모멘트도를 작성하면 단면의 위치에 따른 전단력과 휨모멘트 값의 변화 양상을 확인할 수 있다.

분포하중 w를 받는 보에서의 하중, 전단력, 휨모멘트의 관계식은 다음과 같다.

$$\frac{dV}{dx} = -w \tag{2.2}$$

$$\frac{dM}{dx} = V \tag{2.3}$$

여기서 x는 보의 좌측 끝단에서 고려하는 단면까지의 거리이고, V와 M은 각각 해당 단면에서의 전단력과 휨모멘트를 나타낸다. 특히 식 (2.3)을 응용하면 한 점에서의 휨모멘트도의 기울기는 그 점의 전단력을 의미하며, 두 점의 휨모멘트 값의 차이는 동일 지점 간의 전단력도의 면적으로 계산이 된다. 따라서 휨모멘트를 작성하는 과정은 반력을 먼저 계산하고, 전단력도를 그린 뒤에 이를 바탕으로 휨모멘트를 그리는 순이 된다.

전단력도와 휨모멘트도 상에는 각각 최댓값이 나타나게 되는데, 이를 최대 전단력, 최대 휨모멘트라고 한다. 하중의 위치가 고정되어 있을 경우 최대 전단력과 최대 휨모멘트는 하나의 값을 갖지만, 하중이 이동할 경우 하중이 위치하는 매 순간마다의 최대 전단력과 최대 휨모멘트의 값이 달라지게 된다. 이동하중에서 나타나는 최대 전단력과 최대 휨모멘트 값 중에서 가장 큰 값을 각각 절대최대 전단력, 절대최대 휨모멘트라고 정의한다.

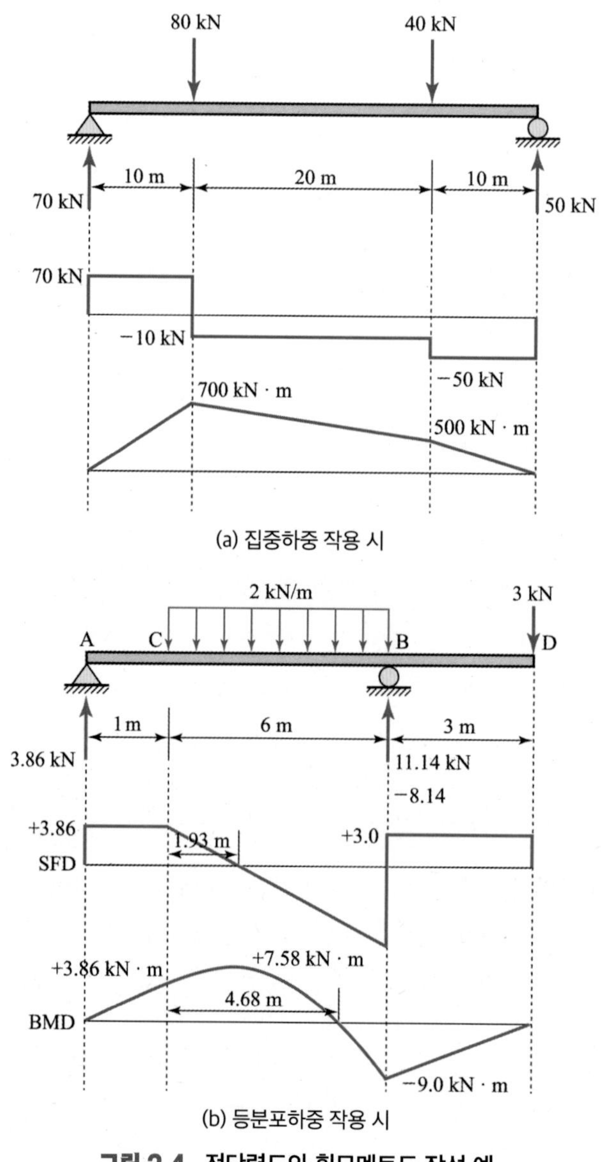

그림 2.4 전단력도와 휨모멘트도 작성 예

2.5 철근콘크리트보의 휨강도

외력을 받는 구조물의 부재 내부에는 내력이 발생한다. 부재 내부의 어떤 한 부분에 발생하는 내력이 그 부분이 버틸 수 있는 한계를 초과하게 되면 부재는 파괴되며, 이 한계를 부재의 강도(strength)라 한다. 부재의 특정 단면이 용인하는 최대 전단력을 해당 단면의 전단강도, 최대 휨모멘트를 휨강도라 한다.

이 절에서는 강도와 단면력의 관계를 통해 철근콘크리트보를 설계하는 대표적인 방법인 강도설계법에 준하여 철근콘크리트보의 휨강도에 대하여 설명한다. 철근콘크리트보는 인장에 취약한 콘크리트를 보강하기 위하여 휨을 받는 보의 인장부에 인장에 강한 철근을 배근한 보를 말한다.

강도설계법에서는 외부하중에 의해 부재 내부에 발생되는 휨모멘트와 해당 단면이 지니는 휨강도와의 관계를 다음과 같이 정의한다.

$$M_d = \phi M_n \geq M_u \tag{2.4}$$

여기서 M_u는 소요휨강도로서 안전을 위해 1보다 큰 하중계수를 곱하여 증가시킨 설계하중에 의해 발생되는 휨모멘트이고, 해당 단면이 지녀야 할 휨강도의 하한선이다. M_n은 공칭휨강도로서 이론상의 계산에 의해 얻어진 단면의 휨강도이고, M_d는 안전상의 이유로 공칭휨강도에 1보다 작은 강도감소계수를 곱한 설계휨강도이다. 식 (2.4)는 철근콘크리트보를 설계함에 있어 안전상의 이유로 이론값보다 감소된 설계휨강도가 안전상의 이유로 실제보다 증가시킨 하중이 발생시키는 최대 휨모멘트보다 크도록 설계되어야 함을 나타낸다. 철근콘크리트보의 소요휨강도는 휨모멘트도를 작도하여 확인할 수 있다. 철근콘크리트보의 설계휨강도는 사용 재료의 응력분포와 강도로부터 계산된다.

휨강도는 해당 단면에 허용되는 최대 휨모멘트이므로 휨강도의 계산에 앞서 휨모멘트에 대하여 조금 더 자세히 알아보겠다. 휨모멘트란 변형된 부재가 원래의 상태로 돌아가기 위하여 부재 내부의 서로 맞닿아 있는 두 단면이 서로에게 가하는 모멘트이다. 그림 2.5는 아래로 볼록하게 휘어진 철근콘크리트보의 내부에 발생하는 휨모멘트를 보여주고 있다. 그림에서 보의 왼쪽 부분의 오른쪽 단면이 받는 반시계 방향의 휨모멘트는 그림 2.6과 같은 응력분포를 통하여 설명할 수 있다. 아래로 볼록하게 휘어진 보는 상부는 압축되고 하부는 인장되어 있는 상태를 유지하고 있다. 다시 말해 보의 하부는 인장력을, 상부는 압축력을 받고 있으며, 이 두 힘이 단면에 발생시키는 모멘트가 바로 휨모멘트이다.

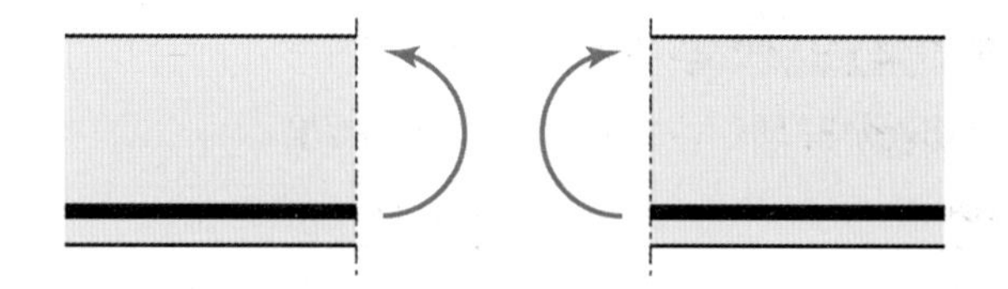

그림 2.5 아래로 볼록하게 휘어진 부재 단면에 발생하는 휨모멘트

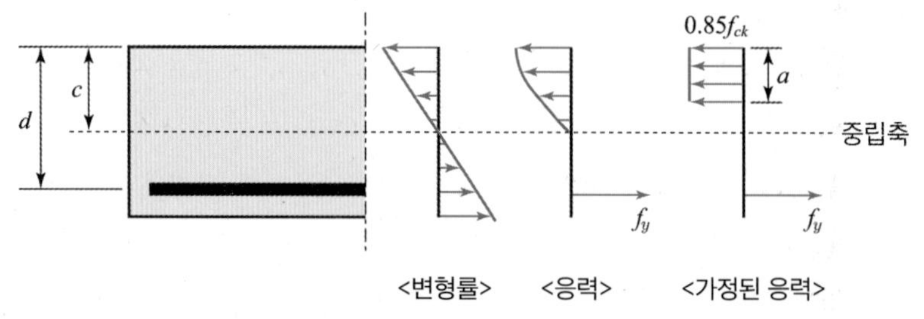

그림 2.6 철근콘크리트보의 변형률과 응력분포(2차원)

휨강도란 단면이 버틸 수 있는 최대 휨모멘트로 가정되는 값이므로, 부재가 점점 휘어져 단면이 파괴 또는 우리가 간주하는 그에 준하는 상태에 도달하였을 때 단면에 분포하는 응력이 발생시키는 모멘트가 휨강도가 되며, 더 정확히는 이론상의 계산에 의한 휨강도이므로 이것이 앞서 설명한 공칭휨강도이다. 강도설계법에서는 이러한 응력분포를 단순화시켜 공칭휨강도를 구하는 방법을 제시하고 있다.

일반적으로 콘크리트는 변형이 발생하다가 어느 순간 급작스럽게 파괴되는 취성의 성질을 지니고, 철근은 변형이 발생하다가 일정 수준에 이르게 되면 변형률이 급격히 증가하는 항복구간을 거쳐 파괴가 일어나는 연성의 성질을 지닌다. 이러한 사용 재료의 성질 때문에 부재의 변형을 통해 부재의 파단 순간을 짐작할 수 있도록, 철근콘크리트보는 인장력에 저항하는 보 하부 철근의 양을 상대적으로 적게 배근하여 휨파괴 시 철근이 먼저 항복하도록 설계된다. 따라서 강도설계법에서는 철근이 항복하는 순간에 부재 단면에 발생하는 휨모멘트를 해당 단면의 휨강도로 설정하고, 이때 단면에 분포되는 응력을 그림 2.6의 '가정된 응력'과 같이 단순화하여 휨강도 계산에 이용한다.

그림 2.7은 강도설계법에 의해 가정된 응력분포를 자세히 나타내고 있다. 보의 압축면이 받는 단위면적당 힘인 압축응력은 등가응력직사각형으로 치환되었으며, 그 크기는 콘크리트의 압축강도인 f_{ck}의 85%를 취한 값이고, 작용 구간은 보의 폭 방향으로는 보의 전체 폭인 b, 깊이 방향으로는 미지의 값인 a이다. 단면의 인장부가 받는 인장응력의 경우 철근이 모두 부담하는 것으로 가정하며, 그 값은 철근의 항복응력인 f_y이고, 작용 구간은 철근의 전체 단면이다.

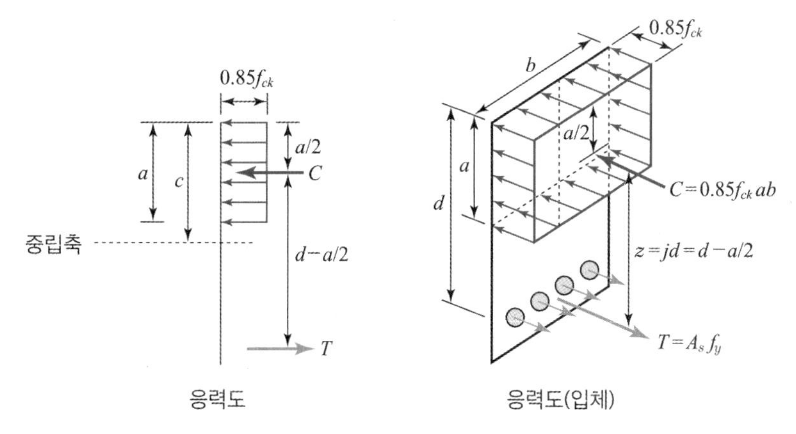

그림 2.7 철근콘크리트보의 응력도

모멘트의 계산을 위해 압축응력과 인장응력을 크기가 같은 집중하중으로 표시하면 압축응력의 합력 $C = 0.85f_{ck}ab$이고, 작용점은 분포하중의 중심점으로 보의 상단에서 $a/2$만큼 떨어진 점이다. 인장응력의 합력 $T = A_sf_y$이고, 작용점은 철근의 도심으로 보의 상단에서 유효깊이인 d만큼 떨어진 점이다.

한편 C와 T를 받는 단면이 포함되도록 **그림 2.8**과 같이 자유물체도를 구성한다면, 수평 방향의 정형학적 평형을 만족시키기 위해 단면이 받는 압축력 C와 인장력 T의 크기가 같아야 한다는 사실을 알 수 있다.

$$0.85f_{ck}ab = A_sf_y \tag{2.5}$$

여기서 f_{ck}, f_y, b는 각각 콘크리트의 압축강도, 철근의 항복응력, 보의 폭이므로 모두 이미 정해져 있는 값이다. 따라서 식 (2.5)를 a에 대하여 정리하면 식 (2.6)을 얻을 수 있다.

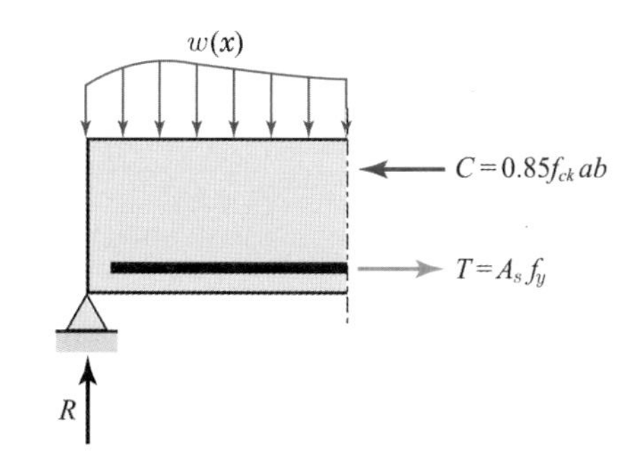

그림 2.8 단면을 포함하는 자유물체도

$$a = \frac{A_s f_y}{0.85 f_{ck} b} \tag{2.6}$$

철근콘크리트보의 공칭휨강도(M_n)는 그 정의에 의해 압축력 C와 인장력 T가 발생시키는 모멘트를 합하여 구할 수 있다. 정역학적 평형을 이루는 힘들이 어느 한 기준점에 대하여 발생시키는 모멘트는 기준점을 달리하여도 항상 같으므로, 계산의 편의를 위해 C가 작용하는 점에 대하여 C와 T가 발생시키는 모멘트를 구하면 식 (2.7)과 같다.

$$M_n = A_s f_y \left(d - \frac{a}{2} \right) \tag{2.7}$$

철근콘크리트보의 설계휨강도(M_d)는 공칭휨강도에 강도감소계수 ϕ를 곱하여 얻을 수 있다.

$$M_d = \phi M_n = \phi A_s f_y \left(d - \frac{a}{2} \right) \tag{2.8}$$

2.6 구조물 설계 기초

구조물 설계를 위한 기본 용어 및 개념을 정리하면 다음과 같다.

(1) 하중

하중(load)은 구조물에 작용하는 힘(force)을 의미한다. 그림 2.9에서는 두 가지 유형의 차량(차륜 차량과 궤도 차량)에 작용하는 하중을 보여준다. 차륜 차량은 특정 지점에 집중된 하중을 가하며(P_1, P_2, P_3), 궤도 차량은 하중이 일정 구간에 걸쳐 분포한다(w). 이러한 하중은 구조물 설계 시 매우 중요한 요소로, 구조물이 이를 견딜 수 있도록 고려해야 한다.

(2) 반력

반력(reaction force)은 구조물이나 지반(ground)이 하중에 대응해 발생시키는 힘을 의미한다. 그림 2.9에서 교량의 안정성을 확보하기 위해 반력이 어떻게 작용하는지를 보여주고 있다. 교량의 형태를 설계할 때, 하중과 반력의 균형을 맞추어 안정성을 확보하는 것이 중요하다.

(3) 처짐과 내력

처짐과 내력은 구조물의 사용성과 내구성을 결정하는 요소이다. 처짐(deflection)은 구조물이 하중을 받을 때 변형(deformation)되는 정도를 의미하며, 내력(resisting force)은 구조물이 시간에 따라 외부의 하중을 버티면서 그 성능을 유지할 수 있는 능력을 뜻한다. 처짐을 최소화하고 내력을 최대화하는 것이 사용성과 내구성을 보장하는 핵심이다.

(4) 구조설계 3요소

안전하고 효율적인 구조물을 설계하기 위한 구조설계 3요소에 대해 알아보자. 구조물을 설계하기 위해 고려할 세 가지는 안전성(안정성), 사용성, 내구성이다. 안전성(safety)은 구조물이 외부의 다양한 하중 조건, 예를 들어 바람, 지진, 차량 하중 등의 영향으로부터 견딜 수 있는 능력을 의미한다. 안전성이 확보되었다는 것은 구조물이 사용 중에 붕괴나 손상이 발생하지 않도록 설계되었다는 것이다. 안정성(stability)은 이러한 구조물이 균형을 유지하고 외부에서 작용하는 하중에 대응하여 변형되지 않도록 보장하는 능력을 포함한다. 교량이나 건물이 차량이나 바람, 지진 등으로부터 견디고 구조적 붕괴를 방지할 수 있는 능력을 안전성(안정성)이라고 할 수 있다.

사용성(serviceability)은 구조물이 사용 중에 적절하게 기능할 수 있는지를 의미하며, 사용자가 구조물을 사용하는 데 불편함이 없고 그 목적에 맞게 제대로 작동하는지를 평가하는 기준이다. 예를 들어 다리가 무너지지는 않더라도 차량 하중을 받아 지나치게 흔들리거나 도로의 바닥이 과도하게 휘거나 처진다면 사용자에게 불안감을 주어 원활한 사용이 어려울 것이다. 따라서 구조물은 안전성과 함께 사용성을 고려하여 설계해야 한다.

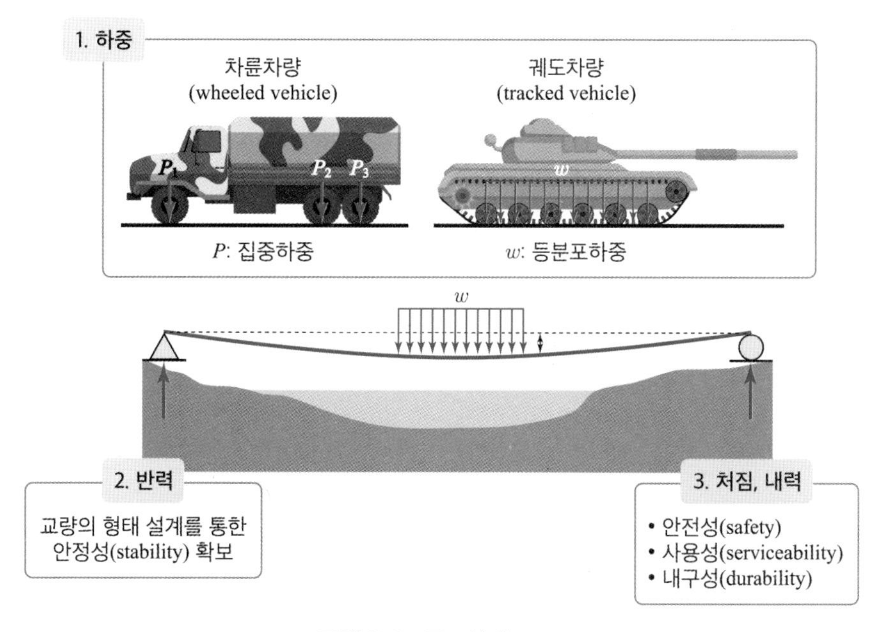

그림 2.9 구조설계 3요소

마지막으로 내구성(durability)은 구조물이 시간이 지나면서 날씨, 온도 변화, 부식, 마모 등과 같은 환경적, 물리적 영향에도 불구하고 본래의 성능을 오랫동안 유지할 수 있는 능력을 말한다. 내구성이 뛰어난 구조물은 유지보수 비용이 적게 들며, 오랜 기간 안전하게 사용할 수 있다는 장점이 있다. 이러한 내구성은 철근콘크리트 구조물이 수십 년간 부식 없이 강도를 유지하거나, 도로 표면이 오랜 시간 마모되지 않고 상태를 유지하는 경우로 설명할 수 있다.

정리하자면 안전성은 구조물의 기본적인 보존 능력을, 사용성은 그 구조물이 제 역할을 제대로 할 수 있는지를, 내구성은 이 모든 기능을 오랜 기간 유지할 수 있는지를 보장하는 중요한 기준이 된다. 구조설계에서 이 세 가지 요소는 서로 긴밀하게 연결되어 있어야 하며, 이것들이 모두 적절히 고려되어야만 오랜 기간 안전하고 효율적인 구조물로 사용할 수 있다.

그림 2.9는 이러한 요소들이 구조설계에서 어떻게 상호작용하는지를 보여주며, 최종적으로는 구조물이 시간이 지나도 안전하고, 사용하기 편리하며, 내구성을 유지할 수 있도록 설계해야 한다는 점을 강조하고 있다.

CHAPTER 3

무기 효과

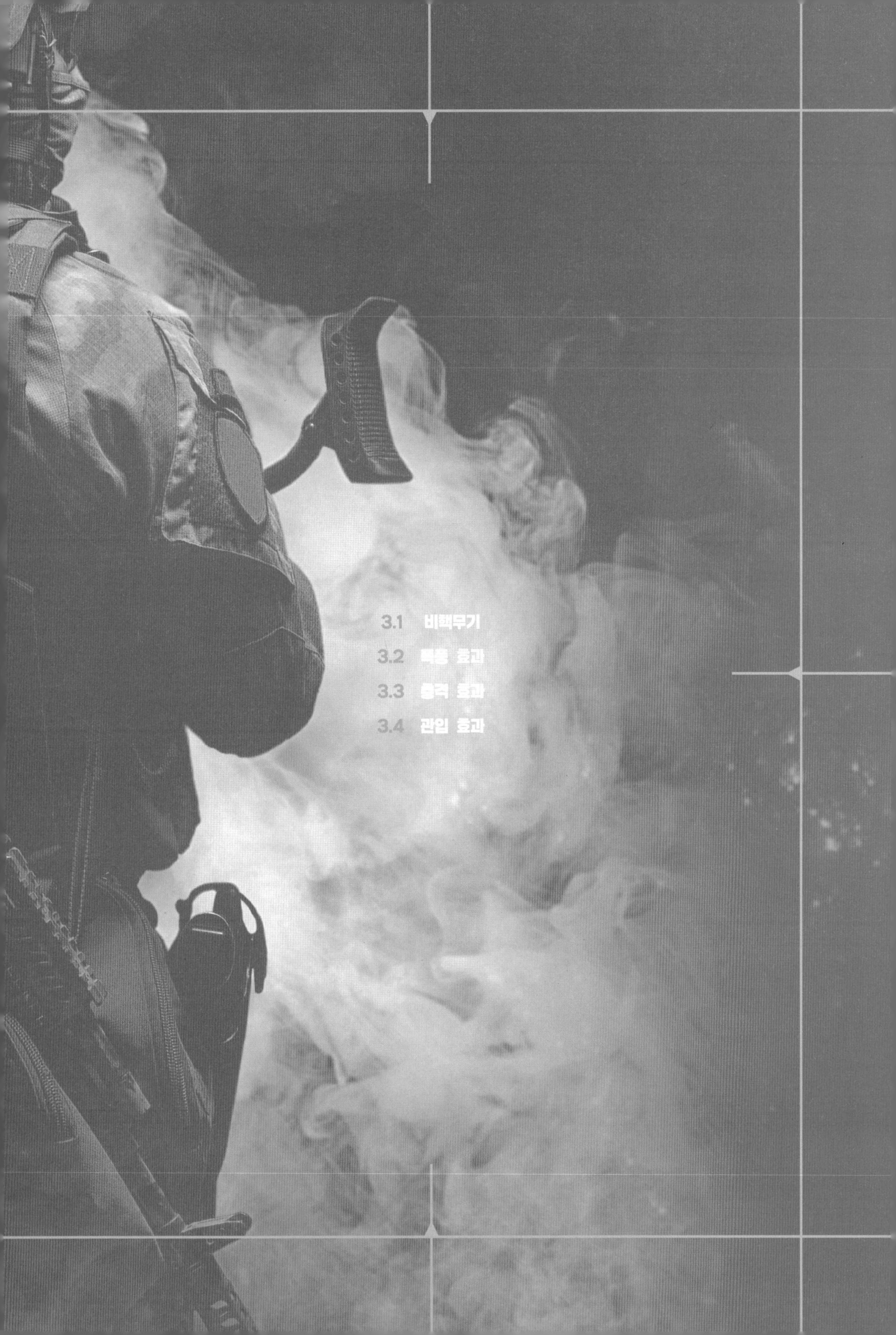

국가안보에는 강한 군사력을 유지하는 것이 절대적이며, 이러한 군사력을 극대화하려면 전쟁 수행 중에 적의 공격으로부터 인원과 장비의 피해를 최소로 하고, 전투력을 보존할 수 있도록 효율적인 군사 방호시설을 갖춰야 한다. 또한 민간 차원에서도 적절한 민방위용 대피시설을 유지함으로써 총체적인 국가안보를 구축해야 할 것이다. 이러한 방호시설들은 경제적이며 효율적일 뿐만 아니라 적의 공격에 대하여 구조적으로 안전한 설계가 되어야 한다.

이 장에서는 방호구조물 설계에 필요한 재래식 무기의 일반적인 특성을 알아본 후, 재래식 무기와 핵무기의 효과에 대해 살펴볼 것이다. 방호구조물 설계 시 고려할 수 있는 무기 효과들을 망라하면 다음과 같으나, 일반적으로 폭풍, 충격, 관입 효과가 주로 고려된다.

- 유체 매질 내에서 급격하게 방출되는 다량의 에너지에 의한 폭풍 효과
- 탄체의 목표물에 대한 직접 타격 및 폭풍파에 수반하는 충격 효과
- 탄체가 운동에너지에 의해 목표물에 박히거나 관통하는 관입 효과
- 탄체의 파열에 의한 파편 효과
- 소이 무기나 화염 방사기 등에 의한 화염 효과
- 핵무기의 특성인 열복사선 및 방사능 효과
- 화생무기에 의한 화학작용 및 세균작용

3.1 비핵무기

무기 계통은 아주 다양하며, 계속해서 개발되고 개량되는 빈도가 높으므로, 여기서는 어느 특정 무기의 특성보다는 보편적인 무기들의 일반 성질을 다뤘다.

따라서 특정한 방호구조물을 설계하려면, 먼저 무기들에 대한 상세한 최신 정보를 획득해야 한다. 무기의 종류는 비핵무기인 재래식 무기와 핵무기로 대별되며, 재래식 무기는 다시 탄체의 운송 방식에 따라 발사체(projectile), 폭탄(爆彈, bomb), 로켓과 미사일, 기타 특수 무기 등으로 나눌 수 있다. 그림 3.1에 대표적인 탄환, 포탄 및 폭탄의 단면도를 나타내었다.

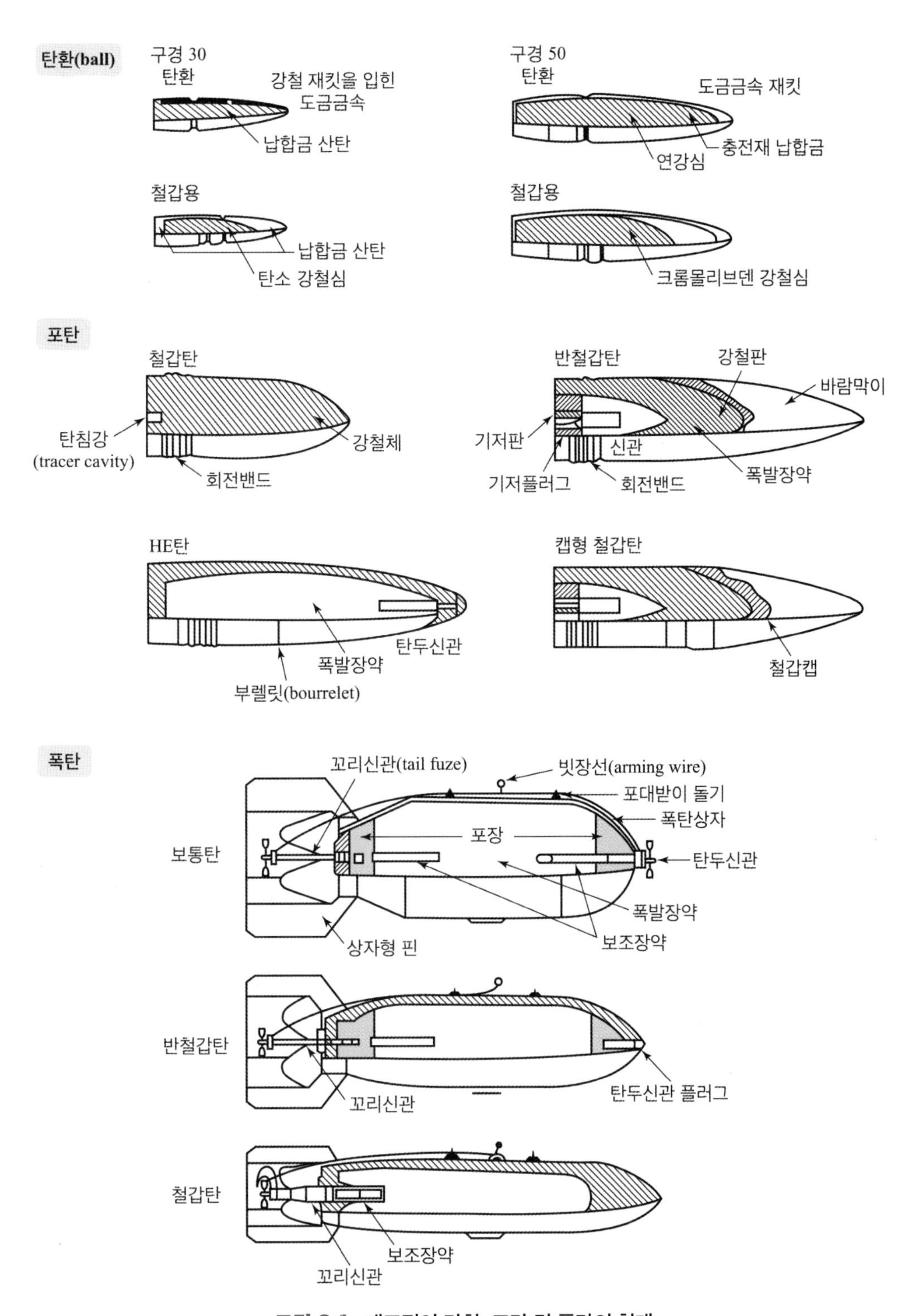

그림 3.1 대표적인 탄환, 포탄 및 폭탄의 형태

3.1.1 발사체

1) 소화기탄 및 항공기 기관포

이 범주에는 권총, 소총, 기관총, 항공기의 기관포에 사용되는 탄환들이 포함된다. 이 무기에 자주 사용되는 탄약에는 보통탄, 예광탄, 철갑탄, 철갑 소이탄 등이 있다. 이러한 탄환은 인원, 콘크리트 구조물, 경장갑 및 비장갑 표적, 방탄 표적에 사용되며, 대표적인 소화기탄과 항공기 기관포의 구경, 탄환 무게, 속도 등을 표 3.1에 나타내었다.

2) 직사 및 곡사화기 포탄

박격포, 포병의 곡사포 및 직사포 등의 포탄(砲彈)은 폭풍 효과와 파편 효과를 얻을 수 있도록 일반적으로 충분한 양의 고성능 폭약을 포함하고 있다. 이러한 포탄의 폭발 작용은 콘크리트를 부수고, 보강철근을 절단하며, 반복 타격 시에는 콘크리트 벽체를 관통하여 구조물에 커다란 손상을 주고, 콘크리트 내면에서 깨져 나오는 파편은 인원과 장비에 큰 피해를 줄 수 있다. 지연신관이 장착된 대전차 고폭탄은 철근콘크리트와 장갑판과 같은 견고한 표적에 특히 효과적이다.

(1) 철갑탄(Armor-Piercing projectile, AP탄)

철갑탄(AP탄)은 장갑판과 철근콘크리트를 관통시키는 데 매우 효과적이다. AP탄이 균질 장갑판에 수직으로 충격할 때는 효과적이지만 10° 이상 경사로 충격하면 효과가 떨어지고, 경피장갑판(硬被

표 3.1 대표적인 소화기탄과 항공기 기관포의 특성

화기	탄환			
	구경	종류	무게(gr)	총구속도(m/s)
권총	7.62 mm	보통탄	74~106	290~457
	9 mm	보통탄	125~160	302~389
	0.45 in	보통탄	208~234	250~259
소총	5.56 mm	보통탄, 예광탄	43~56	945~1,006
	7.62 mm	보통탄, 예광탄, 철갑탄	74~187	421~878
기관총	7.62 mm	보통탄, 예광탄, 철갑탄	149~182	817~869
	12.7 mm(0.5 cal)	보통탄, 예광탄, 철갑탄, 소이탄	620~710	838~1,030
	14.5 mm	보통탄, 예광탄, 철갑탄, 소이탄	919~980	975
기관포	23 mm	고폭탄, 철갑탄, 소이탄	3,080	689
	30 mm	고폭탄, 철갑탄, 소이탄	6,320	780
	37 mm	고폭탄, 철갑탄, 소이탄	11,350	689
	40 mm	고폭탄, 철갑탄, 소이탄	15,000	1,000

* 1 gr = 1 grain = 0.0648그램

裝甲板)에는 충격속도가 아주 크지 않은 한 캡형 포탄만큼 효과적이지는 못하다. 콘크리트에 대한 AP탄의 효과는 탄흔을 낼 정도밖에 안 되며, 작약이 들어 있는 캡형 포탄보다도 효과가 작다. 캡형 포탄이란 충격 시 높은 응력에 저항하면서 이 응력을 포탄의 앞부분에 분산시킬 수 있도록 탄두 끝을 고강도의 합금강으로 만든 포탄을 말한다. AP탄은 정확도가 비교적 높은 직접사격에 주로 사용되며, 캡형 AP탄에는 포탄이 목표물에 최대로 관입 시 폭발이 일어나도록 지연신관이 설치된다. 경사 충격은 포탄의 관입을 감소시키고 도탄을 발생시키므로 탱크와 장갑차량들은 그 표면을 둥글고 경사지게 만든다. 방호구조물의 노출면은 예상되는 탄도를 고려하여 사격 방향에 최대로 경사지게 설계함으로써 AP탄의 관통 효과를 줄일 수 있다.

(2) 고폭탄(High Explosive projectile, HE탄)

포병용의 전형적인 고폭탄은 포탄무게의 약 15% 정도의 작약이 장전되어 있으며 순발신관, 지연신관 또는 시한신관이 장착된다. 콘크리트 구조물의 공격 시에는 특수한 콘크리트 관입용 탄두 끝 신관을 사용할 수 있다. 순발신관이나 시한신관은 폭발 시의 파편으로 인하여 노출된 인원과 장비에 효과적이며, 지연신관은 포탄이 흙이나 콘크리트에 관입된 후 폐쇄된 상태에서 폭발되므로 방호구조물에 좀 더 큰 손상을 줄 수 있다.

(3) 박격포탄(mortar shell)

박격포탄은 포탄무게의 약 20~40%의 작약을 포함하고 있으며, 중 · 소형 박격포탄은 비행 시 고각탄도(高角彈道)를 이루고 충격속도가 작아서 관입량은 적지만 근본적으로 포병포탄과 같은 형태의 손상을 준다. 러시아제 240 mm 대형 포미장전식(砲尾裝塡式) 박격포는 지하구조물에 심대한 손상을 줄 수 있는 콘크리트 관입용 대형 포탄(286 kg 이상)을 사격할 수 있는 것으로 알려져 있다.

표 3.2에는 포병포탄, 박격포탄, 전차 포탄의 특성이 요약되어 있다. 이 표에는 주로 고폭탄에 관한 자료가 주어졌지만, 현재는 사거리와 속도를 상당히 키울 수 있도록 특정 포병 무기를 위한 로켓(철갑) 포탄이 사용되고 있고 개발 중인 것도 있다.

표 3.2 대표적인 포탄의 특성

포탄 종류	국가	구경	포구속도 (m/s)	최대 사거리 (m)	발사속도 (발/min)	포탄		
						총 무게 (kg)	작약무게 (kg)	작약 종류
박격포HE탄	미국	60 mm	159	1,814	18~30	1.45	0.15	TNT
		81 mm	267	4,595	18~30	4.26	0.95	COMP B
		4.2 in	293	5,650	5~20	12.25	3.22	TNT
	러시아	82 mm	211	3,000	15~25	3.08	0.41	TNT, AMATOL
		120 mm	272	5,700	12~25	15.97	1.58	AMATOL
		160 mm	343	8,040	2~3	41.14	7.72	AMATOL
		240 mm	362	9,700	1	130.73	31.91	TNT
(RC 관입용)		240 mm	…	…	1	288.68	…	TNT
포병HE탄	미국	105 mm	494	11,500	3~10	14.97	2.30	COMP B
		155 mm	564	14,600	1~2	42.91	6.99	TNT
		175 mm	914	32,700	1	66.68	14.06	COMP B
		8 in	594	16,800	0.5	90.72	16.67	TNT
	러시아	122 mm	901	21,900	6~7	21.68	3.67	AMATOL
		130 mm	931	31,000	6~7	33.38	4.63	TNT
		152 mm	655	17,300	4	43.45	5.76	TNT
		180 mm	792	30,000	1	102.06	…	…
(RC 관입용)		203 mm	607	18,000	0.5	100.02	15.38	TNT
HEAT탄	미국	90 mm	732	17,900	8~9	10.61	0.98	TNT
	러시아	115 mm	…	…	5	17.73	2.72	TNT

3) 유탄

유탄(grenade)은 적의 장비나 인원에 대하여 사용되는 무게가 0.45~0.68 kg인 소형 사탄이다. 여기에는 수류탄과 총류탄의 두 가지 형태가 있으며, 고성능 폭약이나 화학적 혼합물로 충전된다. 개인 또는 전투 장비에 설치하여 사용할 수 있는 특수 목적용 발사기를 도입하면 아주 먼 거리에 있는 표적에도 유탄을 사격할 수 있다. 표 3.3에는 유탄의 특성이 요약되어 있다.

표 3.3 대표적인 유탄의 특성

형태	포탄무게 (kg)	사거리 (m)	충전물		비고
			종류	무게(kg)	
세열수류탄	0.39	40	COMP B	0.18	
폭풍수류탄	0.44	30~40	TNT	0.23	
총류탄-HEAT	0.67	115~195	COMP B	0.28	약 25 cm의 장갑판 및 50 cm의 콘크리트에 관입
40 mm 발사기	0.28	350~400	COMP B	0.04	견착사격

3.1.2 폭탄

폭탄에는 고폭탄(High-Explosive bomb, HE폭탄), 소이(燒夷)폭탄(fire and incendiary bomb), 특수 폭탄(special-purpose bomb), 산탄형 폭탄(dispenser and cluster bomb)의 네 가지로 대별된다. HE폭탄의 폭풍과 파편 효과는 방호구조물에 심대한 위협을 주기 때문에 HE폭탄은 나머지 세 범주의 폭탄보다 좀 더 세밀히 관찰해야 한다.

1) HE폭탄

HE폭탄은 다음과 같은 몇 가지 형태가 있다.

- 일반용 폭탄(General-Purpose bomb, GP폭탄): 폭풍과 파편 효과로 얇은 철근콘크리트 및 장갑판을 관통할 수 있으며, 지하로 관입된 후 폐쇄 폭발이 일어나면 근처의 구조물에 상당한 피해를 준다.
- 경상자 폭탄(Light-Case bomb, LC폭탄): 표적에 충격 시 쉽게 파괴될 수 있는 얇은 케이스에 다량의 작약이 들어 있는 폭탄으로, 순발신관 또는 비지연신관이 장착되어 있으며, 주로 폭풍에 의하여 피해가 발생한다.
- 세열(細裂) 폭탄(Fragmentation bomb, FRAG폭탄): 폭풍 효과는 별로 없고, 폭발 원점 주위로 다량의 파편이 비산되어 인원과 경장비에 효과적인 폭탄이다.
- 철갑 폭탄(Armor-Piercing bomb, AP폭탄): 군함, 철근콘크리트 구조물 등과 같이 강력하게 방호된 표적에 충격될 때 변형에 저항할 수 있도록 두꺼운 케이스로 된 폭탄이다. 반철갑(SAP) 폭탄은 AP폭탄과 비슷한 특성을 가지고 있지만, 두꺼운 장갑판에는 비효과적이다.
- 기화(氣化) 폭탄(Fuel-Air Explosive bomb, FAE폭탄): 얇은 금속통 속에 연소성 가스로 채워진 폭탄으로, 헬기 착륙장을 마련하며, 지뢰와 부비트랩을 폭파시키고, 지상구조물을 파괴하는 데 사용된다.

표 3.4 대표적인 HE폭탄의 특성

종류	폭탄 크기			작약비율 (%)	세장비 L/D	단면압력 $4W/\pi D^2$ (kg/cm²)	비고
	무게 W [kg(lb)]	직경 D (cm)	길이 L (cm)				
GP 100	49.9 (110)	20.32	73.66	51	3.6	0.155	
GP 250	117.9 (260)	27.94	91.44	48	3.3	0.190	
GP 250	127.0 (280)	22.86	190.50	35	8.3	0.309	고세장비 폭탄
GP 500	235.9 (520)	35.56	114.30	51	3.2	0.239	
GP 500	249.5 (550)	27.94	228.60	35	8.2	0.408	고세장비 폭탄
GP 750	376.5 (830)	40.64	215.90	44	5.3	0.288	고세장비 폭탄
GP 1000	462.7 (1,020)	48.26	134.62	54	2.8	0.253	
GP 1000	453.6 (1,000)	35.56	304.80	42	8.6	0.457	고세장비 폭탄
GP 2000	948.0 (2,090)	58.42	177.80	53	3.0	0.352	
GP 2000	907.2 (2,000)	45.72	381.00	48	8.3	0.555	고세장비 폭탄
GP 3000	1,360.8 (3,000)	60.96	457.20	63	7.5	0.464	고세장비 폭탄
SAP 500	231.3 (510)	30.48	124.46	30	3.9	0.316	
SAP 1000	453.6 (1,000)	38.10	144.78	31	3.8	0.394	
SAP 2000	925.3 (2,040)	48.26	167.64	27	3.5	0.506	
AP 1000	490.0 (1,080)	30.48	147.32	5	4.8	0.668	
AP 1600	725.7 (1,600)	35.56	170.18	15	4.8	0.724	

HE폭탄의 특성이 표 3.4에 요약되어 있으며, 작약비율은 대략 다음과 같다. AP폭탄은 5~15%, SAP폭탄은 30%, GP폭탄은 50%, LC폭탄은 75~80%, FRAG폭탄은 단지 탄피를 파쇄시키고 최대 파편 비산속도를 낼 수 있는 정도의 작약만을 포함한다. 여기서 작약비율은 총 폭탄무게에 대한 작약무게의 비율을 나타내며, 단면압력은 폭탄의 무게를 단면적으로 나눈 값이다. 또한 이 표에서 비고란에 표시된 바와 같은 고세장비(高細長比) 폭탄들은 현재 보유하고 있는 좀 더 현대화된 폭탄을 의미한다.

2) 소이폭탄

화재폭탄(fire bomb)은 일반 구조물을 공격하도록 설계된, 커다란 얇은 통에 농축 연료로 충전된 폭탄으로, 목표물에 충격 시에는 거의 관입하지 않고 폭발이 일어난다. 소이폭탄(incendiary bomb)은 일반적으로 단단한 표적에 사용되는, 비교적 작은 철제통에 금속과 석유 혼합물로 충전된 폭탄이다. 소이폭탄은 때때로 많은 양이 한꺼번에 투하되며, 탄두 끝은 속이 채워진 철제로 만들어져서 탄두 끝이 밑을 향하면서 낙하하고, 변형되지 않고 표적에 관입될 수 있다. 화재 및 소이폭탄은 일반적으로 잘 설계된 방호구조물에는 사용되지 않고 산업 및 주거지역, 부대 및 장비 집적소, 연료 저장시설 등과 같은 가연성 표적의 공격에 적합하다. 예외적으로 가솔린 겔형 화재폭탄은 방호구조물의 입구 또는 개구부에 효과적으로 사용하면 내부를 불태우고 탈산소(脫酸素) 작용을 할 수 있다.

3) 특수 폭탄

이 범주에 속하는 폭탄에는 광고폭탄, 조명폭탄, 연막폭탄, 기타 화학폭탄 등이 있으나, 이들은 적절히 설계 및 시공된 방호구조물에는 별로 위험을 주지 않는다.

4) 산탄형 폭탄

이 폭탄은 일반적으로 장갑차, 인원, 저장소, 산업용 건물 또는 주거용 건물 등의 지상 표적에 대하여 사용된다. 이들은 소형의 HE, HEAT, 화학, 기화폭탄 등 소형 폭탄의 무리로 채워진 대형 금속통으로 되어 있으며, 표적 지역 상공의 예정된 높이에서 열려서 소형 폭탄들이 투하되도록 신관장치가 되어 있다.

3.1.3 로켓과 미사일

1) 전술 로켓과 미사일

이 무기는 주로 장갑차량에 사용되도록 설계되었지만, 이 중 일부는 인원, 장비 또는 견고한 방호구조물의 공격에 적합한 대체 탄두를 사용할 수 있다. 로켓을 정해진 탄도에 따라 조준하고 로켓 추진제를 점화하는 데는 로켓발사기가 사용된다. 미사일을 조준하고 점화하는 데에도 발사대가 사용되지만, 표적까지의 비행에는 유도체계가 사용된다. 이 무기의 대부분은 아주 가볍고 휴대할 수 있어서 보병에서 운용될 수 있고, 항공기에 장착하여 사용될 수도 있다. 미국과 러시아의 대표적인 지상발사용 로켓과 미사일의 특성을 표 3.5에 나타내었다.

2) 전장 지원 미사일

대형의 전장 지원 미사일은 방호구조물에 심각한 위협이 된다. 미국의 LANCE 또는 소련의 SCUD 및 FROG 계통의 미사일은 고성능 폭발물과 핵탄두를 운반할 수 있다. 이들은 수백 km 떨어져 있는 전투 지역에 다량의 고폭 물질을 정확하게 투하할 수 있다.

표 3.5 대표적인 지상 발사용 로켓과 미사일의 특성

국가	구경 (mm)	형태	작약		포구속도 (m/s)	최대 유효사거리 (m)	무기체계
			무게(kg)	종류			
미국	66	HEAT	0.30	OCTOL	145	200	LAW
	102	HEAT	1.59	OCTOL	76	1,000	DRAGON
	221	HEAT	2.36	OCTOL	200	3,750	TOW
러시아	85	HEAT	0.57	RDX	300	300	RPG-7
	120	HEAT	…	…	120	3,000	SAGGER
	140	HE	3.67	TNT	400	9,810	Multi-rocket 발사기
	240	HE	27.13	TNT	295	10,300	Multi-rocket 발사기

3.1.4 특수 무기

1) 기화 무기

기화 무기(fuel-air munition)는 연료와 공기가 폭발이 일어날 수 있는 비율로 배합된 연료를 대기 속으로 분사시키는 원리로 작동된다. 일반적으로 산화 프로필렌(propylene)과 같은 연료가 금속 통에 넣어지며, 중앙에 있는 기폭제의 폭발로 통이 파열되면서 연료를 분사시켜 공기와의 혼합물이 형성되어 폭발하게 된다. 폭발운(爆發雲) 내부의 최대 압력은 21 kg/cm^{2}가 되며, 폭발운 외부에서 압력-거리 곡선은 보통 폭발물의 경우와 같다. 동일한 무게의 고성능 폭발물이 비교적 국지화한 하중을 구조물에 유발하는 데 비하여, 기화폭탄은 구조물의 넓은 지역에 하중을 작용시킨다. 따라서 이러한 무기의 위험이 예상될 때는 방호구조물을 위한 적절한 고려가 필요하다.

2) 폭파용 폭약

폭파용 폭약(demolition)은 구조물과 시설의 파괴, 방벽의 설치 및 제거, 지뢰지대 제거 등을 위하여 사용된다. 이들에는 손으로 설치하는 파괴용 또는 폭발구 설치용 작약, 성형(成形)작약 및 선형(線形)작약 등이 포함된다. 여기에는 전투공병차량(Combat Engineer Vehicle, CEV)으로부터 발사되는 165 mm 특수 폭파탄과 함께 로켓 및 전차에 장착된 지뢰지대 제거장치에 사용되는 폭파재료도 있다.

축성구조물(築城構造物)을 공격할 때 마무리 단계는 구조물의 취약 부분 또는 이미 파괴된 부분에 직접 폭약을 설치한 다음, 이를 폭파시킴으로써 그 방호물(防護物)을 무력화(無力化)하는 것이다. 폭파작약을 흉벽총구(胸壁銃口), 문 또는 통풍관에 설치하면 보다 높은 파괴 효과를 얻을

수 있다. 또한 폭파작약의 효과를 극대화하려면 가능한 한 폭약을 전색(塡塞, tamping)시키는 것이 바람직하다. 군용으로 상용(常用)되는 폭파용 폭약에는 TNT, 테트리톨(tetrytol), 피크르산(picric acid), 아마톨(amatol), 다이너마이트(dynamite) 등이 있다. 폭약의 폭발 방식에는 도전선이 사용되는 전기식과 도화선이 사용되는 비전기식이 있다.

3) 화염 방사기

화염 방사기는 접근이 용이한 방호구조물을 쉽게 무력화할 수 있는 강렬한 열과 유독 가스를 발생시킨다. 강렬한 화염은 구조물 내부의 공기 중에 포함된 산소를 고갈시키며, 화염으로부터 차폐된 인원들에게도 호흡기 손상을 줄 수 있다. 화염 방사기에 사용되는 개량된 연료는 화염 방사기의 작전 거리를 연장시키며, 온도와 연소 시간을 증가시킬 수 있다.

3.1.5 무기개발 추세

방호구조물의 설계자들은 기술의 꾸준한 발전과 더불어 좀 더 개량된 무기에 대한 방호를 제공해야 할 것이다. 무기의 정확도, 신관 및 파괴 역학 등의 분야에 괄목할 만한 발전이 이루어지고 있다. 예를 들면 흙과 같은 부드러운 표적에 대해서는 지연 폭발이 일어나 포탄이 깊게 관입될 수 있도록 경도감지신관이 장착된 무기를 개발 중이다. 이러한 경도감지신관은 콘크리트와 같은 단단한 표적에 충격할 때는 그 즉시 폭발할 것이다. 파괴 역학 분야에서는 현재 2단계 폭약이 개발되어 실제 활용되고 있다. 이 폭약은 먼저 구멍을 뚫을 수 있는 성형작약을 사용하여 탄두가 쉽게 관입된 후에 고폭약이 폭발하도록 함으로써 손상을 증가시킬 수 있다.

또한 레이저의 강력한 에너지를 이용해 목표물을 손상시키거나 파괴하는 고출력 레이저 무기, 전자기적 원리를 기반으로 장약에 의한 추진을 대체하여 발사하는 전자력 무기 등도 지속적으로 연구 및 개발되는 추세이다. 따라서 방호구조물의 설계자들은 새로운 무기의 개발을 인지하고 그에 대비함으로써 건설된 구조물이 그 수명 기간 중에 신무기에 의해 폐기되지 않도록 해야 한다.

3.2 폭풍 효과

3.2.1 개요

폭발물(폭약)이란 열이나 충격에 의하여 화학반응을 일으키는 혼합물 또는 화합물로서 다음과 같은 특징이 있다.

- 많은 양의 에너지가 발생한다.
- 고온 · 고압의 가스로 변한다.
- 반응은 특별한 외부 작용이 없어도 가능하며, 일단 적합한 조건에서 반응이 시작되면 전체 폭약에 파급된다.

폭발물은 분해속도가 비교적 느려 추진장약(推進裝藥, propellant)으로 사용되는 저성능 폭발물(low explosive)과 분해속도가 빨라 주로 작약(bursting charge)으로 사용되는 고성능 폭발물(high explosive)로 분류된다. 군용 폭발물은 폭발속도가 일반적으로 4,000~8,400 m/s 범위에 있으며, TNT의 폭발속도는 약 6,900 m/s이다.

폭발은 고체 폭약이 급격히 가스로 변화하는 현상이며, 완전한 폭발을 위해서는 보통 테트릴(tetryl)과 같이 감도가 높은 소량의 폭약으로 된 기폭제와 감도가 보다 낮은 고성능 폭발물이 함께 사용된다.

1) 폭발물의 종류와 상대 효과

폭발물은 여러 가지 종류가 있으며, 그에 따라 효과도 다양하다. 폭발물은 폭발속도, 압력, 열 생성 등과 같은 특성을 포함하며, 그 효과를 결정하는 데는 여러 가지 방법이 있다. 포탄 및 폭탄의 경우에는 폭풍압력과 충격으로 효과를 비교하며, 폭약은 그들의 폭발 특성으로 비교한다. 표 3.6에서는 TNT를 기준으로 하였을 때 다른 폭발물과의 상대적인 효과를 비교하였다.

2) 삼승근 환산계수

어느 에너지 수준의 폭발에 의한 폭풍파 특성을 알 때에는 삼승근 환산계수(cube- root scaling)를 사용하여 다른 에너지 수준의 폭풍파 특성을 구할 수 있다. 만일 무게가 w_1 인 기준 폭발물로부터 떨어진 거리를 R_1 이라 하면, 기준 폭발물에 대한 초과 압력, 동압력, 입자속도 등의 변수들과 거리 R_2 가 떨어진 무게 w_2 인 폭발물의 변수들과의 관계는 삼승근 환산계수를 사용하여 다음과 같이 표현할 수 있다.

표 3.6 폭발물의 폭발 효과 비교

폭발물	폭풍압력	충격력	피해면적	비고
Torpex	1.22	1.25	1.49	RDX + TNT + AL
HBX	1.66	1.20	1.44	RDX + TNT + AL
minol II	1.33	1.18	1.39	질산암모늄 + TNT + AL
Tritonal	1.11	1.26	1.34	TNT + AL
Composition B	1.10	1.10	1.21	RDX + TNT
TNT	1.00	1.00	1.00	
Amatol	0.93	0.88	0.77	질산암모늄 + TNT

* RDX = cyclonite, $(CH_2)_3N_3(NO_2)_3$
* AL = 알루미늄 가루

$$R_1/R_2 = (w_1/w_2)^{1/3} \text{ 또는 } R_1/w_1^{1/3} = R_2/w_2^{1/3} \quad (3.1)$$

여기서 $R_1 / w^{1/3}$ 은 환산거리이며, 이와 유사하게 $t_a / w^{1/3}$ 은 환산 도달시간, $i_s / w^{1/3}$은 환산 충격량을 의미한다. 비례 관계를 이용하면 폭풍파와 관련된 변수에 관한 많은 양의 자료들을 비교적 단순하게 그림으로 표현할 수 있다. 삼승근 환산계수는 주변 조건, 작약 형상, 탄피 형상 등이 동일한 경우에 적용되지만, 단지 이 조건들이 비슷할지라도 위의 비례 관계를 사용하면 합리적인 값을 얻을 수 있을 것이다.

3.2.2 대기 중 폭발

1) 폭풍파 현상

폭발의 폭풍 효과는 거리에 따라 압력 강도가 감소하면서 폭발 원점으로부터 밖으로 확산되는 고압의 충격전단으로 구성된 충격파의 형태로 나타난다. 충격전단이 방호구조물에 충돌하면 구조물은 그 일부 또는 전체가 충격압력 속으로 빠져들게 된다. 구조물에 대한 폭풍하중의 크기와 분포는 폭발물의 종류, 무게, 방호구조물에 대한 폭발물의 상대적인 위치, 충격파와 지면 또는 구조물과의 상호작용 등에 의하여 결정된다.

(1) 폭풍파의 형성 및 전파(propagation)

폭약이 대기 중에서 폭발하면 작약통이 파열되면서 가스 물질이 분출되고, 주위의 공기를 압축시킨다. 이러한 가스의 압력 변화는 폭풍파(blast wave)가 되어 주위 공기 속으로 전파되며, 이러한 폭풍파의 선단을 충격전단(shock front)이라 부른다. 폭풍파에 의한 대기압보다 높은 압력을 초과

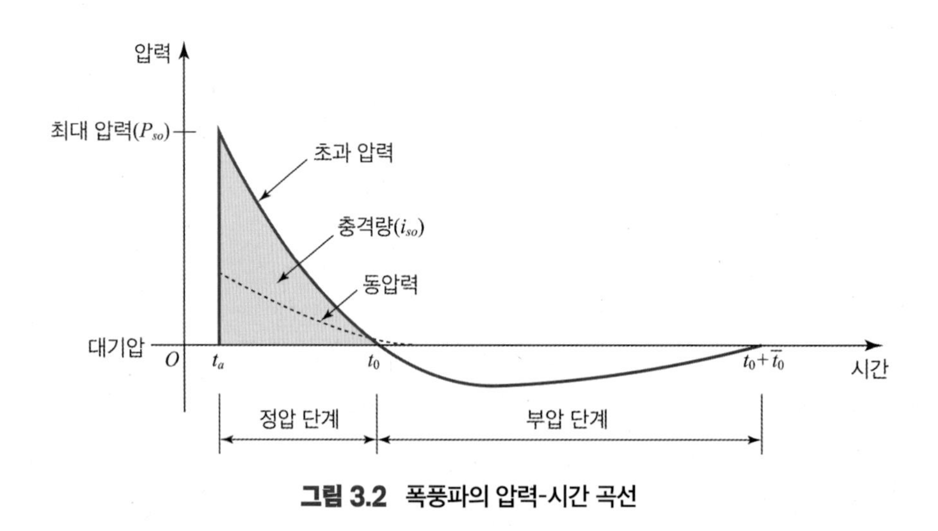

그림 3.2 폭풍파의 압력-시간 곡선

압력(over pressure)이라 하며, 최대(초과) 압력은 충격전단에서 발생한다. 폭풍파의 특징은 **그림 3.2**에서 보는 바와 같이 대기압으로부터 최대 압력(P_{so})으로 급상승한 다음, 대기압 이하로 신속히 떨어졌다가 서서히 대기압 상태로 회복한다. 그림에서 압력이 대기압보다 높은 구간인 t_a 에서 t_0까지를 정압 단계(positive phase) 또는 압축 단계(pressure phase)라 하고, 대기압 이하인 구간을 부압 단계(negative phase) 또는 흡입 단계(suction phase)라 하며, 이 흡입 단계에서는 가스 분자의 흐름이 정반대로 바뀐다. 방호설계에서는 일반적으로 정압 단계가 중요하며, 이 단계의 곡선 아래의 면적을 충격량(i_{so})이라 정의한다.

폭탄의 케이스 유무와 관계없이 TNT의 폭발에 의한 충격파의 최대 압력(P_{so})은 다음 식으로 결정할 수 있다.

$$P_{so} = \frac{18.08}{z^3} - \frac{1.16}{z^2} + \frac{1.1}{z} \ (\mathrm{kg/cm^2}) \tag{3.2}$$

여기서, z: $\frac{r}{w^{1/3}}$

r: 폭발 원점에서 측정점까지의 거리(m)

w: 작약무게(kg)

폭풍의 인체에 대한 영향은 순간 최대 압력이 0.35 kg/cm^2 정도까지는 견딜만하며, 흡입 단계에서는 인체에 특별한 해가 없다. 폭풍에 의한 주된 위험은 간접적인 것으로서 부속 물체들이 비산하거나 사람이 날아가 단단한 물체에 부딪쳐 일어난다.

(2) 폭풍파의 반사(reflection)

폭풍파가 진행 중에 견고한 표면에 부딪치게 되면 그 표면에서 반사압력이 발생하여 최대 압력은 입사파의 최대 압력(P_{so})을 초과하는 수치로 상승한다. 최대 반사중첩압력(P_r)은 최대 입사압력(P_{so})과 입사각(α : 반사 표면과 충격전단면이 이루는 각)의 함수로, **그림 3.3**에서 반사압력계수($C_{r\alpha}$)를 구하여 결정할 수 있다. 따라서 반사압력은 폭풍파가 진행 방향에 수직인 면에 충돌할 때($\alpha = 0$) 최대가 되며, 평행인 면에서는 입사압력과 동일한 크기로서 최소가 된다.

(3) 폭풍파의 회절(diffraction) 및 감소(reduction)

장애물은 폭풍파에 커다란 영향을 준다. 일정한 크기의 장애물 후방에서 정압 단계의 압력 감소는 부압 단계에서보다 훨씬 크다. 그 이유는 정압 단계에서 급격한 압력 상승에 의한 파장은 짧은 데 반하여, 대부분의 장애물은 그 크기가 이 파장보다 상대적으로 훨씬 크기 때문이다. 폭발 위치가 일정할 때 구조물 내부에 미치는 최대 정압력의 영향은 개구부의 크기에 비례한다. 개구부 전방에 장애물을 설치하면 폭풍압력을 약 1/2까지 감소시킬 수 있지만, 장애물 설치보다는 개구부의 크기를 줄이는 것이 상대적으로 효과가 더 크다.

직선 터널이나 참호 등에서 폭풍이 전파된다면 거리에 따른 압력의 감소는 미미하여 상대적으

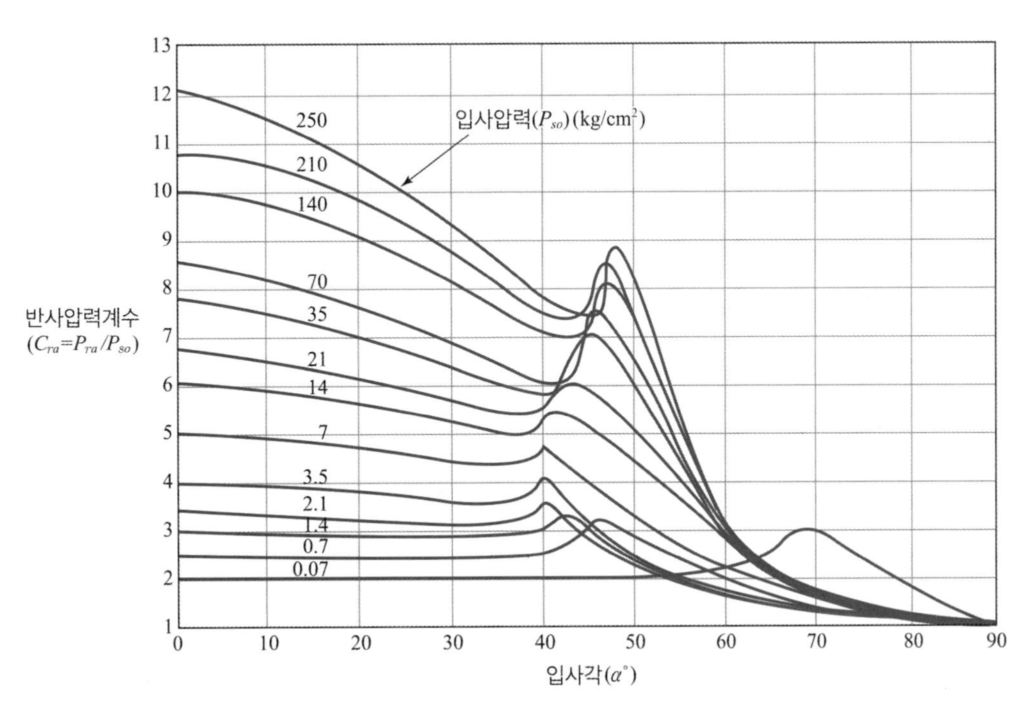

그림 3.3 반사압력계수와 입사각의 관계

로 먼 거리까지 영향이 미친다. 그러나 터널을 급격히 방향 전환시키면 최대 압력을 감소시킬 수 있다. 시험에 의하면 균일 단면의 터널에서 직각으로 구부릴 때 약 6 %의 압력 감소가 나타났다. 즉, n 번의 90° 방향 전환 후의 최대 압력 P_n 은 다음과 같은 식으로 표현된다.

$$P_n = (0.94)^n P_{so} \tag{3.3}$$

식 (3.3)은 마찰에 의한 손실이나 구부림 사이의 압력 감소를 무시하고 구한 값이다. **그림 3.4**에서는 터널의 구부림이나 분기(分岐)의 영향을 보여주고 있으며, **그림 3.5**에서와 같이 터널의 방향 전환 시에 폭풍 포켓을 설치하면 폭풍 효과를 더욱 효율적으로 감소시킬 수 있다. 이와 같이 폭풍파 진행로의 방향 전환은 최대 정압력을 상당히 줄일 수 있지만, 흡입 단계에서는 그다지 영향력이 없다. 따라서 터널 및 참호의 경우에 원거리에서의 손상은 주로 흡입에 의한다.

경우	최대 초과 압력에 대한 전달률 P_T/P_{so}
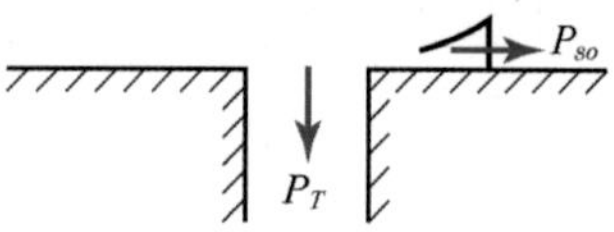 P_{so}, P_T	0.5 (P_{so} > 3.5 kg/cm²인 경우에는 $0.633P_{so}^{-0.245}$)
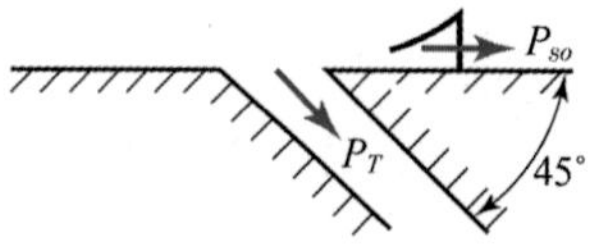 P_{so}, P_T, 45°	1.0
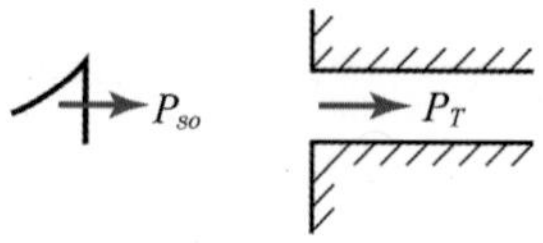 P_{so}, P_T	1.5
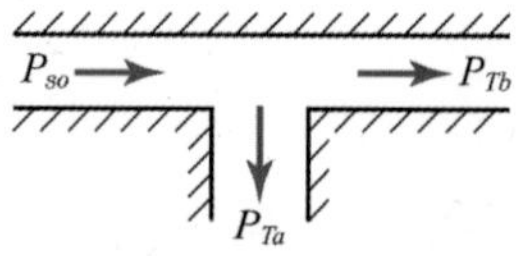 P_{so}, P_{Tb}, P_{Ta}	(a) 0.5 (b) 0.8
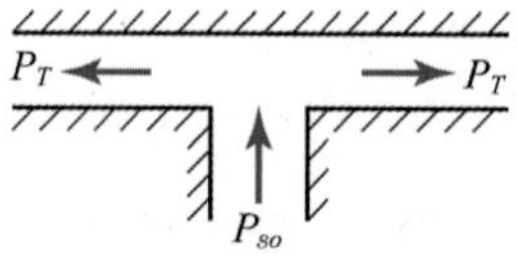 P_T, P_T, P_{so}	0.8
90° 구부림	$(0.94)^n$ (n =구부림 횟수)

그림 3.4 터널에서의 초과 압력 전달($P_{so} \leq$ 3.5 kg/cm²인 경우)

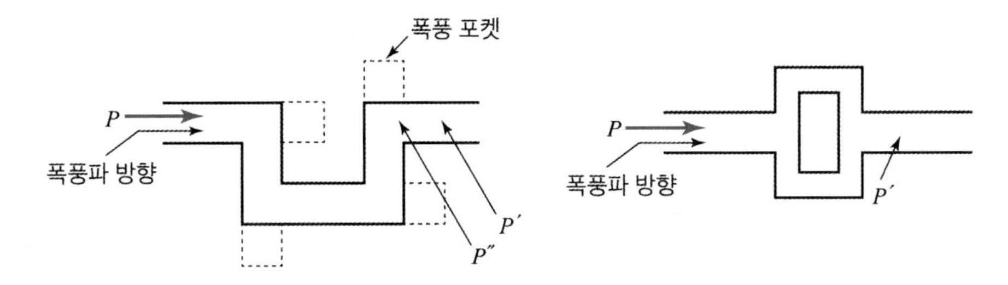

P = 터널 입구에서의 폭풍압력
P' = 터널의 분기로 인하여 감소된 폭풍압력
P'' = 폭풍 포켓의 설치로 더욱 감소된 폭풍압력

그림 3.5 폭풍 포켓의 효과

단면이 변하는 직선 터널에서 직경이 큰 단면으로 변할 때 최대 압력은 단면적의 크기에 따라 다음과 같이 감소한다.

$$P_2 = P_1 \sqrt{A_1/A_2} \ (0.1 \le A_1/A_2 \text{인 경우}) \tag{3.4a}$$

$$P_2 = P_1 A_1/A_2 \ (0.01 \le A_1/A_2 < 0.1 \text{인 경우}) \tag{3.4b}$$

2) 공중 폭발

공중 폭발하는 구형(球形) TNT인 경우, 환산거리에 대한 최대 입사 및 반사압력(P_{so}, P_r), 입사 및 반사 충격량(i_s, i_r) 등의 관계가 그림 3.6에 주어졌다. 여기서 환산거리란 실제 거리를 작약무게의 삼승근으로 나눈 값을 말한다. 공중 폭발에는 다음의 두 가지 경우를 고려해야 한다.

(1) 폭발이 방호구조물 상공에서 일어날 때

초기의 충격파는 증폭되지 않으며, 구조물에 작용하는 하중은 그림 3.3에서 얻은 적절한 반사계수와 그림 3.6의 곡선들을 사용하여 결정할 수 있다.

(2) 폭발이 방호구조물과 떨어져 일어날 때

폭풍파가 방호구조물에 도달하기에 앞서 지표면에 의한 반사파와 상호작용으로 그림 3.7에서와 같은 마하 전단(Mach front)이 형성된다. 마하 전단의 높이는 폭발 원점으로부터 멀어질수록 증가하며 입사파, 반사파 및 마하 전단이 겹치는 삼중점(triple point)의 경로와 같다. 삼중점의 높이가 방호구조물의 높이를 초과할 때, 그 구조물은 균일압력을 받게 된다. 삼중점의 높이가 구조물의 높이보다 낮을 때의 하중은 높이에 따라 다른 값을 가지나, 대부분의 실제 설계에서는 폭발 위치가 구조물로부터 충분히 멀리 떨어지므로 균일압력이 작용하는 것으로 본다. 지상 방호구조물의 표면에 작용하는 폭풍하중의 크기를 결정하려면, 먼저 구조물 바로 앞의 지표면에서 작용하는 마하파의 최대 입사압력(P_{so})을 계산해야 한다. 즉, **그림 3.6**에서 폭발거리(**그림 3.7**에서의 R_G)에 따른 최대 입사압력을 구하고, **그림 3.3**의 반사계수를 이용하여 최대 반사압력(P_r)을 구할 수 있다.

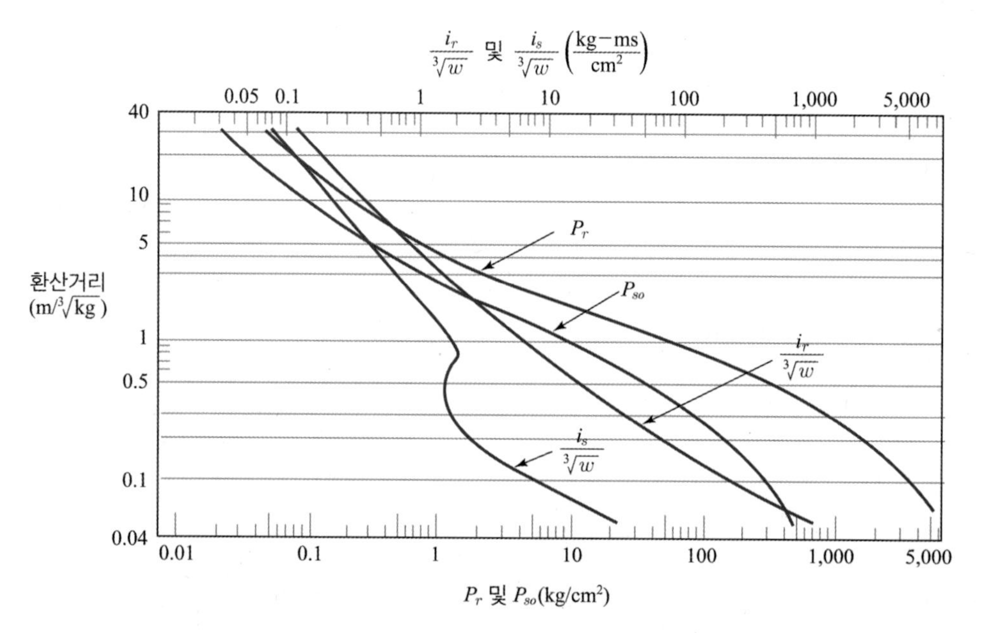

그림 3.6 구형 TNT의 공중 폭발에 대한 충격파의 각종 변수

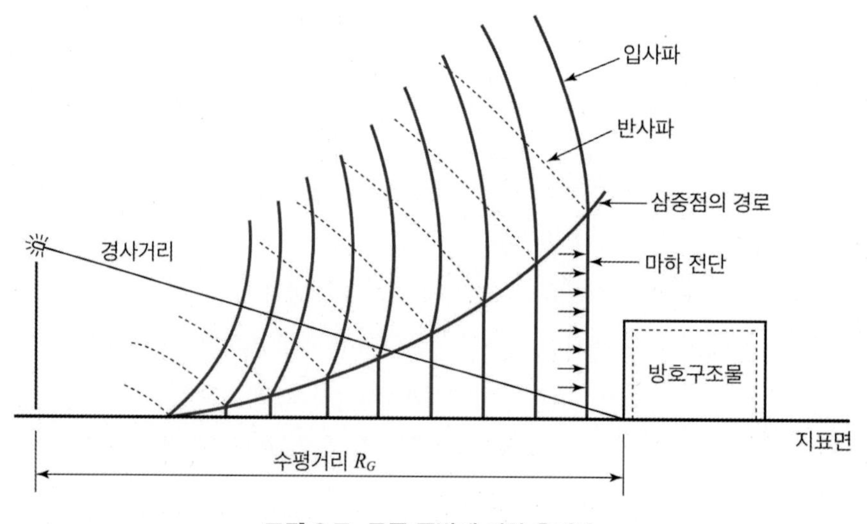

그림 3.7 공중 폭발에 의한 충격파

3) 지표면 폭발

공중 폭발과는 달리 폭발 원점에서부터 입사파와 반사파가 하나로 합쳐져서 공중 폭발 시의 반사파와 유사한 단일파로 되며, **그림 3.8**에서 보는 바와 같이 반구형으로 전파된다. **그림 3.9**에는 TNT가 해수면 높이인 지표면에서 폭발할 때의 각종 변수들이 주어졌으며, 이와 **그림 3.6**의 값들을 비교해

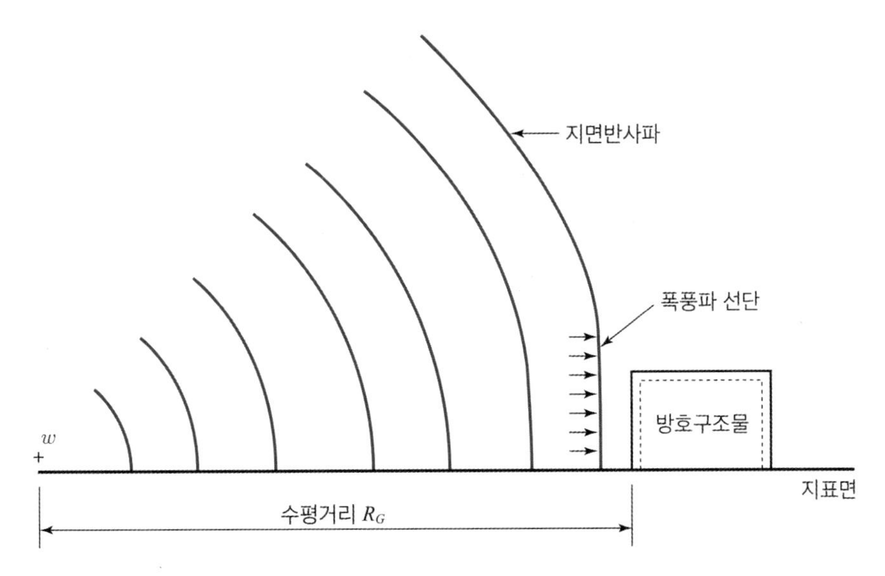

그림 3.8 지표면 폭발에 의한 충격파

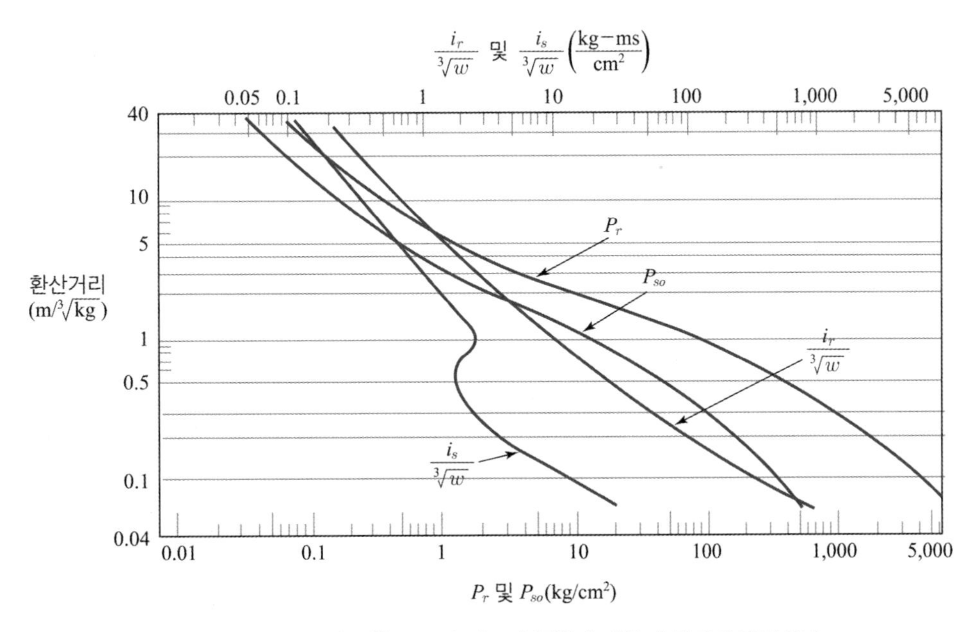

그림 3.9 반구형 TNT의 지표면 폭발에 대한 충격파의 각종 변수

보면 지표면 폭발이 공중 폭발인 경우보다 효과가 크다는 것을 알 수 있다. 지표면 폭발인 경우에도 공중 폭발과 마찬가지로 방호구조물은 균일압력을 받는 것으로 보고, **그림 3.9**를 사용하여 하중을 구하고 설계할 수 있다.

4) 동압력

충격전단 뒤에는 폭풍력으로 이루어진 바람이 뒤따르는데, 이를 동압력(dynamic pressure)이라 하며, 시간에 따른 대략적인 변화 과정이 **그림 3.2**에 파선(破線)으로 표시되어 있다. 동압력은 충격전단이 대기의 정상 상태를 깨뜨림으로써 발생하며, 동압력의 크기는 풍속의 제곱과 충격전단 후면의 공기밀도에 비례한다.

대기 중 폭발 시 균일 충격파로 구조물에 작용하는 하중은 최대 입사압력과 함께 최대 동압력도 고려해야 한다. 폭풍파에 의한 공기 입자 또는 바람의 속도는 파의 진행 방향에 있는 구조물에 동압력으로 작용하며, 이러한 동압력은 본질적으로 공기밀도와 입자속도의 함수이지만, 최대 동압력은 주로 최대 입사압력의 함수로서 그 관계는 **그림 3.10**과 같다.

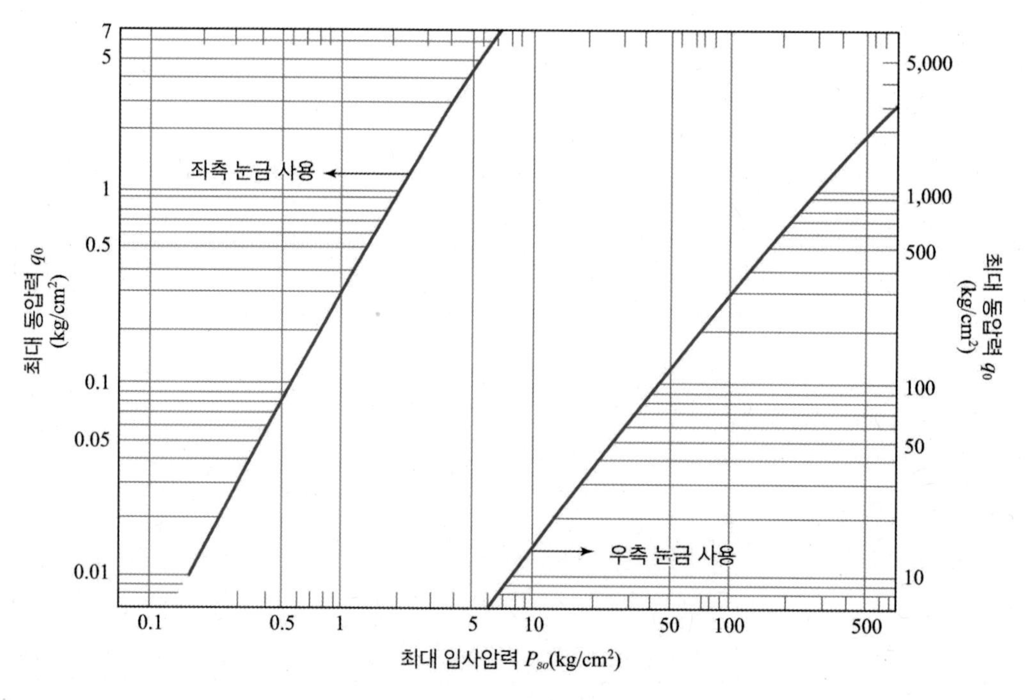

그림 3.10 최대 입사압력과 최대 동압력의 관계

5) 근접 폭발 시 지상구조물에 작용하는 하중

무기 효과를 규명하기 위한 해석 형태는 폭발 시 무기의 위치에 따라 결정된다. 무기는 구조물과 떨어져서 근접하여 또는 접촉하여 폭발한다. 근접 폭발은 환산거리 λ가 0.4 이하에서 폭발하는 것을 말한다. 여기서 λ는 거리(m)를 무기 위력(kg)의 삼승근으로 나눈 값이다. 무기가 구조물 근처에서 폭발할 때, 파괴는 아주 국지적인 것이 된다.

재래식 무기의 근접 폭발로 발생하는 높고 일시적인 비균일 하중은 국지적인 구조 반응과 결합되어 아주 복잡한 구조 해석 문제를 야기한다. 단순한 해석 과정을 개발하는 데 필요한 가정들은 구조 응답의 국지적 특성, 상대적으로 좁은 지역에서의 커다란 압력 변화 및 압력이 구조물의 각 지점에 동시에 도달하지 않는다는 사실을 정확하게 고려하지 않기 때문에 통상 과도하게 보수적인 설계가 되도록 한다.

재래식 무기의 폭발에 의한 대기 중 압력은 반사에 의해 증폭된다. 증폭의 양과 기간은 토양, 구조물 및 폭발물의 형상과 특성에 달려 있다. 최근 시험 결과, 평균 반사계수는 0.5가 합리적인 것으로 나타났다. 따라서 총 반사압력은 입사압력의 1.5배가 된다.

자유장에서 입사압력파와 동압력파가 지상구조물에 미치는 힘은 세 개의 일반 성분으로 나눠질 수 있다.

- 입사압력에 의한 힘
- 동압력에 의한 힘
- 충돌면에 부딪치는 충격에 의한 반사압력

이 세 요소의 상대적인 크기는 구조물의 기하학적 형상과 크기 및 충격파에 대한 구조물의 위치에 달려 있다. 입사 폭풍파와 구조물의 상호작용은 복잡하다. 폭풍파의 복잡한 문제를 합리적으로 단순화하려면 일반적으로 구조물은 직사각형 모양이고, 하중을 받는 목표물은 마하 반사지역 내에 있다고 가정해야 한다.

(1) 전면 벽체

낮은 압력을 받는 직사각형 지상구조물에 대하여 폭발점을 향한 벽면에 작용하는 시간에 따른 압력 변화가 **그림 3.11**에 예시되어 있다. 입사충격전단이 벽을 치는 순간압력은 0으로부터 즉각 반사압력 P_r로 증가한다. 반사압력은 충격전단과 벽면 사이의 입사각과 입사압력의 함수이다. 반사압력이 해소되는 데 필요한 시간 t_c는 다음과 같다.

$$t_c = \frac{3S}{U} \tag{3.5}$$

여기서 U는 충격전단의 속도이며, S는 구조물의 높이(H_S)와 벽체의 너비(W_S)의 반 중에서 작은 값이다. 시간 t_c 이후에 전면 벽체에 작용하는 압력 P_{tc}는 입사압력 P_s와 흡입압력 $C_D q$의 대수합으로 나타난다.

$$P_{tc} = P_s + C_D q \tag{3.6}$$

흡입계수 C_D는 동압력 q와 이런 동압력에 의해 발생하는 바람의 방향에서의 총 횡압력 사이의 관계를 나타내며, 마하수(또는 저입사압력인 경우에는 Reynold 수)와 구조물의 상대적인 형상에 따라 변하지만, 전면 벽체에 대한 적절한 값은 $C_D = 1$이 된다.

높은 압력 범위에서 상기 과정은 극히 짧은 압력 펄스 기간을 내포하기 때문에 의사(擬似) 압력-시간곡선을 만들 수 있다. 따라서 구성된 압력-시간곡선은 그 정확성을 결정하기 위하여 검토해야 한다. 그 비교는 충격 환경에 따른 **그림 3.6** 또는 **그림 3.9**로부터 총 반사압 충격량 i_r을 사용하여 (**그림 3.11**에 나타난 점선 삼각형인) 제2의 곡선을 구성함으로써 이루어진다. 반사파의 의사 작용 기간 t_r은 다음과 같이 계산된다.

$$t_r = \frac{2i_r}{P_r} \tag{3.7}$$

여기서 P_r은 최대 반사압력이다. 반사압력에 의한 충격량은 입사압력과 동압력의 효과를 모두 포함한다.

그림 3.11의 압력-시간곡선은 폭풍파의 충격전단이 구조물의 전면(前面)에 평행하다는 가정에 기초한 것이다(평면파 충격전단). 즉, 공중 폭발의 충격에서 충격파의 삼중점의 높이는 벽체 상부보다도 높다고 가정한다.

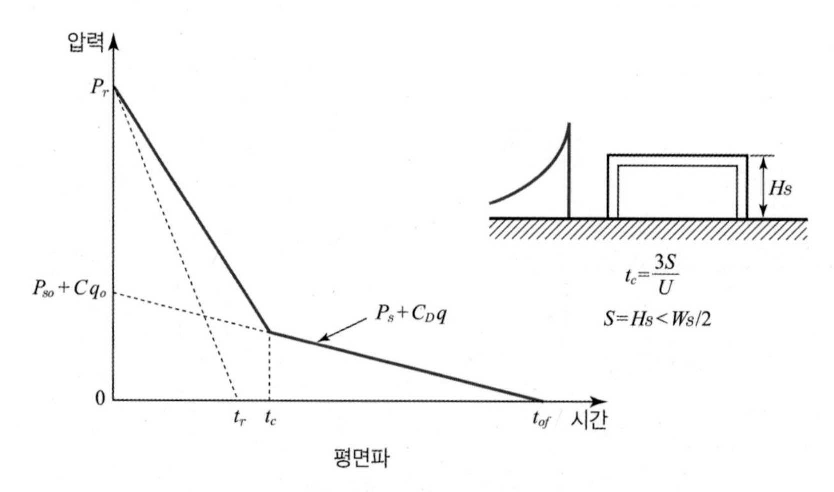

그림 3.11 전면 벽체 하중

(2) 지붕과 측벽

충격전단이 구조물을 횡단할 때, 특정 지점과 주어진 시간에서 부압력(負壓力)에 의해 감소된 입사 압력과 같은 압력이 지붕과 측벽으로 작용한다. 특정 시간에 하중이 가해지는 구조물 표면의 부위는 충격전단의 위치와 양 · 음 펄스의 파장(L_W 및 $L_{\overline{W}}$)에 따라 다르다.

지간 방향이 충격전단에 수직인 표면에 작용하는 전체 하중을 정확하게 결정하려면 폭풍파 전파의 단계별 해석을 해야 한다. 이 해석은 어떤 주어진 시간에서 구조 요소에 발생하는 응력의 동시적인 동적 해석을 포함한다. 이 과정을 단순화하기 위하여, 표면에서의 실제 하중을 폭풍파가 표면을 지날 때 실제 하중에 의해 발생하는 응력과 비슷한 응력을 발생시키는 등가균일하중으로 치환하는 방법인 압력-시간 이력을 계산하는 개략법이 개발되었다. 철근콘크리트 구조에 이 해석 방법을 적용하려면 양면에 배치된 철근은 지간 길이에 걸쳐 연속적이라고 가정해야 한다.

충격파가 지붕을 통과할 때 입사압력의 최댓값은 감소하고, 파장은 증가한다. **그림 3.12**에서 보는 바와 같이 부재의 최대 응력은 이 최대 응력이 발생하는 지점과 관계없이 충격전단이 점 d에 올 때 일어난다. 시간에 대한 등가균일하중이 **그림 3.12**에 주어졌으며, 계산을 간단하게 하기 위하여 고려하는 구조 요소의 뒤쪽 단부인 b 점에서 폭풍파 변수의 함수로서 택해졌다. 등가하중계수 C_E와 폭풍파 위치 비율 D/L은 파장-지간 길이 비율인 L_{wd}/L의 함수로서 **그림 3.13**으로부터 얻어진다. 압력은 구조 요소의 시작점(점 f)에 폭풍파가 도달하는 시간 t_f로부터 d 점에 도달하는 시간 $t_f + t_d$까지 선형적으로 증가한다. 최대 압력 P_{or}은 등가입사압력과 흡입압력의 합으로 나타낸다.

$$P_{\mathrm{or}} = (1 + C_D)\, C_E P_{sob} \tag{3.8}$$

여기서 P_{sob}는 b 점에 발생하는 최대 초과 압력이다. 최댓값에 도달한 다음에 압력은 선형적으로 감소하여 시간이 $t_b + t_{of}$에 이르면 0이 된다. 여기서 t_b는 폭풍파가 구조 요소의 끝(점 b)에

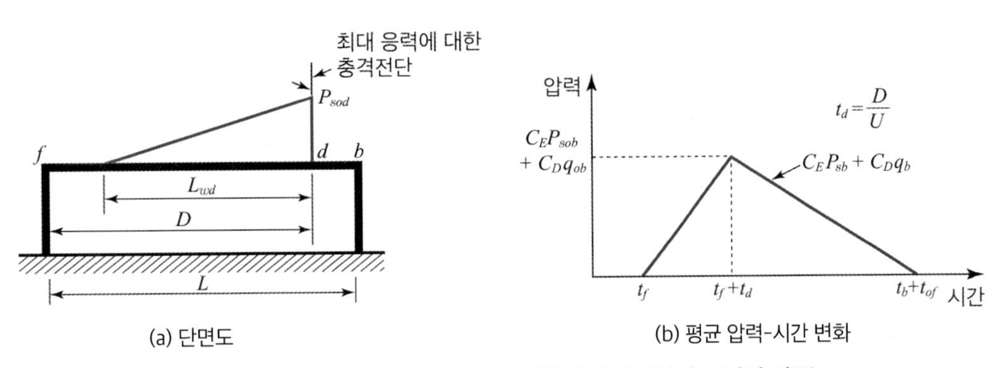

그림 3.12 지붕 및 측벽 하중(지간 방향과 충격전단이 수직인 경우)

도달하는 시간이며, t_{of}는 정압 단계의 의사(pseudo) 작용 기간이다. 필요하다면 등가균일하중의 부압 단계는 안전하게 점 b에서 일어나는 것으로 택할 수 있다. 지붕과 측벽을 위한 흡입계수 C_D는 최대 동압력의 함숫값이다. 흡입계수의 추천값은 **표 3.7**과 같다.

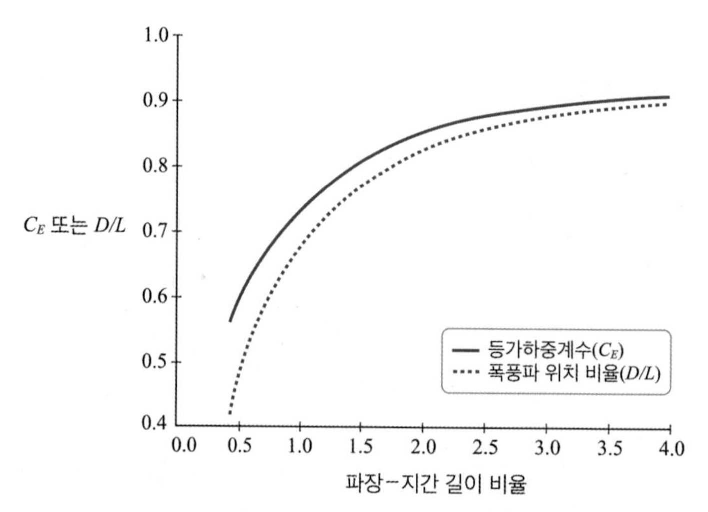

그림 3.13 등가하중계수와 폭풍파 위치 비율

표 3.7 지붕과 측벽을 위한 흡입계수(C_D) 추천값

최대 동압력(kg/cm²)	흡입계수(C_D)
0 이상 1.76 미만	− 0.40
1.76 이상 3.52 미만	− 0.30
3.52 이상 9.14 미만	− 0.20

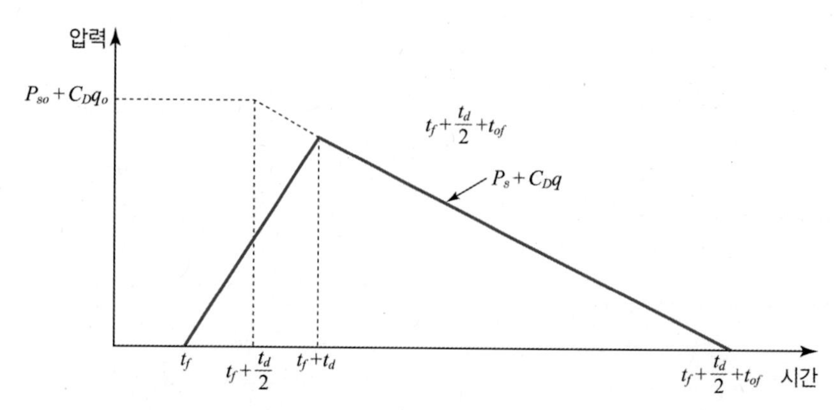

그림 3.14 지붕 및 측벽 하중(지간 방향과 충격전단이 평행인 경우)

만일 부재의 지간 방향이 충격전단과 평행하다면 압력-시간곡선은 **그림 3.14**를 사용해야 한다. 이 그림에서 L은 고려하고 있는 구조 요소의 너비이다.

(3) 후면 벽체

충격전단이 지붕 및 측벽의 뒷면 끝을 통과할 때 압력전단은 팽창하면서 2차파를 형성하여 뒷면 벽체로 전파된다. 긴 건물인 경우 뒷벽을 둘러싸는 이러한 2차파는 본래 지붕으로부터 넘쳐 오는 파에 의한 결과이고, 짧은 건물에서 벽체 하중은 지붕과 측벽에서 넘쳐 오는 파들의 상호작용에 의해 일어난다. 위의 두 경우 모든 2차파는 반사면에 충돌로 인하여 증가한다. 지붕으로부터 넘쳐 오는 파의 보강은 뒷벽 밑의 지표면으로부터 반사에 의해 이뤄지고, 측벽으로부터 오는 2차파들의 보강은 벽체의 중앙 부근에서 이러한 파들의 충돌에 의하거나 지붕으로부터 오는 파와 2차파들의 상호작용에 의해 형성된다. 2차파의 반사에 의해 후면 벽체에 작용하는 하중의 전체 효과에 대해서는 아직 충분한 연구가 되어 있지 않다.

대부분의 설계에 있어서, 후면 벽체에 작용하는 폭풍파 하중을 결정하는 주된 이유는 건물에 작용하는 전체 흡입 효과(전면 및 후면 벽체 하중)를 얻는 데 있다. 이 목적을 위하여 벽체에 작용하는 폭풍파 하중의 계산에도 지붕과 측벽에 작용하는 폭풍파 하중을 계산하는 데 사용된 등가균일하중법을 적용할 수 있다. 여기서 **그림 3.15(b)**에 있는 압력-시간곡선의 최대 압력은 지붕 슬래브의 후면 단부를 지나서 거리 H_S 떨어진 점 e에서[**그림 3.15(a)** 참조] 발생하는 최대 압력을 사용하여 계산된다. 등가하중계수 C_E는 후면 벽체의 비지지 길이 위의 최대 압력의 파장과 상승 시간 및 작용기간에 근거한다.

후면 벽체에 작용하는 폭풍파 하중은 지붕과 측벽의 경우에서와 같이 입사압력과 함께 흡입압력의 함수이다. 흡입 동압력은 등가압력과 관련된 압력에 따르지만, 추천 흡입계수는 지붕과 측벽에 사용된 것과 동일하다.

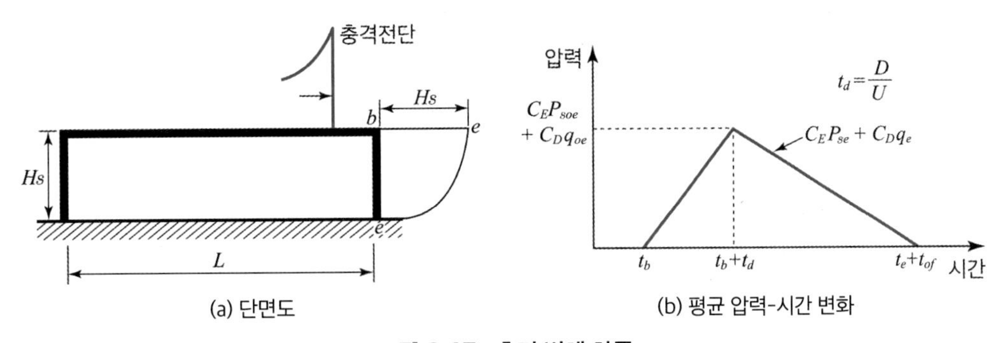

그림 3.15 후면 벽체 하중

6) 구조물 내부의 압력

(1) 외부 폭발에 의한 구조물 내부의 압력 증가

폭발이 구조물 외부에서 발생하면 폭풍파가 구조물을 둘러싸게 되고, 개구부를 통하여 압력이 안으로 들어가 일정 시간 구조물 내부의 압력은 대기압 이상으로 상승하게 된다. 이러한 압력 증가는 개구부의 크기에 비례하고, 구조물의 체적에 반비례한다. 따라서 방호구조물 설계 시에는 가능하면 개구부의 크기를 줄여 내부 압력이 사람이 참을 수 있는 한계 이상으로 증가하지 않도록 해야 한다.

(2) 구조물의 내부 폭발에 의한 영향

지연신관을 사용한 포탄이나 폭탄은 방호 지붕이나 방호 벽체를 통과한 후 구조물 내부에서 폭발할 수 있다. 이런 경우는 상당히 제한된 공간에서 폭발이 일어나기 때문에 비교적 작은 작약으로도 큰 폭풍 효과로 사상자를 낼 수 있으며, 발생한 폭풍은 구조물 자체에는 큰 피해를 주지 않을지라도 칸막이나 화기 및 장비들을 파괴할 수 있다. 방호구조물에서는 내부 폭발로 발생하는 파편으로부터

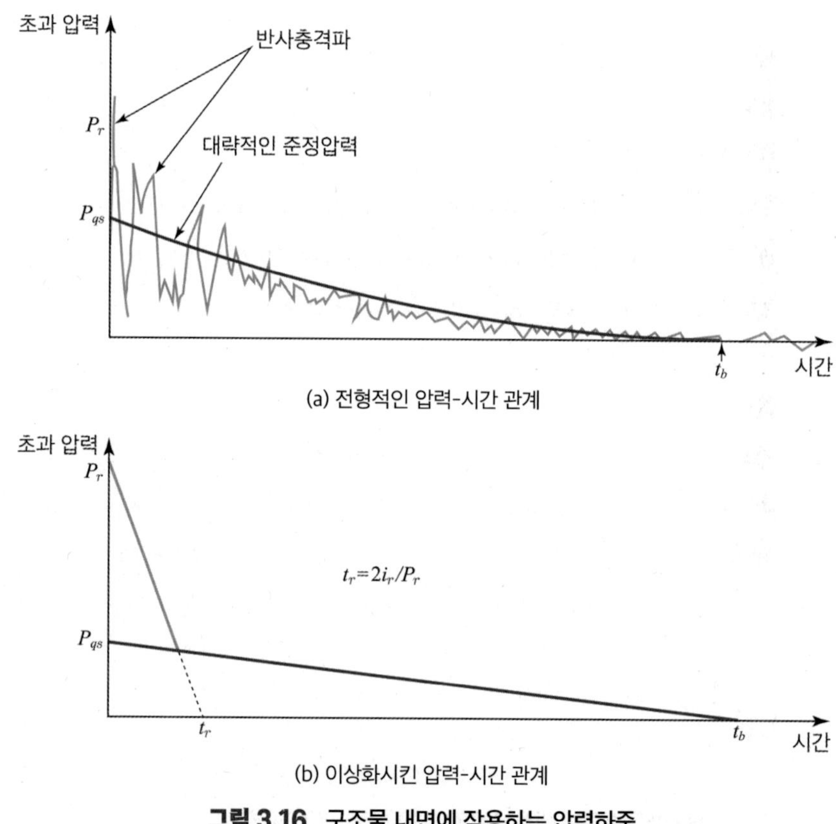

그림 3.16 구조물 내면에 작용하는 압력하중

인원과 장비를 보호할 수 있도록 반드시 차폐벽(baffle wall)이나 칸막이를 해줘야 한다.

구조물 내부에서 폭발이 발생할 때 구조물 내면에 작용하는 하중은 **그림 3.16(a)**와 같이 두 단계로 구성되었다고 볼 수 있다. 즉, 폭발 초기의 짧은 시간(t_r) 내에 작용하는 반사파에 의한 높은 반사 초과 압력(P_r) 단계와, 그 후에 구조물 내부의 여러 면에서 반사된 파들의 상호작용으로 생긴 초과 압력이 서서히 대기압 상태로 감소하는 단계로 구성된다. 후자를 준정압력(準靜壓力, quasi-static pressure, P_{qs})이라 부르며, 이는 **그림 3.16(b)**에서와 같이 이상화하여 예비 설계 및 해석에 적용할 수 있다.

그림 3.6을 사용하면 초기 최대 반사압력(P_r)과 반사충격량(i_r)을 구할 수 있고, 최대 준정압력(P_{qs})은 **그림 3.17**에서 구할 수 있다. 따라서 초기 반사파의 지속시간은 다음과 같다.

$$t_r = \frac{2\,i_r}{P_r} \tag{3.9}$$

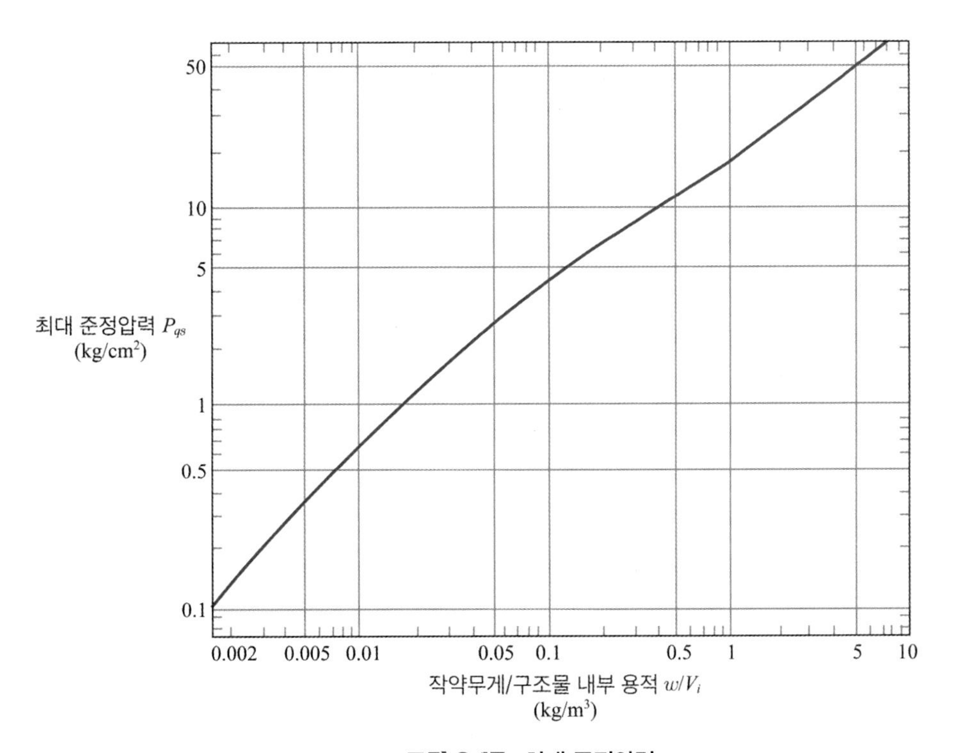

그림 3.17 최대 준정압력

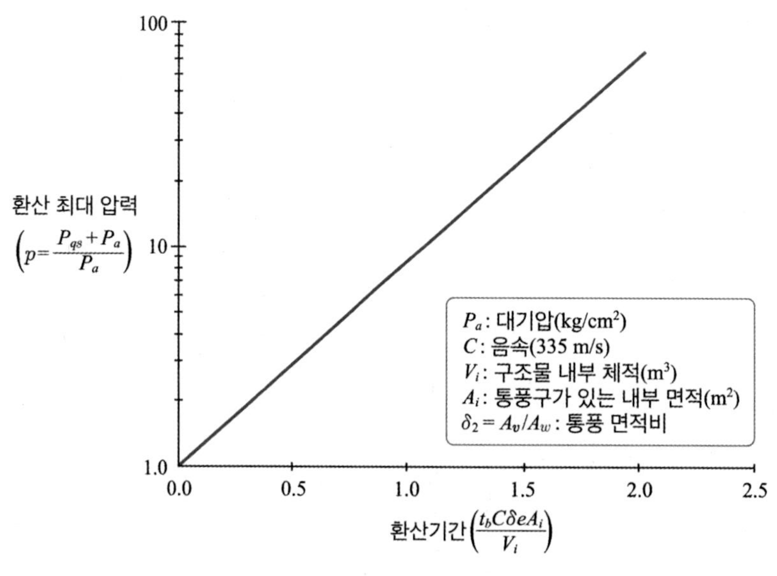

그림 3.18 환산기간 대 환산 최대 압력

그리고 준정압력이 대기압 상태로 돌아오는 시간(t_b)은 그림 3.18로부터 구할 수 있다. 이 그림에서 통풍구가 있는 내부 면적(A_i)이란 통풍구가 있는 표면들 전체의 면적으로, 예를 들면 통풍구가 벽체에만 있고 지붕과 마루에는 없다면 A_i는 벽체 전체의 내부 면적을 말한다. 또한 통풍 면적비(δ_e)에서 A_v는 모든 통풍구의 면적이고, A_w는 벽체 전체의 내부 면적이다.

7) 파편

재래식 무기 효과에 저항하는 구조물의 설계 시 주요 고려사항 중 하나는 폭발물로 충전된 탄약의 금속 외피로부터 발생하는 비교적 고속인 파편(fragment)의 충격이다. 목표물에 대한 파편의 효과는 파편의 형태, 질량, 초속(initial velocity), 폭발점과 목표물 사이의 거리, 목표에 대한 탄체의 방향 등에 따라 다르다. 파편의 무게는 가루로부터 수 kg까지 다양하나, 보통 7~113 g가량이 된다.

(1) 파편의 주요 특성

파편의 관입 효과에 대하여 구조물을 설계하려면 구조물과 충격하는 지점에서 결정적인 설계 파편의 특성, 즉 생성된 파편의 수, 질량 분포 및 속도 등에 관한 지식이 있어야 한다. 공중 폭발된 포탄이나 폭탄의 파편들은 길고 얇으며, 두께는 대략 탄피와 같다. 폭탄피는 약 45°의 면을 따라 전단파괴가 일어나, 칼날 같은 모양으로 파편이 된다. 지중 폭발 시에는 주위 매체의 저항 때문에 파편의 수는 적으나 큰 파편이 형성되며, 비산속도는 감소한다.

❶ 파편질량 분포

폭발 탄약의 폭열(瀑裂) 시 외피는 많은 수의 파편들로 쪼개진다. 특별히 제작된 탄약(특히 미사일 탄두)에서 파편질량은 외피를 미리 형성된 파편으로 만들거나 외피가 기 설계된 모양으로 깨지게 함으로써 일정한 무게로 통제된다. 이러한 경우 탄약의 세부가 알려져 있다면 설계 파편의 무게는 쉽게 결정된다. 그러나 대부분의 포병포탄, 박격포탄 및 폭탄은 파편이 임의 형상으로 쪼개지는 외피로 되어 있으며, 설계 파편의 한계 무게를 결정하는 것이 좀 더 중요하다. 일반적으로 임의 형상으로 파편이 발생하는 탄약의 폭발은 비교적 많은 수의 파편을 형성한다. 그러나 이들의 다수는 크기가 작으며, 좀 더 큰 파편만이 구조물을 관통하고 손상시키는 데 필요한 운동량을 갖고 있기 때문에 방호구조물의 설계에는 큰 파편만이 고려된다.

균일 두께인 원주형 금속 탄피 내에 균등하게 분포된 폭발물의 폭열로부터 나오는 파편의 중량분포는 다음과 같다.

$$N_m = \frac{W_c \ e^{-\sqrt{m/M}}}{2M} \tag{3.10}$$

여기서, N_m: 파편무게가 m 보다 큰 파편의 수

W_c: 총 탄피무게(g)

M은 탄피의 내경, 두께 및 폭발 상수의 함수로, 그 대표적인 값들이 **표 3.8**에 주어졌다.

파편의 총수 N_T는 $m=0$으로 놓음으로써 얻어진다.

$$N_T = W_c / 2M \tag{3.11}$$

❷ 초기 파편 비산속도

탄피가 있는 탄약의 폭발로부터 발생한 파편의 초기 속도는 탄피무게에 대한 폭발물 무게의 비와 폭발물 형태의 함수이다. 탄피무게가 균일한 원주형 작약에 대한 초기 파편 비산속도는 다음과 같은 Gurney식으로 주어지며, **표 3.8**에는 몇 가지 선정된 무기에 대하여 이 식을 적용한 결과를 보여주고 있다.

$$V_{oI} = G \frac{\sqrt{W / W_c}}{(1 + 0.5 W / W_c)} \tag{3.12}$$

여기서, V_{oI}: 초기 파편 비산속도(10^3 m/s)

G: Gurney 폭발 에너지 상수(**표 3.9** 참조)

W: 폭발물 무게(kg)

W_c: 탄피무게(kg)

표 3.8 탄약의 설계 파편 특성

탄약 형태	국가	탄약 크기	모델	M(g)(식 3.10)	W_f(g)	V_{oI}(m/s)
박격포탄	러시아	82 mm	0-832D	0.850	7.65	1,323
		120 mm	OF8434	5.443	49.04	811
		160 mm	F-853A	5.953	53.58	1,000
		240 mm	F-864	7.853	70.59	1,445
	미국	60 mm	M49	0.255	2.38	1,469
		81 mm	M362A1	0.213	1.93	1,932
		4.2 in	M327A2	0.680	6.21	1,692
포병포탄	러시아	122 mm	OF472	4.621	41.67	1,006
		130 mm	OF482M	7.995	72.01	847
		152 mm	OF540	7.059	63.50	1,052
	미국	105 mm	M1	1.729	13.13	1,237
		155 mm	M107	7.172	64.35	1,030
		175 mm	M437A2	4.139	37.42	1,387
		8 in	M106	10.859	97.52	1,152
전차포탄	러시아	115 mm	OF-18	5.528	24.38	1,173
로켓탄	러시아	140 mm	M-14-OF	3.799	34.30	1,198
		240 mm	9	1.644	14.74	2,112
폭탄	미국	100 lb	GP	0.496	4.54	2,448
		250 lb	GP	1.417	12.76	2,396
		500 lb	GP	2.041	18.43	2,402
		1,000 lb	GP	5.783	52.16	2,259
		2,000 lb	GP	7.087	63.79	2,365
		1,600 lb	AP	51.029	458.69	1,055
		2,000 lb	SAP	29.767	269.04	1,573

구조물에 대한 파편의 충격점이 탄약의 폭발점으로부터 6 m 이하일 때는 식 (3.12)로 주어진 초기 속도 V_{oI}가 충격속도로 사용될 수 있다. 그러나 거리가 6 m를 초과하는 경우에는 파편에 대한 공기의 항력효과를 고려해야 한다. 거리에 따른 속도 감소는 다음 식으로 계산한다.

$$V_{sf} = V_{oI}\, e^{-0.04\left(R_f / W_f^{1/3}\right)} \tag{3.13}$$

여기서, V_{sf}: 충격속도(10^3 m/s)

R_f: 파편의 비산거리(m)

W_f: 설계 파편의 무게(g)

표 3.9 폭발 상수

폭발물 종류	G(m/s)	폭발물 종류	G(m/s)
AMATOL	1,887	HBX-1	2,469
BARATOL	1,585	HMX	3,414
COMP. B	2,682	HAT-3	2,591
COMP. C-4	2,530	OCTOL(75/25)	2,896
CYCLONITE(RDX)	2,835	PENTOLITE(50/50)	2,469
CYCLOTOL(75/25)	2,713	TNT	2,316
CYCLOTOL(20/80)	2,554	TORPEX	2,271
CYCLOTOL(60/40)	2,402	TRITONAL(80/20)	2,316
H-6	2,621		

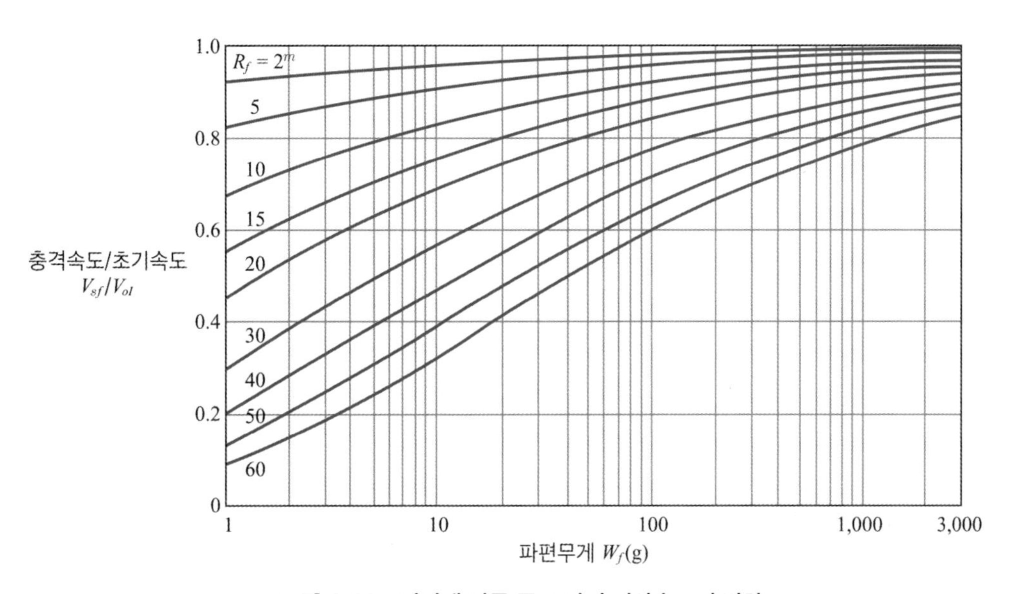

그림 3.19 거리에 따른 주요 파편 비산속도의 변화

그림 3.19는 각종 거리 R_f 에서 W_f 에 대한 V_{sf}/V_{oI} 의 값을 보여준다.

(2) 파편의 관입

파편은 탄체보다 더욱 물체를 관입하고 관통할 수도 있다. 다음 공식들은 방호재료로 가장 많이 쓰이는 강철과 콘크리트 및 흙에 대한 파편의 관입길이를 구하는 데 사용되는 실험식이다.

❶ 강철

- 일반 구조용 강재

$$X = 7.45\, W_f^{1/3}\, V_{sf}^{1.22} \tag{3.14}$$

여기서, X: 관입길이(cm)

W_f: 파편무게(kg)

V_{sf}: 충격속도(1,000 m/s)

- 기타 강재

$$X' = Xe^{\eta} \tag{3.15}$$

$$\eta = (B' - B)[8.77 \times 10^{-3}(B' + B) - 5.41] \times 10^{-3} \tag{3.16}$$

여기서, X': 기타 강재의 관입길이(cm)

B: 150(일반 구조용 강재의 BHN)

B': 기타 강재의 BHN

그림 3.20은 각종 W_f 값에 대하여 V_{sf}에 대한 X의 값을 표정했으며, **그림 3.21**은 B'에 대한 X'/X의 관계를 표정하였다.

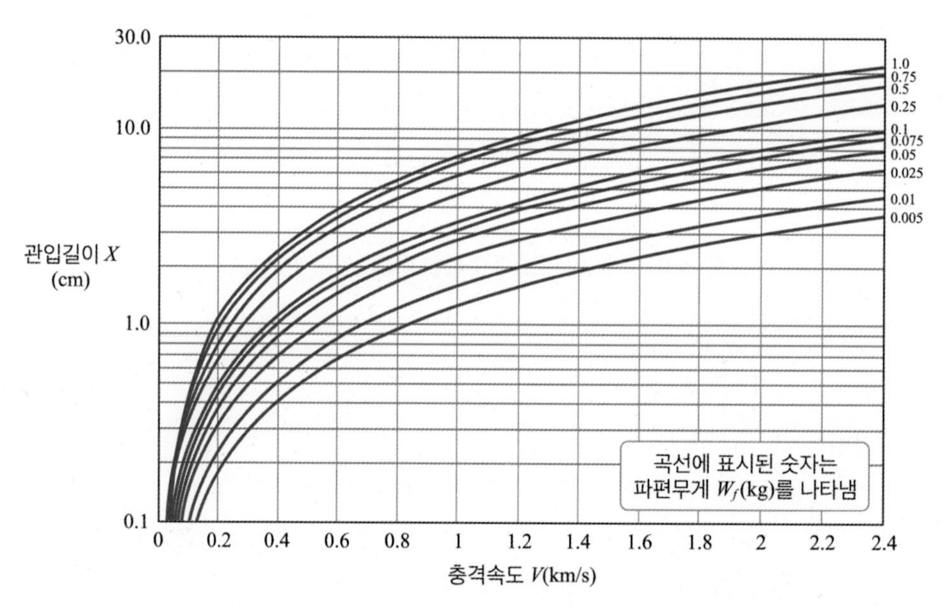

그림 3.20 강재 관입 설계 도표-연강판을 관입하는 연철 파편

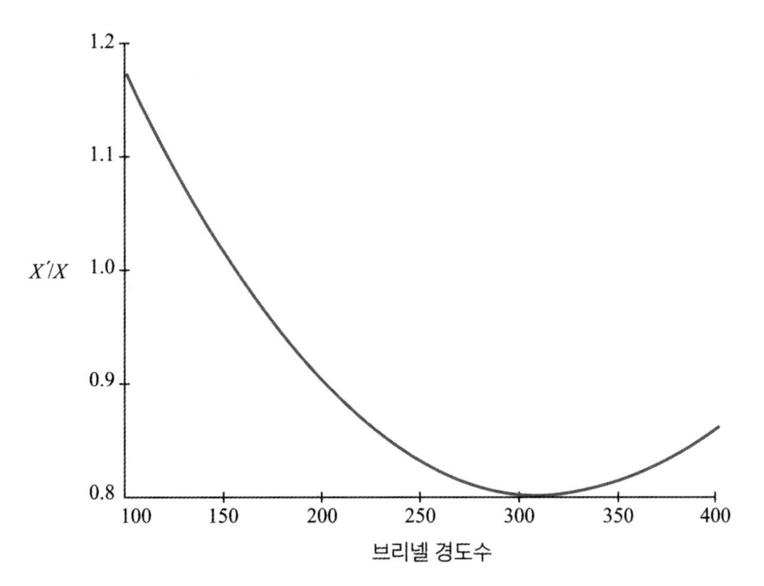

그림 3.21 브리넬 경도수에 따른 강판 관입의 변화

❷ 콘크리트

- 관입길이(cm)

$$X = 76.08\ W_f^{0.37}\ V_{sf}^{0.9}\ \sigma_c^{-0.25}\ (X \le 11.66\, W_f^{1/3}\text{인 경우}) \qquad (3.17)$$

$$X = 83.08\ W_f^{0.4}\ V_{sf}^{1.8}\ \sigma_c^{-0.25} + 3.29\ W_f^{0.33}\ (X > 11.66\ W_f^{1/3}\text{인 경우}) \qquad (3.18)$$

- 관통두께

$$t_{pf} = 1.23 X W_f^{0.033} + 7.49\, W_f^{0.33}(\text{cm}) \qquad (3.19)$$

- 파쇄 방호두께

$$t_{sp} = 1.32 X W_f^{0.033} + 12.1\, W_f^{\ 0.33}(\text{cm}) \qquad (3.20)$$

그림 3.22~3.24는 위의 식들을 표정하여 얻은 관입길이, 관통두께, 파쇄두께에 관한 도표들이다.

파편들은 무게와 모양, 충격속도 등이 다양하기 때문에 포탄이나 폭탄의 파편에 의한 관통을 방호하기 위한 재료의 두께 결정은 보통 실험 결과에 의하며, 표 3.10과 표 3.11에 그 예가 주어졌다. 이 표에서 보는 바와 같이 파편을 방호하기 위한 두께는 다른 원인에 대한 방호두께보다 크지 않으므로 파편의 방호를 위한 별도의 고려는 할 필요가 없다.

표 3.10 거리 7.5 m에서 폭발한 폭탄의 파편 방호에 필요한 재료의 두께

폭탄	두께(cm)			
	연철	철근콘크리트	벽돌조	모래
100 kg	3.8	35.6	38.1	
250 kg	6.4	40.6	43.2	121.9
500 kg	7.6	45.7	50.8	
1,000 kg	8.9	53.3	63.5	137.2

표 3.11 근접 폭발한 포탄의 파편 방호에 필요한 재료의 두께

포탄	두께(cm)		
	연철	철근콘크리트	벽돌조
20 mm	0.6	7.6	10.2
40 mm	1.3	15.2	20.3
105 mm	3.2	38.1	43.2
155 mm	4.4	53.3	61.0

❸ 흙 속으로의 관입

파편이 수직으로 충격할 때 토질 속으로 파편의 관입은 다음과 같이 주어진다.

$$t_p = 1.98\, W_f^{1/3}\, K_p \log_{10}(1 + 50.05\, V_{sf}^2) \tag{3.21}$$

여기서, t_p: 관통두께(cm)

W_f: 파편무게(g)

K_p: 토질 관입 상수(표 3.12 참조)

V_{sf}: 충격속도(10^3 m/s)

식 (3.21)을 모래에 적용한 결과가 **그림 3.25**에 표정되어 있다.

표 3.12 토질 관입 상수

토질 종류	K_p (cm/g$^{1/3}$)
석회석	0.646
사질토	4.407
식물이 포함된 토질	5.789
점토	8.830

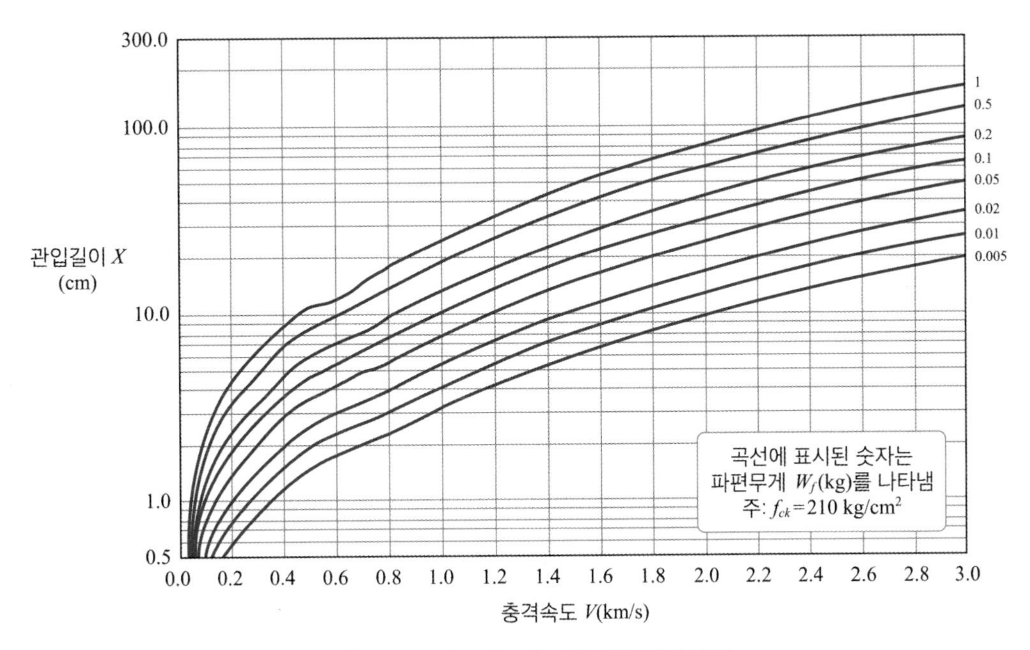

그림 3.22 콘크리트 속으로 연철 파편 관입

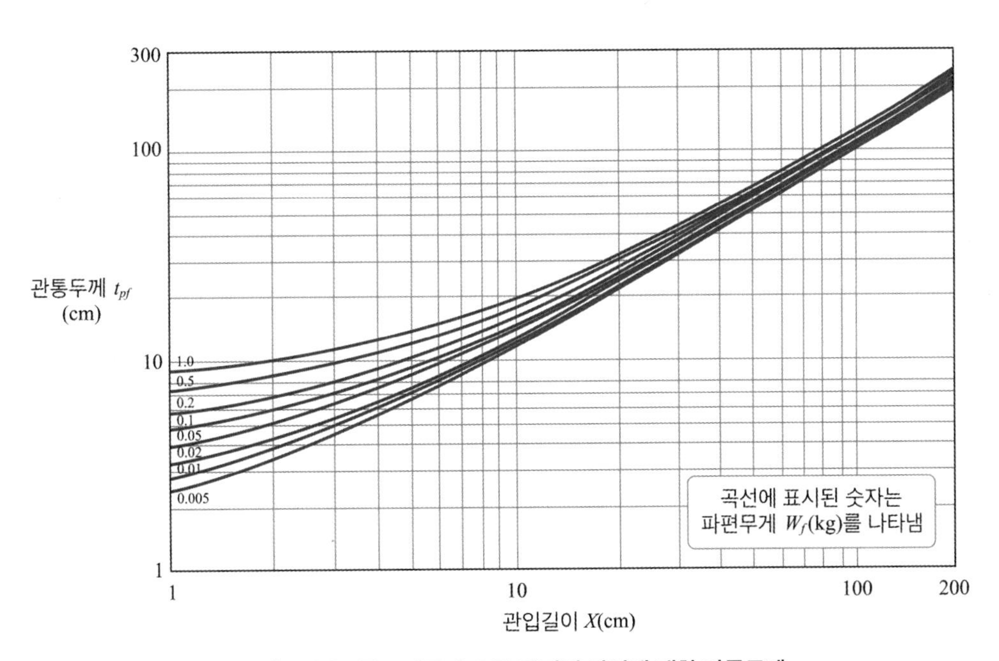

그림 3.23 콘크리트 속으로 파편의 관입에 대한 관통두께

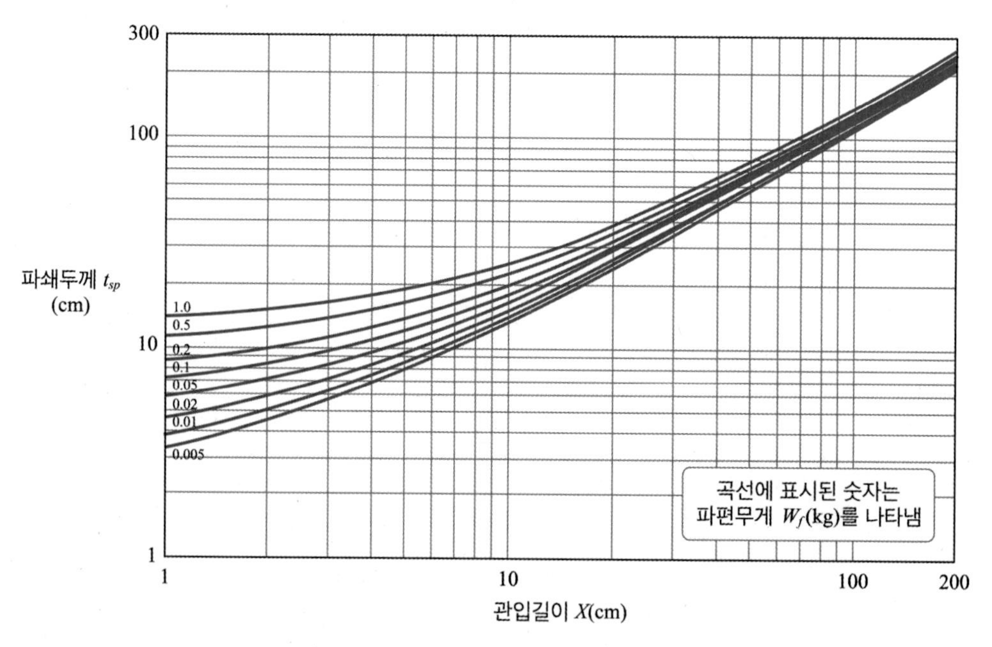

그림 3.24 콘크리트 속으로 파편의 관입에 대한 파쇄두께

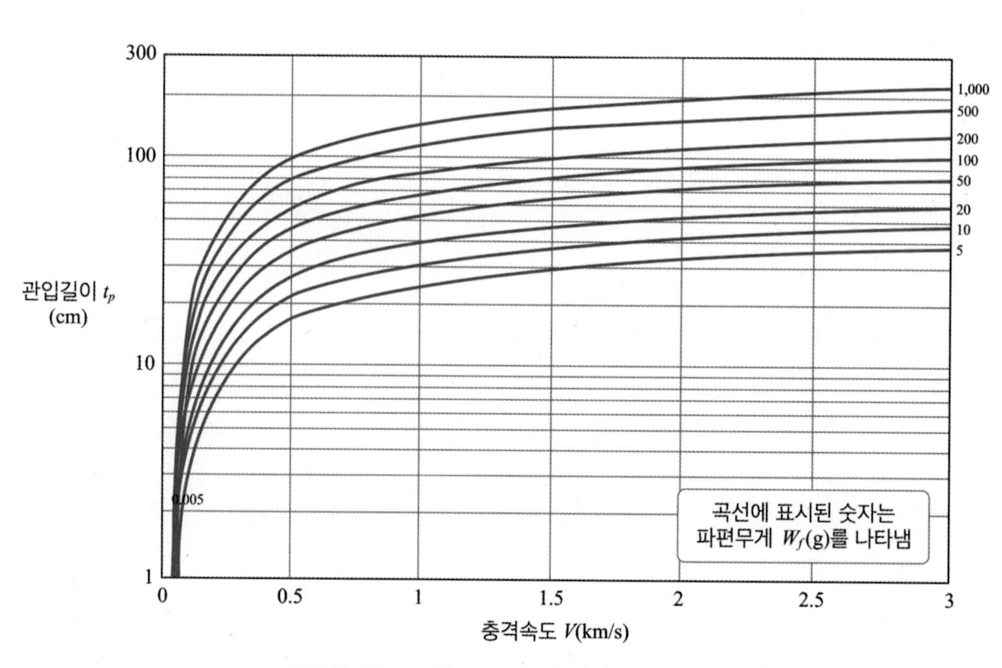

그림 3.25 모래 속으로 파편 관입(K_p=4.407)

3.3 충격 효과

포탄이 구조물을 직접 타격하거나 구조물에 접촉 또는 근접 폭발할 때, 그 구조물이 받게 되는 하중은 작용시간에 좌우된다. 직접 타격에 의한 하중이 작용하는 시간은 순간적인 것이므로 이를 충격하중(impact load)이라 부르며, 폭발에 의한 압력파가 구조물에 작용할 때 이를 폭풍충격(blast impulse)이라 한다.

포탄이나 폭탄이 목표물에 최대로 관입된 순간에 폭발된다면 구조물에 극심한 손상을 줄 것이다. 고속으로 목표를 강타하는 포탄의 운동에너지는 아주 크기 때문에, 이로 인한 응력에 견디도록 구조물을 설계한다는 것은 비실용적이다. 충격에너지는 구조물의 특성과 충격의 양상에 따라 그 크기와 분포가 다양하게 구조물에 전달되며, 일반적으로 충격시간이 길수록 더 많은 에너지가 전달된다. 포탄이 고속으로 충격되면 콘크리트, 암석 및 벽돌 등의 재료는 충격 받침부 바로 근처가 분쇄되어 파괴가 일어난다. 연성 재료의 얇은 슬래브나 판구조에서 관입 구멍은 포탄의 구경보다 약간 큰 정도이기 때문에 충격에 의한 손상은 그리 크다고 볼 수는 없다.

포탄의 방호구조물에 대한 관통 여부와 관계없이 충격은 배면 파쇄(scabbing)를 일으킬 수 있다. 실험에 의하면 콘크리트에서 포탄이 슬래브 두께의 50% 이상을 관입하면 배면 파쇄가 발생하며, 70% 이상 관입하면 관통된다.

구조물을 강타하는 포탄의 에너지는 대단하지만, 충격하중으로서 구조물에 미치는 영향은 결정적이지 못하다. 즉, 충격하중을 흡수하기 위하여 구조물이 전체적으로 크게 변형되지는 않는다. 철근콘크리트 구조에 대한 실험 및 해석 결과에 의하면, 육중한 구조물은 파괴되지 않고 충격에너지를 흡수함을 알 수 있다. 단부지지된 보와 슬래브에 대한 탄성 해석을 해보면, 충격에 의한 연단응력(緣端應力)은 일반적으로 극한응력의 약 10배에 달하지만, 실제 변형률은 이러한 응력에 대응하는 정적하중으로 계산한 결과보다 아주 작게 나타난다.

3.3.1 충격하중

충격의 크기는 포탄의 질량과 속도에 영향을 받는다. 실험 결과 또는 다른 방법으로 관입길이를 알 수 있다면, 충격력 F_i는 포탄의 운동에너지를 관입길이로 나누어 다음과 같이 구한다.

$$F_i = \frac{\frac{1}{2} m V^2}{X} = \frac{W V^2}{2gX} \ \text{(kg)} \tag{3.22}$$

여기서, m: 포탄의 질량 $= W/g =$ 포탄무게/중력가속도(kg · s^2/m)

V: 충격속도(m/s) X: 관입길이(m)

충격하중의 지속시간 t_i 는 관입길이를 포탄속도의 산술평균값인 $V/2$로 나눈 값이다. 즉, 다음과 같다.

$$t_i = \frac{2X}{V} \text{ (s)} \tag{3.23}$$

3.3.2 폭풍충격

1) 대기 중 근접 폭발인 경우

폭풍으로 인한 충격량은 폭풍압력과 폭풍이 작용하는 시간의 곱으로 정의된다. 폭풍압력파는 **그림 3.2**에서와 같이 갑자기 최고 압력까지 상승했다가 대기압 이하로 떨어지므로 대기 중에서 폭발하는 경우의 충격량은 다음 공식으로 결정된다.

$$I = P_b t_b / 2 \tag{3.24}$$

여기서, I: 폭풍에 의한 충격량(kg · s/cm²)

P_b: 최고 압력(kg/cm²)

t_b: 정압력의 작용시간(s)

P_b 와 t_b 가 미지인 폭탄과 TNT가 장전된 상자형 폭약의 충격량은 다음 공식으로도 계산할 수 있다.

보통탄(무게에 대한 작약비 50%): $I = 1.96 \times 10^{-3} \dfrac{w^{2/3}}{r}$ (3.25a)

순수 폭약: $I = 2.94 \times 10^{-3} \dfrac{w^{2/3}}{r}$ (3.25b)

후피형 폭약: $I = 1.31 \times 10^{-3} \dfrac{w^{2/3}}{r}$ (3.25c)

여기서, w: 작약무게(kg)

r: 폭발 원점으로부터 측정점까지의 거리(m)

충격량과 최고 압력이 주어진다면 폭풍충격의 지속시간은 식 (3.24)로부터 다음과 같이 표현된다.

$$t_b = 2I / P_b \tag{3.26}$$

최고 압력 P_b는 폭풍파의 진행 방향에 평행인 구조물 측면에서의 폭풍압력이며, 식 (3.2)의 P_{so} 와 같은 값이다. 만일 구조물이 폭풍파의 진행 방향에 수직으로 놓여 있다면 반사 효과에 의하여 그 최고 반사압력 P_r 은 다음과 같이 된다.

$$P_r = 2P_b\left(\frac{7.2 + 4P_b}{7.2 + P_b}\right)(\text{kg/cm}^2) \tag{3.27}$$

대기 중 근접 폭발 시 초기 압력파가 구조물에 작용하는 동안의 평균 압력 P_f 는 다음과 같이 표현된다.

$$P_f = \frac{2P_b + P_r}{2} \tag{3.28}$$

폭탄으로부터 떨어져 있는 벽판은 처음에는 폭발 지점으로부터 밖으로 밀렸다가 다음에는 안쪽으로 휘게 되어 급격히 균열이 생기면서 파괴될 수 있다. 폭풍압력이 높은 폭발 받침부 근처에 있는 판은 중앙 부분이 손상되지 않으면서도 가장자리가 휘어지면서 과잉 전단력에 의하여 균열이 생길 수도 있다. 판의 파괴 형태는 판의 모양, 지지 방식 및 그 크기에 달려 있다. 일반적으로 얇고 긴 판은 짧은 대칭축을 따라 균열이 생기고, 정사각형의 벽 보호판은 대각선으로 균열이 생긴다. 일반적인 벽돌벽 구조에서 최대의 파괴를 줄 수 있는 폭탄과 폭약의 충격량은 $I = 6.328\ \text{kg}\cdot\text{ms/cm}^2$이며, 최대 손상을 주는 충격량은 $I = 2.812\ \text{kg}\cdot\text{ms/cm}^2$이다.

거리가 4.6 m 이상 떨어져 거의 폭풍 손상을 받지 않는 현대식 골조구조물이나 폭풍에 대해 저항이 미약한 목구조에 대해서는 상기 표준을 적용해서는 안 된다. 위의 표준값을 사용하는 예를 들어 보자. 무게 250 kg의 GP탄(작약무게 125 kg)에 대한 최대 손상 반경을 구하기 위해 $I = 2.812$를 식 (3.25a)에 대입한 후 r 에 대하여 풀면 다음과 같다.

$$r = 1.96(125)^{2/3}/2.812 = 17.4\ \text{m}$$

한편 최대 파괴 반경은 다음과 같다.

$$r = 1.96(125)^{2/3}/6.328 = 7.7\ \text{m}$$

표 3.13은 벽돌벽에 경미한 피해를 줄 수 있는 폭탄의 크기에 따른 폭발거리를 나타낸다.

표 3.13 폭풍 효과가 벽돌벽에 경미한 피해를 줄 수 있는 폭발거리

폭탄의 크기	벽돌벽의 두께에 따른 최소 폭발거리(m)		
	11.5 cm	23.0 cm	34.5 cm
50 kg	15.2	7.6	5.2
250 kg	45.7	24.4	15.2
500 kg	73.2	36.6	24.4
1,000 kg	109.7	54.9	36.6
1,800 kg GP탄	158.5	79.2	51.8
1,800 kg LC탄	228.6	112.8	45.7

2) 대기 중 접촉 폭발인 경우

포탄 또는 폭탄이 구조물의 표면에 접촉 폭발한다면 폭발거리(r)는 0이므로, 이를 식 (3.2)에 대입하면 최고 압력(P_b)은 무한대가 된다. 그러나 구조물에 가해지는 최고 압력은 재료의 파괴강도 이하로 제한되며, 파괴강도는 일반적으로 극한강도의 10배로 잡는다. 이 상한값은 충격량과는 무관한 값이며, 접촉 폭발 시 총 충격량은 다음과 같은 실험식으로 구할 수 있다.

$$I_t = w\left[183 - \frac{191}{1.10 + \sqrt{\frac{ab}{h^2}}}\right] \tag{3.29}$$

여기서, I_t: 총 충격량(kg · s)

w: 작약무게(kg)

a, b, h: 작약의 크기를 m 단위로 표시한 것으로, ab는 접촉면적을, h는 구조물 표면에서 수직인 작약의 높이를 나타낸다.

재료가 콘크리트인 경우로 설계기준강도가 f_{ck}일 때 최고 압력은 다음과 같다.

$$P_b = 10\,f_{ck} \tag{3.30}$$

구조물에 작용하는 하중은 다음과 같은 반경 R인 원에 작용하는 등가원통하중 W_b로 규정하고 있다.

$$R = 2.178\sqrt[3]{\frac{w}{f_{ck}}}\ (\text{m}) \tag{3.31}$$

$$W_b = P_b \times \pi R^2 = 1.49 \times 10^6\ w^{2/3} f_{ck}^{1/3}\ (\text{kg}) \tag{3.32}$$

3.3.3 지면 충격

지하구조물 부근의 지상 또는 지하에서 폭발하는 폭탄에 의한 지면 충격은 이러한 구조물에 지배적인 위협이 된다. 지하 폭발에 의한 응력은 일반적으로 공중 폭발의 경우보다 크기가 크고 오래 지속된다. 만일 무기가 폭발하기 전에 주변의 흙 속으로 좀 더 깊숙이 관입하거나 흙으로 되메워질 때는 응력과 지면운동이 상당히 증가한다. 무기의 관입을 제한하기 위하여 콘크리트 또는 암석 조각 등의 보호층을 구조물 위에 시공할 수 있으며, 이는 땅속으로의 폭발 효과를 감소시키고 무기의 이격거리를 증가시키는 효과가 있다.

무기의 크기 및 구조물로부터의 거리, 폭발 지점과 구조물 사이의 토질 또는 암석의 역학적 특성,

폭발 순간의 관입깊이 등은 하중 강도에 영향을 주는 주요 변수들이다. 지하시설물에 위험을 주는 지면 충격을 평가하는 데는 다음의 두 가지 경우를 고려해야 한다.

- 보호용 콘크리트 또는 암석 조각이 덮인 지붕 슬래브에 직접 하중이 작용하도록 상부에서 폭발하는 폭탄
- 주위의 흙 속으로 관통하여 시설물 부근에서 폭발하여 벽체나 바닥에 하중으로 작용하는 무기

1) 토질 특성 효과

토질 매체에서 지면 충격의 전파는 토질의 동역학적 구성 특성, 폭발에 의한 생성물, 폭발 현상 등과 복잡한 함수 관계에 있다. 점착성 토질에서 함수율은 지면 충격의 전파에 많은 영향을 주며, 특히 함수율이 95% 이상일 때는 아주 영향이 크다. 물은 토질 구조의 전체 강성 및 강도에 크게 영향을 미치면서 이러한 토질의 골격 구조 내에서 독특하게 유지된다. 토질의 포화 상태가 100%에 근접하는 것은 점토, 점토혈암 및 사질점토에서 최대 응력과 가속도의 현저한 증가가 관측되었다.

상대적으로 고밀도의 입자형 토질은 점성토질에서와 같이 함수율에 의한 영향을 크게 받지는 않는다. 그러나 상대적으로 저밀도인 모래에서 물의 영향은 점성토질에서 보여지는 것과 유사한 효과를 발생시키므로 저밀도의 모래로 된 지역에서는 견고한 시설의 시공을 고려해서는 안 된다.

지면 충격 예측을 위한 토질 또는 암석의 대략적인 지수로, 지진속도 c가 자주 사용된다. 이는 단순히 토질의 강도와 밀도를 측정하여 다음과 같이 구한다.

$$c = \sqrt{M/\rho_o} \tag{3.33}$$

여기서, M: 토질의 강도 또는 계수

ρ_o: $kg \cdot s^2/m^4$ 단위의 질량밀도

2) 지면 충격 예측

응력과 입자속도 펄스는 폭발점으로부터 밖으로 전파될 때 넓어지면서 크기가 빠르게 감소하는 지수형 시간 이력으로 특징지어진다. 도착시간 t_a는 폭발 순간부터 주어진 장소까지 지면 충격이 도달하는 시간까지의 경과시간으로, 다음 식으로 나타낸다.

$$t_a = R/c \tag{3.34}$$

여기서, R: 폭발점으로부터의 거리

c: 거리 R에서 평균 지진속도 또는 전파속도

전형적으로 이러한 파형들은 급격히 최댓값으로 올라가며, 그 상승시간 t_r 은 $0.1t_a$ 로 표현할 수 있다.

충격 펄스는 최댓값으로부터 경과시간이 $1\sim3t_a$ 동안에 단곡선을 형성하면서 거의 0으로 떨어지며, 시간 t 에서의 충격응력 $P(t)$ 와 입자속도 $V(t)$ 는 다음과 같이 표현된다.

$$P(t) = P_o e^{-\alpha t/t_a} \ (t \geq 0) \tag{3.35a}$$

$$V(t) = V_o(1 - \beta t/t_a)e^{-\beta t/t_a} \ (t \geq 0) \tag{3.35b}$$

여기서, P_o: 충격응력의 최댓값

V_o: 입자속도의 최댓값

α, β: 시간 상수(일반적으로 $\alpha=1.0$, $\beta=1/8.5$)

충격량, 변위, 가속도 등 기타 파형 변수들은 위 식으로부터 유도할 수 있다.

포화점토와 같은 고속 매질에서의 폭발은 가속도가 높고 변위가 낮은 아주 짧은 고주파 펄스를 생성한다. 다른 한편으로 건조하고 느슨한 매질에서의 폭발은 아주 긴 기간의 지면운동과 저주파수를 발생시킬 것이다.

폭탄이 파열층 내부나 위에서, 또는 구조물 부근의 흙 속에서 폭발할 때 지면운동과 자유장 응력은 다음과 같이 주어진다.

$$V_o = 48.768\, f\, (0.3967)^n (R/w^{1/3})^{-n} \tag{3.36a}$$

$$a_o = 1.025\, (c/R)\, V_o \tag{3.36b}$$

$$d_o = 3.125\, (R/c)\, V_o \tag{3.36c}$$

$$P_o = \rho c\, V_o \tag{3.36d}$$

$$I_o = 0.99\, \rho R\, V_o \tag{3.36e}$$

여기서, V_o: 최대 입자속도(m/s)

a_o: 최대 가속도(g′s)

d_o: 최대 변위(m)

P_o: 최대 압력(kg/cm^2)

I_o: 충격량(kg-s/cm^2)

f: 결합계수

n: 감소계수

R: 폭발점까지의 거리(m)

w: 작약무게(kg)

c: 지진속도(m/s)

ρc: 음향 임피던스$\left(\dfrac{\text{kg/cm}^2}{\text{m/s}}\right)$

ρ: 질량밀도$\left(\dfrac{\text{kg/cm}^2}{(\text{m/s})^2}\right)$ $(=\rho_o/144)$

예비 설계를 위하여 각종 토질에 대한 지진속도, 음향 임피던스 및 감소계수를 선정할 수 있도록 **표 3.14**에 나타내었다. 결합계수는 공기, 흙, 콘크리트 등 폭발이 일어나는 매질에 따라 다르며, 무기의 환산폭발깊이에 따라서 결정된다. 이 계수를 **그림 3.26**에 나타내었다. 공기 중 폭발에 대한 결합계수는 무기의 위치에 따라 변하지 않고, 일정한 값 $f = 0.14$를 갖는다. 이 계수는 밑에 깔린 매질과 관계없이 모든 접촉 폭발에 대하여 사용할 수 있다. 무기가 두 가지 이상의 재료를 관입할 때(예: 긴 포탄이 콘크리트 슬래브와 그 밑에 있는 흙을 부분적으로 통과할 때), 결합계수는 각 매질에 들어가 있는 작약의 무게에 비례하는 가중값을 각 재료의 결합계수에 곱한 후, 이들을 합하여 계산한다. 즉, 다음 식과 같다.

$$f = \Sigma f_i \left(\frac{w_i}{w} \right) \tag{3.37}$$

여기서, f: 총 결합계수

f_i: 각 구성 재료(공기, 흙, 콘크리트에 대한 결합계수)

w_i: 각 구성 재료에 들어가 있는 작약무게

w: 총 작약무게

대부분의 폭탄은 원주형이므로, 결합계수는 다음과 같이 정의할 수도 있다.

$$f = \Sigma f_i \left(\frac{L_i}{L} \right) \tag{3.38}$$

여기서, L_i: 각 구성 재료에 접촉된 폭탄길이

L: 총 폭탄길이

표 3.14 지면 충격 변수 계산을 위한 토질 특성

토질 종류	지진속도 c (m/s)	음향 임피던스 ρc (kg/cm^2)/(m/s)	감소계수 n
상대밀도가 낮은 느슨하고 건조한 모래와 자갈	183	2.768	3~3.25
사질양토, 황토, 건조한 모래 및 되메운 흙	305	5.074	2.75
상대밀도가 높은 조밀한 모래	488	10.148	2.5
(4% 이상의) 공극이 있는 젖은 사질점토	549	11.071	2.5
(1% 이하의) 약간의 공극이 있는 포화 사질점토와 모래	1,524	29.984	2.25~2.5
중포화 점토 및 점토혈암	1,524 초과	34.596~45.516	1.5

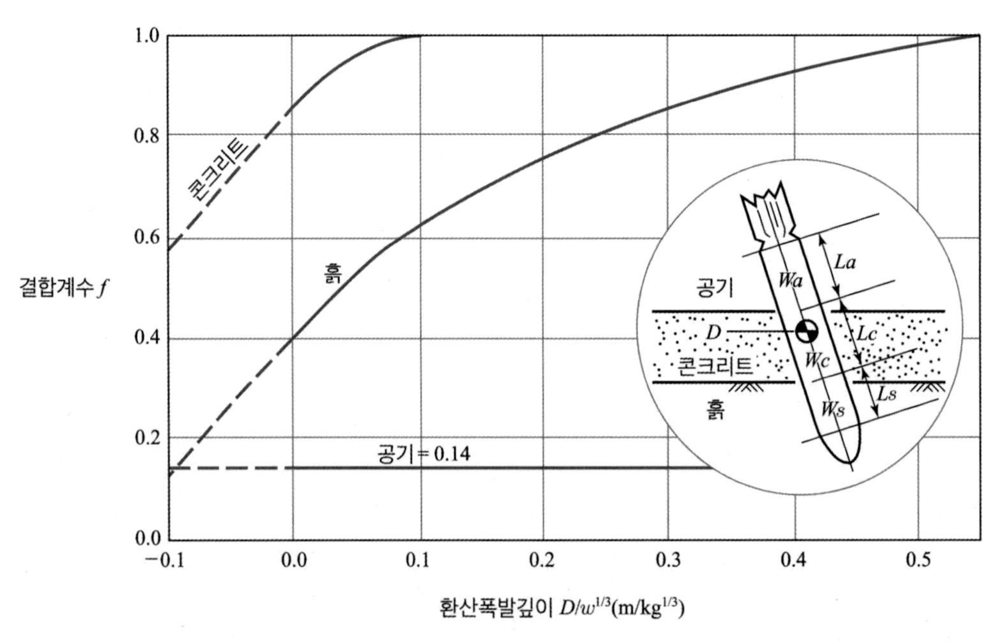

그림 3.26 지면 충격 결합계수

3) 경계면으로부터 반사

구조물 부근의 지하에서 폭발이 일어날 때, 지표면(또는 지하수면이나 암반층과 같은 층)으로부터의 충격반사는 직접 전달되는 응력파와 결합하여 구조물에 작용하는 하중의 크기 및 기간에 중대한 변화를 일으킬 수 있다. 지표면으로부터의 반사는 입사파와 결합하여 구조물 벽체의 상부에 작용하는 충격하중을 감소시키는 인장파를 발생시킨다. 폭발점 밑에 있는 층으로부터의 반사는 이차 압축파를 발생시켜 입사응력과 결합하여 벽체 하부에 작용하는 총 하중을 상당히 증가시킨다.

그림 3.27은 층이 있는 매질에서 폭발로부터의 전파 경로를 보여준다. 직접 전달되는 파가 벽체의 어느 점까지 진행한 경로의 길이는 폭발 원점으로부터 그 점까지의 직선거리이며, 다음과 같이 주어진다.

$$R_d = \sqrt{(D-z)^2 + r^2} \tag{3.39a}$$

지표면으로부터 반사된 파의 진행 경로의 총 길이는 다음과 같다.

$$R_s = \sqrt{(D+z)^2 + r^2} \tag{3.39b}$$

그리고 깊은 층으로부터 반사된 파의 진행 경로의 총 길이는 다음과 같다.

$$R_l = \sqrt{(2h-D-z)^2 + r^2} \tag{3.39c}$$

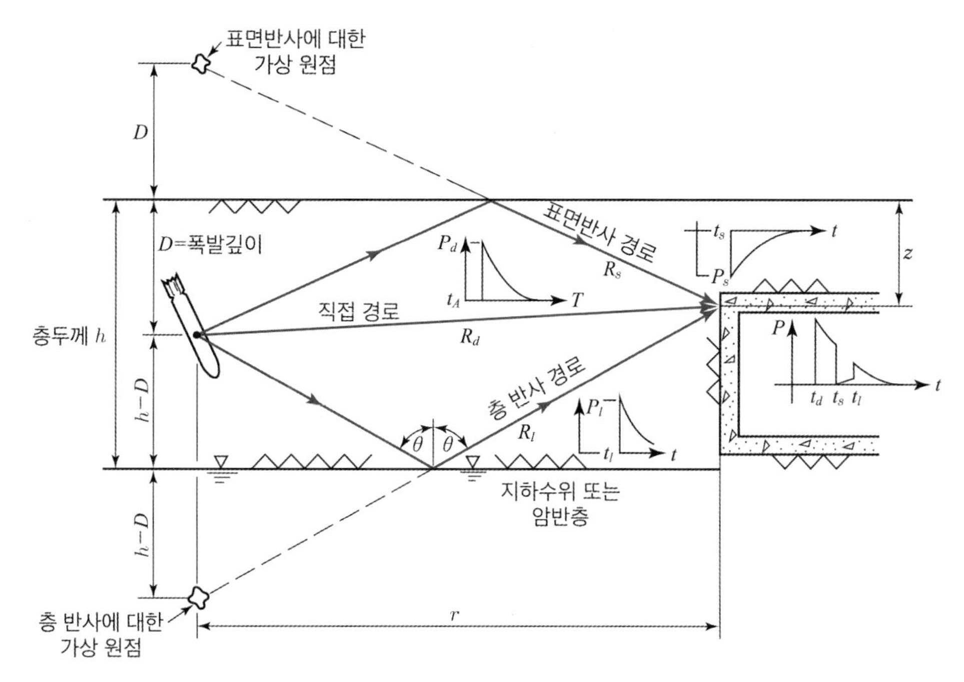

그림 3.27 표면 및 저층으로부터의 반사 경로

여기서, D: 지표면으로부터 폭탄까지의 깊이

z: 지표면으로부터 구조물 위의 특정 점까지의 깊이

r: 폭탄과 구조물 위의 특정 점까지의 수평 거리

h: 층의 두께

직접 및 반사 경로에서의 응력은 식 (3.39)에 주어진 경로길이를 사용하고, 식 (3.36d)를 이용하여 계산할 수 있다. 그다음에는 반사 경로를 따라 계산된 값에 반사계수를 곱하여 실제 반사파의 크기를 결정한다. 직접파와 반사파는 표적 지역에서 총 응력-시간 이력을 계산하기 위하여 합해야 한다. 따라서 다음과 같다.

$$P_d = P_o(R_d)\ e^{-\alpha t/t_d} \quad (t \geq t_d) \tag{3.40a}$$

$$P_s = -P_o(R_s)\ e^{-\alpha t/t_s} \quad (t \geq t_s) \tag{3.40b}$$

$$P_l = K_r P_o(R_\ell)\ e^{-\alpha t/t_\ell} \quad (t \geq t_l) \tag{3.40c}$$

여기서, P_d: 직접 전달된 응력

P_s: 지표면으로부터 반사된 응력

P_l: 저층으로부터 반사된 응력

$P_o(R_i) = 48.768\,\rho c\,(0.3967)^n \left(R_i / w^{1/3}\right)^{-n}$: 세 펄스 각각에 대한 거리 R_i 에서의 최고 응력

K_r: 저층으로부터의 반사계수

표면반사계수는 -1인 점에 유의하고, 도달시간은 다음과 같이 주어진다.

$$t_d = R_d / c_1, \quad t_s = R_s / c_1, \quad t_\theta = R_\ell / c_1 \tag{3.41}$$

반사계수 K_r은 다음과 같다.

$$1 - \left[(c_2/c_1)\sin\theta\right]^2 > 0 \text{인 경우: } K_r = \frac{\cos\theta - K_o}{\cos\theta + K_o} \tag{3.42a}$$

$$\text{기타의 경우: } K_r = 1 \tag{3.42b}$$

$$K_o = \frac{\rho_1 c_1}{\rho_2 c_2}\sqrt{1 - (c_2/c_1)\sin\theta^2} \tag{3.42c}$$

여기서, c_1: 상층의 지진속도 　　c_2: 저층의 지진속도

ρ_1: 상층의 질량밀도 　　ρ_2: 저층의 질량밀도

각도 θ 는 다음과 같이 정의된다.

$$\sin\theta = r / R_d \quad \text{및} \quad \cos\theta = (2h - D - z) / R_d \tag{3.43}$$

구조물 벽체의 어느 점에 작용하는 충격하중의 총 응력은 각각 적절한 도달시간의 함수로 된 식 (3.39)의 세 가지 응력을 겹침으로써 정의하며, 다음과 같이 표현된다.

$$P(t) = P_d + P_s + P_l \tag{3.44}$$

위의 방법은 모든 필요한 자료가 주어졌을 경우에 구할 수 있는 정밀한 방법이며, 자료가 부족할 경우에는 다음과 같은 약식으로 지하 폭발에 대한 최고 압력 P_b와 이 압력의 지속시간 t_b를 구할 수 있다.

$$P_b = \frac{30}{z^3}\left(\frac{K}{4,060}\right)^{1/3} \ (\mathrm{kg/cm^2}) \tag{3.45}$$

$$t_b = 0.0033\,w^{0.1} r^{1/3} K^{1/6} \ (\mathrm{s}) \tag{3.46}$$

여기서, z: $r/w^{1/3}$ 　　K: 토질상수

w: 작약무게(kg) 　　r: 폭발점까지의 거리(m)

3.4 관입 효과

여러 가지 재료로 만들어진 목표물에 대한 포탄이나 폭탄의 정확한 관입량을 결정하기란 쉬운 일이 아니다. 그러나 관입량을 알아야만 이에 저항할 수 있도록 설계가 가능하므로 관입은 방호구조물 설계 시 고려해야 할 매우 중요한 요소가 된다. 관입(penetration) 및 관통(perforation)에 영향을 주는 요소들은 다음과 같다.

- 포탄의 특성: 중량, 구경, 형태, 신관의 종류, 변형에 대한 저항도
- 충격조건: 충격속도, 입사각(경사각), 편주각(**그림 3.28** 참조)
- 목표물의 특성: 강도(경도), 밀도, 연성(延性), 공극

관입이 목표물과 포탄에 미치는 영향은 그 목표물이 취성 재료인지 연성 재료인지에 따라 아주 다르게 나타난다. **그림 3.29(a)**는 155 mm 비변형 포탄이 두께 168 cm인 철근콘크리트벽을 관통했을 때의 파괴 형태이다. 이 그림에서 보는 바와 같은 전후면의 탄흔은 콘크리트와 같은 취성 재료로 된 목표물에 나타나는 전형적인 파괴 형태이다. **그림 3.29(b)**는 비변형 포탄이 강철판을 관통했을 때를 나타낸 단면도로, 전후면에 강철판 재료의 연성 흐름(ductile flow)으로 파엽(破葉, petal)이 형성되었다.

포탄이나 폭탄이 관입 중 심한 변형을 일으키면 목표물에 대한 관통 효과가 크게 감소한다. 그러나 방호구조물을 설계할 때는 안전을 위하여 포탄은 변형되지 않는 것으로 가정한다. 대부분의 철갑탄과 캡형 철갑탄은 콘크리트에 충격될 때 변형되지 않으나, 탄두 부분이 비교적 얇은 고폭탄은 변형되거나 터져버린다. 고폭탄의 변형 정도는 탄두 끝 단면의 두께와 강도에 따라 다르게 나타난다.

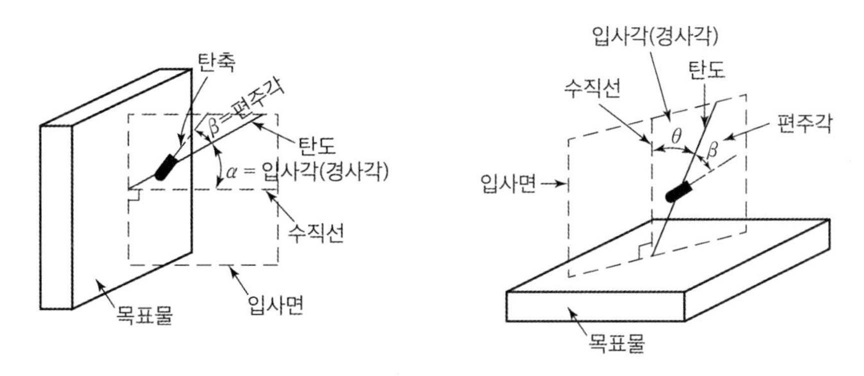

그림 3.28 입사각과 편주각

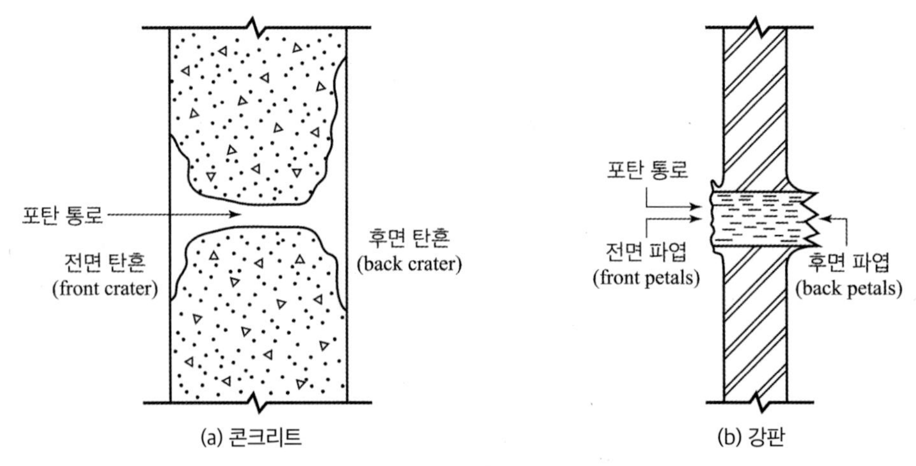

그림 3.29 관통 형태

3.4.1 철근콘크리트에 대한 관입 특성

1) 콘크리트의 일반적 특성

구조재로서의 콘크리트는 압축력에는 강하고 인장력에는 약한 특성이 있으므로, 포탄이나 폭탄의 충격으로 콘크리트에 초과 응력이 발생하면 취성 파괴가 일어난다. 따라서 철근으로 보강하면 인장에 대한 내력이 커져서 콘크리트의 균열이 확산되는 것을 억제하고 구조물의 파괴 정도를 감소시킬 수 있다.

일반 공사에서 콘크리트의 품질을 결정하는 요소인 재료의 선정, 배합 설계, 타설(打設), 양생방법 등은 군의 방호구조물에서도 마찬가지로 방호력을 결정하는 중요한 요소이다. 실험 결과 콘크리트 압축강도의 증가는 포탄의 관입에 대한 저항력을 증가시킴을 알 수 있다. 즉, 특정한 충격속도를 갖는 포탄의 관입길이는 대략 압축강도의 제곱근에 반비례한다. 또한 콘크리트에 사용되는 최대 골재의 크기를 증가시키면 관입 효과가 다소 감소하며, 특히 골재의 최대 크기가 포탄의 구경보다 클 때는 더욱 효과적이다.

2) 보강철근

철근콘크리트 방호구조물에서 철근의 주기능은 직접적인 타격 또는 폭발로 인한 콘크리트의 균열, 파쇄 및 파편의 발생을 감소시키고 인장응력을 지탱하는 데 있다. 그러나 포탄이 콘크리트에 관입하는 동안 철근이 제공하는 관입에 대한 추가적인 방호력은 그리 크지 않기 때문에, 관입 효과를 감소시킬 목적으로 철근비를 대폭 증가시키거나 복잡하게 배근할 필요는 없다. 일반적으로 직접 타격을 받는 콘크리트의 슬래브, 벽체 또는 지붕에서 균열이나 파쇄를 방지하기 위한 보강철근은 다음 세 가지로 구성된다.

(1) 전면 철망

충격 받침부 주위의 파쇄 지역을 감소시키고, 전면 포탄 구멍에서 부서진 콘크리트 조각들을 파지한다. 이러한 작용은 동일 지점에 대한 반복 타격 시 슬래브의 저항력을 전반적으로 증가시킨다.

(2) 후면 철망

뒷면 파쇄를 감소시키고, 파쇄한계속도를 증가시키며, 안쪽으로 휨에 대한 저항력을 제공한다.

(3) 전단 철근

콘크리트 슬래브 및 전후면 철망을 서로 결속시키는 철근을 말한다.

3) 파쇄방지판

철근콘크리트 구조물 내부에 강판으로 된 파쇄방지판(antiscabbing plate)을 그림 3.30에서와 같이 설치하면 콘크리트 파편들이 튀어나올 가능성을 감소시켜 인원과 장비를 보호할 수 있다. 이러

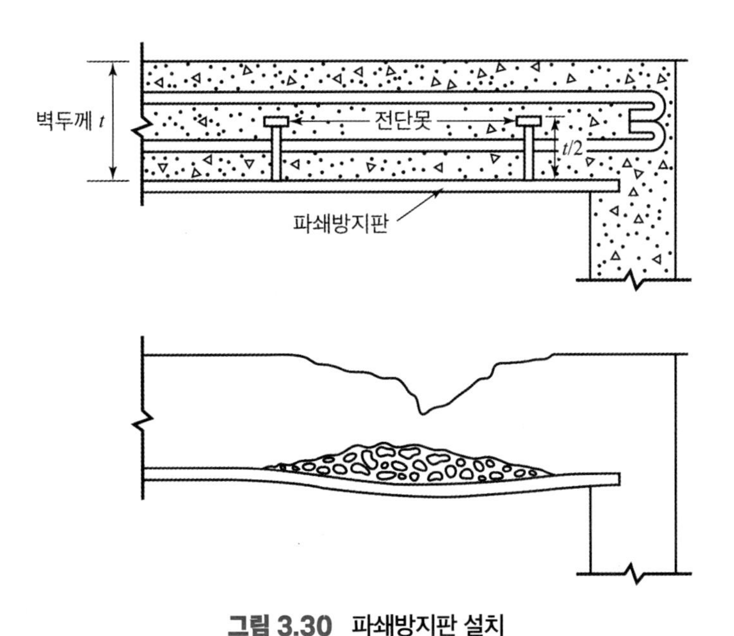

그림 3.30 파쇄방지판 설치

한 목적을 위한 파쇄방지판은 용접 또는 볼트로 콘크리트에 견고히 부착하여야 한다. 아주 견고하게 부착된 강철 파쇄방지판은 콘크리트의 관입저항력을 10% 정도 증가시킨다. 구조물이 흙으로 덮여 있고 그 위에 폭발 방지 피복두께가 설치될 때는 파쇄방지판이 필요 없다.

4) 철근콘크리트 구조물의 파괴 형태

포탄 및 폭탄이 콘크리트 슬래브나 벽체에 관입될 때 나타날 수 있는 현상은 다음과 같다.

(1) 전면 탄흔

전면 탄흔(front crater)은 충격 받침부 주위에 콘크리트 파편들이 떨어져 나오면서 불규칙한 모양이긴 하지만, 대략 원추형의 탄흔 형태를 이룬 것을 말한다. 탄흔의 크기는 충격속도가 450 m/s까지는 급격히 커지지만, 이 속도를 넘어서면 완만하게 커진다.

(2) 도탄과 박힘

포탄이 슬래브에 전면 탄흔보다 깊게 관입될 경우, 입사각이 충분히 클 때는 튀어나오는 현상인 도탄(跳彈, ricochet)이 발생하며, 비변형탄이 두꺼운 슬래브에 포탄 직경의 약 3.5~4.5배 정도로 관입되면 박힘(sticking) 현상이 일어난다. 일정한 입사각에서 도탄이 발생할 수 있는 충격속도를 도탄한계속도(ricochet limit velocity)라 하며, 속도가 증가하여 도탄이 되지 않는 최저 속도를 박힘한계속도(sticking limit velocity)라 한다. 일반적으로 도탄이 발생하면 구조물에 대한 포탄의 효과가 크게 감소한다.

(3) 후면 탄흔

포탄의 충격속도가 증가함에 따라 슬래브는 균열되면서 뒷면에 콘크리트 파편이 떨어져 나와 탄흔이 생긴다. 이러한 후면 탄흔(後面彈痕, back crater)은 일반적으로 전면 탄흔보다 더 넓고 얇다. 파편이 발생하는 최저 충격속도를 파쇄한계속도(scab limit velocity)라 하며, 포탄의 입사각이 클수록 이 속도는 증가한다. 철근으로 보강된 콘크리트 부분은 비록 심하게 균열이 발생하더라도 대부분 철근에 의해 콘크리트가 엉켜서 사실상 슬래브에서 파편이 튀어나가지 않는다.

(4) 관통

충격속도가 파쇄한계속도를 초과하여 계속 증가하면 점차적으로 더 깊은 후면 탄흔이 생겨 결국에는 관통(perforation) 현상이 일어나며, 이때의 속도를 관통한계속도(perforation limit velocity)라고 한다. 따라서 관통이 이루어진 후에 포탄이나 폭탄이 폭발되도록 지연신관을 사용한다면 인원과 장비에 큰 손상을 줄 수 있다.

그림 3.31과 **그림 3.32**에서는 특정 두께의 슬래브에 대한 입사각과 위에서 언급한 한계속도와의 관계를 예시로 보여주고 있다.

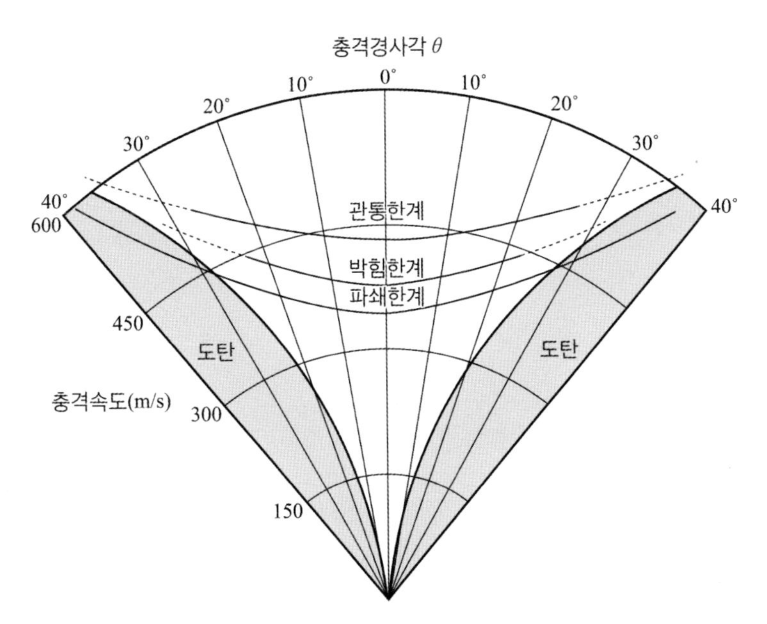

그림 3.31 37 mm M80 포탄에 대한 얇은 슬래브(두께 23 cm)의 피해 범위

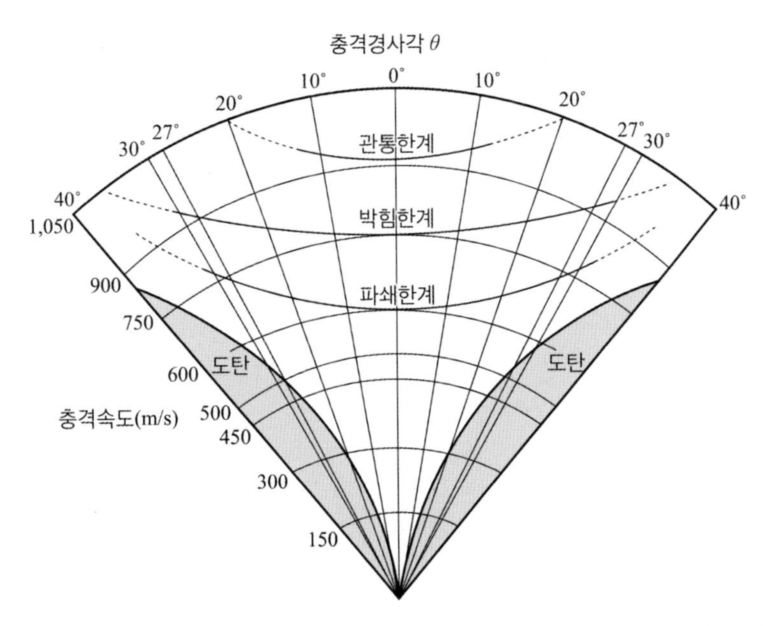

그림 3.32 37 mm M80 포탄에 대한 두꺼운 슬래브(두께 56 cm)의 피해 범위

5) 층구조의 영향

여러 층으로 건설된 슬래브는 일반적으로 동일한 두께와 강도를 갖는 단일 슬래브보다 관통에 대한 저항이 약하다. 외부층의 두께가 최소한 포탄 직경의 2~3배가 되고 층 사이에 정착이 양호할 때, 관통한계속도는 매 시공 이음마다 5% 정도의 감소가 이루어진다. 따라서 이음의 수를 최소로 하고, 양호한 정착이 되도록 하는 것이 중요하다.

6) 단부 효과

벽체의 단부로부터 포탄 구경의 15배 거리 이내로 포탄이 타격되면 벽체의 중앙부에 타격될 때보다 더 깊게 관입되므로 철근콘크리트 구조물 설계 시에 특별히 고려해야 한다. 이런 단부 효과(edge effect)의 측면에서 볼 때, 출입구나 총안구 등은 방호구조물에서 가장 취약한 부분이 된다.

7) 철근콘크리트에 대한 관입 계산

콘크리트 목표물에 대한 포탄과 폭탄의 관입 효과는 다음과 같이 공식 또는 계산 도표를 사용하여 결정할 수 있다.

(1) 관입 공식

두꺼운 철근콘크리트 목표물에 폭발되지 않고 관입되는 비변형 철갑탄 및 반철갑탄의 관입길이를 구하는 실험식은 다음과 같다.

$$X = \frac{1{,}740\, P D^{0.215}\, V^{1.5}}{\sqrt{f_{ck}}} + 0.5\,D \tag{3.47}$$

여기서, X: 관입길이(cm)

P: 폭탄 또는 포탄의 단면압력(폭탄의 무게/최대 단면적)(kg/cm^2)

D: 폭탄의 직경(cm)

V: 충격속도비[기준 충격속도 305 m/s(1,000 ft/s)에 대한 충격속도의 비율]

f_{ck}: 콘크리트의 설계기준강도(또는 압축강도 f_c)(kg/cm^2)

위의 공식으로 구한 값의 정확도는 단발 포격인 경우 ±15% 내에 있으며, 좀 더 고세장비(高細長比, high slender ratio)인 폭탄이 305 m/s 미만의 속도로 충격할 때의 관입길이는 위에서 구한 값에 30%를 더 증가시켜야 한다. 또한 식 (3.47)은 포탄이 수직으로 목표물을 강타할 때만 적용할 수 있으며, 만일 입사각이 0°가 아니라면 **그림 3.33**에서와 같은 보정계수를 구하여 공식으로 구한 관입길이에 곱해주어야 한다. 이 그림을 이용할 때 일반적으로 충격속도가 낮은 폭탄에 대해서는 곡선 A를 사용하고, 충격속도가 높은 포탄에 대해서는 곡선 B를 사용하여 보정해 준다.

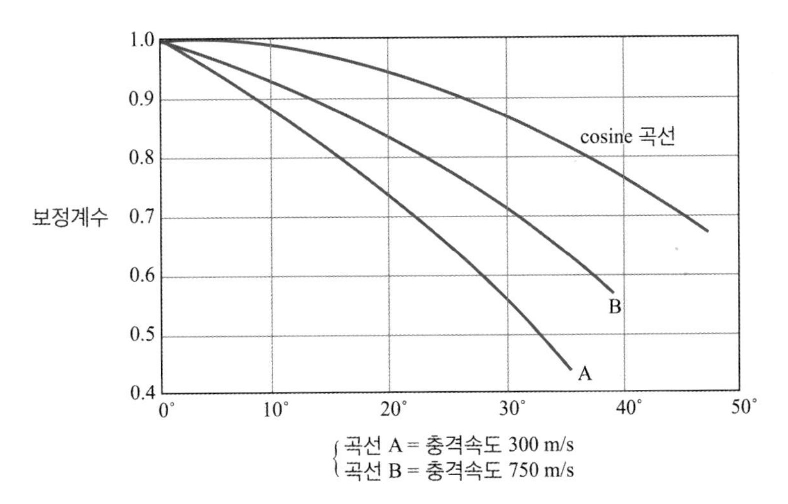

그림 3.33 입사각에 따른 보정계수

예제 3.1

무게 45 kg, 직경 15 cm인 포탄이 압축강도가 280 kg/cm^{2}인 콘크리트에 충격속도 530 m/s, 입사각 20°로 충격될 때 관입길이를 구하라.

풀이 $P = \dfrac{45}{(\pi/4)(15)^2} = 0.2546$

$V = 530/305 = 1.738$

$\sqrt{f_{ck}} = \sqrt{280} = 16.733$

수직 충격 시의 관입길이(X_o)는

$$X_o = \frac{1{,}740(0.2546)(15)^{0.215}(1.738)^{1.5}}{16.733} + 0.5(15)$$

$$= 108.6 + 7.5 = 116.1 \text{ cm}$$

입사각 20°에 대한 보정계수: 주어진 충격속도는 **그림 3.33**에서 곡선 B에 더 가까우므로 이 곡선으로부터 보정계수 0.83을 읽을 수 있다. 따라서 이 경우의 관입길이(X)는

$X = (0.83)(116.1) = 96.4$ cm

$\therefore$ 관통도 $X/D = 96.4/15 = 6.4$

(2) 계산 도표

다음에 주어진 계산 도표들은 철근콘크리트에 대한 폭발하지 않은 철갑탄 및 반철갑탄의 관입길이, 파쇄두께, 관통두께 등을 구하는 데 사용된다. 이러한 계산 도표를 사용하려면 포탄의 무게, 직경, 콘크리트의 압축강도, 충격속도, 입사각을 알아야 한다. 이러한 요소들의 한두 개가 미지이긴 하지만 어떤 한계 내에 있다는 것을 안다면, 그 상하 한곗값을 사용하여 계산 도표에서 구한 다음, 그중 안전성이 높은 쪽의 한곗값을 선택할 수도 있다. 이 계산 도표들은 비변형탄에 대한 것으로, 변형탄의 경우에는 관입길이, 파쇄두께 또는 관통두께 등이 계산 도표에서 구한 값보다 약간 작을 것이다. 그러나 설계목적상 포탄 또는 폭탄을 비변형탄으로 취급하는 것이 보다 안전하다.

그림 3.34의 관입 계산 도표는 두꺼운 콘크리트에서의 평균 관입길이를 구할 수 있다. 목표물이 배면 파쇄가 일어날 정도로 얇다면 실제 관입량은 예상보다 더 클 것이다. 계산 도표에 의해 결정된 관입길이가 탄두길이보다 작을 경우, 실제 관입길이는 이 수치에서 ±25% 정도의 오차 범위 내에 있다. **그림 3.35**는 배면에 파쇄가 일어나는 한계두께를 구하는 데 사용되며, **그림 3.36**에서는 관통한계두께를 구할 수 있다.

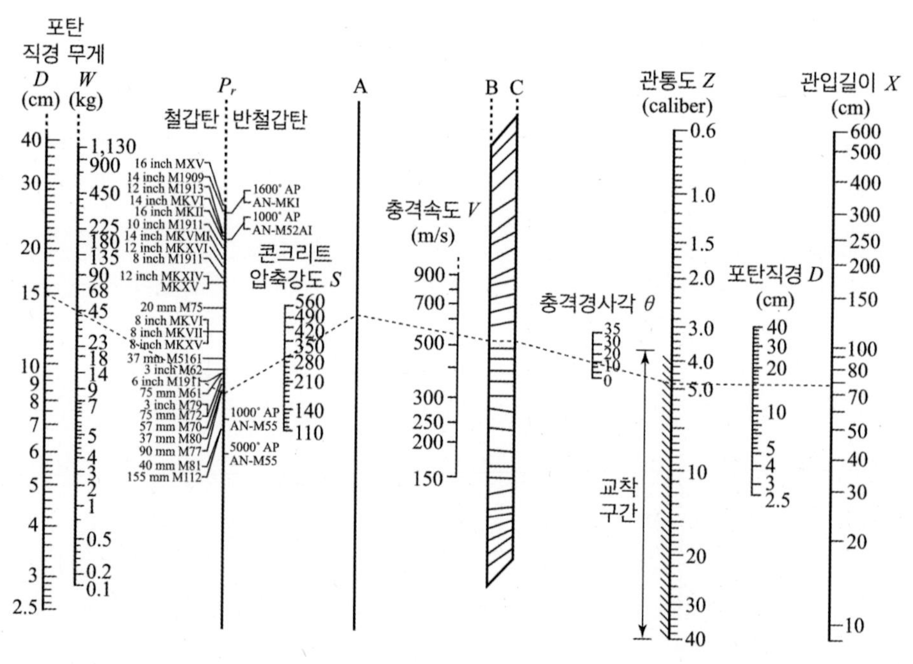

그림 3.34 철근콘크리트에 대한 비폭발 비변형 (반)철갑탄의 관입길이

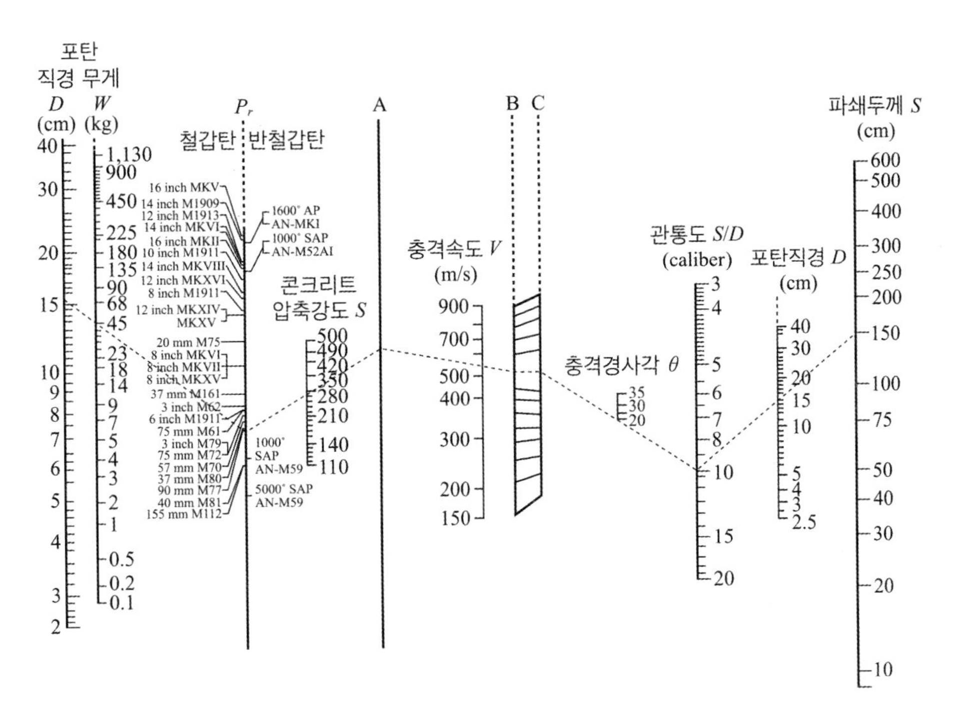

그림 3.35 철근콘크리트에 대한 비폭발 비변형 (반)철갑탄의 파쇄두께

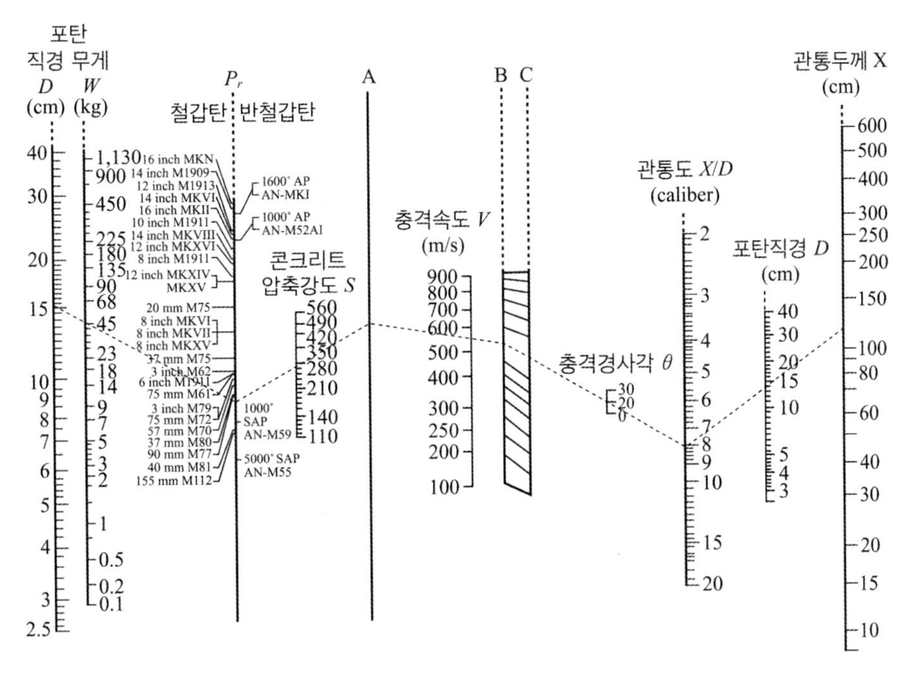

그림 3.36 철근콘크리트에 대한 비폭발 비변형 (반)철갑탄의 관통두께

3.4.2 장갑판에 대한 관입 특성

1) 장갑판의 일반적 특성

방호 목적으로 널리 쓰이는 재료 중 장갑판(철제)은 포탄의 관통에 대한 저항력이 가장 크며, 피해를 입은 후 붕괴의 위험에도 강하다는 구조적 특성을 지니고 있다.

소구경 및 중간 구경의 비변형 포탄에 대한 동일한 방호 효과를 얻기 위하여 장갑판(裝甲板)은 콘크리트와 비교할 때 두께는 1/6, 중량은 1/2 정도가 필요하다. 포탄의 구경이 커짐에 따라 콘크리트의 방호도는 상대적으로 감소한다. 장갑판은 단단하기 때문에 포탄이 변형되거나 파괴되어 관통력은 더욱 감소한다. 양질의 장갑판은 콘크리트에서와 같은 파쇄, 균열 등이 발생하지 않으므로 반복 공격에 대해서도 효과적이다.

2) 장갑판의 종류

장갑판은 일반적으로 판의 경도(硬度)에 따라 **표 3.15**에서와 같이 분류한다. 압연(壓延) 및 주조(鑄造)된 장갑판은 모두 만족할 만한 경도를 갖는다. 주조된 장갑판은 압연된 것보다 방호재료로서는 약간 떨어지지만, 원하는 형태로 쉽게 제작할 수 있다는 장점이 있다. 장갑판의 경도는 보통 브리넬 경도수(Brinell Hardness Number, BHN)로 표시한다.

이 숫자는 직경 10 mm의 강구(鋼球)를 판에 놓고 3,000 kg의 하중으로 눌렀을 때 이 하중을 강구의 접촉 표면적으로 나누어 구하며, 그 단위는 압력의 단위(kg/mm^2)와 같다. 판이 깨지기까지는 BHN이 크면 클수록 포탄의 관입에 대한 저항력도 커진다.

(1) 경피장갑판(硬被裝甲板, face-hardened armor)

단단한 표면재와 경도가 약간 떨어지는 이면재(裏面材)가 결합된 비균질 장갑판을 말한다. 이 장갑판은 무른 이면을 제외하고는 기계작업이 안 되므로 제작하기가 아주 어렵고 비용도 많이 든다. 경

표 3.15 장갑판과 연강판의 특성

명칭(약어)	BHN	참고사항
경피장갑판(A급 FHBP)	표면 550~650 이면 250~440	기계작업 불가능
균질경장갑판(BP)	400~475	기계작업 불가능
균질연장갑판(B급 STS)	220~350	기계작업 가능
연강판(MS)	110~160	기계작업 가능

피장갑판의 장점은 표면이 단단하여 포탄을 파괴하거나 변형시켜 방호력을 높일 수 있다는 데 있다. 캡형 AP탄에 대한 경피장갑판의 방호력은 비캡형 AP탄에 대한 균질판의 방호력과 거의 같다.

(2) 균질경장갑판(均質硬裝甲板, homogeneous hard armor)

균질방탄판(均質防彈板)이라고도 하며, 전체가 균일한 경도를 갖는 장갑판으로 소화기탄 공격, 특히 탄환이 경사지게 충격될 때 효과적이다.

(3) 균질연장갑판(均質軟裝甲板, homogeneous soft armor)

흔히 MQ(Machinable Quality) 등급 B로 알려진 특수 처리된 강판이며, 제조가 용이하고, 관통에 대한 저항력도 비교적 높아 가장 많이 사용되는 장갑판이다.

(4) 연강판(軟鋼板, mild steel)

구조용강(構造用鋼)으로 장갑판보다 훨씬 연하기 때문에 방호력이 떨어지며, 제품에 결함이 있을 수도 있으나 가격이 저렴하고 획득이 용이하기 때문에 가끔 사용된다. 연강판으로 균질연장갑판과 동일한 방호력을 얻으려면 재료를 20~40% 증가시켜야 한다.

(5) 합성장갑판(合成裝甲板, composite armor)

제작상의 어려움을 피하면서 경피장갑판에서와 같은 장점을 얻기 위하여 둘 또는 그 이상의 판을 접착시킨 장갑판을 말한다. 합성판은 동일 두께의 단일판과 비교할 때 70~85% 정도의 저항력을 가진다.

(6) 중공판(中空板, spaced armor)

둘 또는 그 이상의 판 설계 시 선정한 포탄이나 폭탄의 길이보다 긴 간격으로 배치했을 때 첫 번째 판이 포탄을 심하게 변형시키거나 탄도를 휘게 한다면 큰 방호 효과를 거둘 수 있다. 그러나 판을 분리시킨 상태에서 구조가 충분한 강도를 유지하도록 하려면 추가적인 부재가 필요하다. 더구나 두꺼운 단일판과 비교해 볼 때 중공판의 뒤판은 잘 휘어지며, 앞판은 반복 공격이나 고폭탄의 사용으로 무력화되기 쉽다. 판 사이의 공간은 설계 시 고려한 무기에 적합한 저항 특성을 지닌 재료로 충전시키는 것이 바람직하다.

(7) 소성장갑판(塑性裝甲板, plastic armor)

영국에서 개발한 재료인 소성장갑판은 아스팔트 접합제, 미세하게 간 석회석, 부순 화강암을 중량

표 3.16 소성장갑판의 탄도학적 효과

재료	두께(cm)	무게(kg/m²)
특수 처리 강철	2.54	200
연철	3.81	298
철근콘크리트	30.48	732
벽돌모르타르벽	34.29	781
무근콘크리트	38.10	879

비로 10 : 30 : 60이 되도록 가공한 혼합물이다. 이것은 철제 방호재료의 대용으로 사용되며, 적절히 사용하면 어떤 형태의 공격에서는 동일 무게의 중간 경도를 갖는 강철보다 방호력이 약간 우세하다. 고온에서 혼합하여 주형 속에 붓는 데는 일반적으로 3.2~6.4 mm 두께의 연철 지지판이 필요하다. 구조적 강도를 증가시키고 과도한 파쇄를 방지하기 위하여 닭장용 철망이나 재활용 금속 등을 슬래브의 중앙이나 노출 표면 근처에 매립할 수 있다.

소성장갑판의 단위중량은 대략 2.72 t/m³이며, 연철로 된 주형 속에 부으면 슬래브가 형성된다. 이 슬래브는 포상(砲床)과 같은 방호되어야 할 목표물 주위에 설치하거나 간편한 토치카를 만드는 데 사용될 수 있다. 소성장갑판은 손상된 부분을 잘라내고 다시 채워서 쉽게 수선할 수 있으며, 삽입 물질을 주의 깊게 긴밀히 연결시키면 균일한 이음부를 얻을 수 있다. 다른 재료들과 비교해 볼 때, 무게가 278 kg/m²이며 두께가 10.16 cm(4 in)인 소성장갑판의 탄도학적 효과는 **표 3.16**에 주어진 것과 같다.

지지판과 결합된 소성장갑판은 성형작약에 대하여 강철판보다 중량을 고려했을 때 다섯 배의 방호력을 가지며, 이 장점은 포탄이 수직으로부터 30° 경사 이내로 충격할 때 좀 더 분명하게 나타난다. 전쟁 중에는 철 생산이 부족하기 때문에 소성장갑판이 널리 사용되어 왔으며, 선박과 장갑차량에 추가적인 방호를 성공적으로 제공하고, 노출된 포상(砲床)의 방호를 위하여 사용되었다. 또한 이 재료는 관측소, 관측탑 등의 방호를 위해서도 사용되어 왔다.

3) 장갑판의 파괴 형태

판을 설치할 때 세심한 주의를 기울인다면 판이 심하게 균열이 가지 않는 한 충격 지점에만 국지적으로 파괴가 일어난다. 균열은 판의 가장자리 또는 개구부 부근에 충격이 발생할 때 일어나기 쉬우며, 특히 큰 구경의 포탄으로 단단한 판을 공격할 때 발생하기 쉽다. 지점을 스프링이나 고무판과 같은 탄성 지점으로 하더라도 판에 대한 관통 저항력은 증가하지 않는다. 즉, 실험 결과에 의하면 판이 자유롭게 매달려 있든 견고히 지지되어 있든지에 관계없이 관입에 대한 저항력이 같다는 것이 증명되었다. 그렇지만 장갑판은 이탈되지 않도록 안전하게 설치하여야 한다.

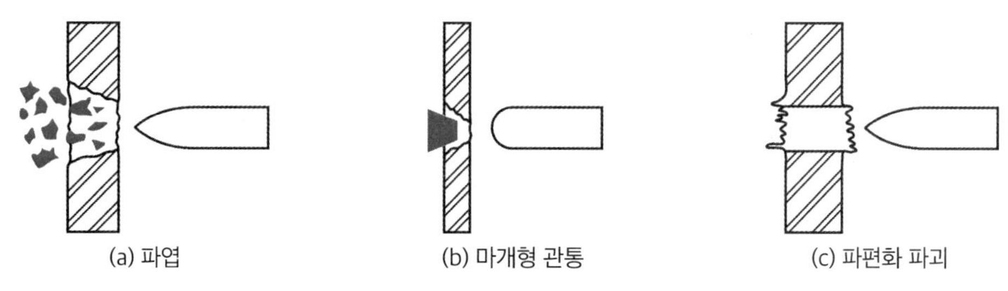

그림 3.37 장갑판의 파괴 형태

(1) 파엽(破葉, petalling)

균질연장갑판에 비변형탄이 작은 경사각으로 충격하면 매끈한 구멍이 뚫리면서 그림 3.37(a)에서와 같이 장갑판의 앞뒷면에 구멍 주위로 꽃잎 모양으로 재료가 튀어나오는 현상이다. 파엽이 발생하는 동안 장갑판은 관입되는 포탄에 최대한으로 저항하며, 뒷면에서 파편이 비산하지 않으므로 파엽은 방어의 관점에서 보면 위험도가 가장 낮은 파괴 형태이다.

(2) 마개형 관통(plugging)

탄두 끝의 곡률반경이 커서 무딘 비변형 포탄이 경도가 크고 얇은 판에 충돌할 때는 그림 3.37(b)와 같은 마개형 관통이 발생한다. 이것은 충돌 시 전단에 의한 파괴 형태로, 그 직경은 앞면에서는 포탄 구경의 약 1/3로부터 시작하여 뒷면에서는 포탄 구경과 같은 크기가 된다.

(3) 파편화 파괴(破片化破壞, disking or flaking)

그림 3.37(c)처럼 장갑판의 재질이 나쁠 때는 포탄의 구경보다 월등히 큰 원판 또는 불규칙한 모양의 파편들이 뒷면에서 튀어나올 수 있다. 이것은 가장 위험한 파괴 형태이지만, 양질의 장갑판에서는 거의 일어나지 않는다.

4) 한계속도

형상과 두께가 정해진 장갑판이 특정 포탄의 공격에 견디는 능력은 일반적으로 한계속도로 특징지어진다. 한계속도(limit velocity)란 장갑판에 손상을 주는 포탄의 최저 속도로, 장갑판의 파괴를 판단하는 기준에 따라 몇 가지로 나눌 수 있다.

포탄이 장갑판을 끝까지 지나가서 속도가 0으로 떨어지게 되는 완전 관통에 대한 한계속도는 가장 보편적으로 정의되는 한계속도이며, 이로부터 설계두께를 결정할 수 있지만, 이것이 장갑판이 완전한 방호를 제공하는 데 기준이 되는 속도를 의미하는 것은 아니다. 설계 시 안전에 대한 합리적인 기준값이 되는 (구멍을 통하여 빛이 보일 정도의) 세공(細孔) 관통을 발생시키는 데는 낮은 한계속도가 요구된다. 위의 두 한계속도에 의하여 요구되는 장갑판 두께의 차이는 0.5구경보다 약간 작으며, 취성 파괴가 일어나는 장갑판에서는 별로 차이가 없다.

고정된 방호시설에서는 평균 한계속도에 기초한 두께에 충분한 안전율을 적용함으로써 좀 더 적절한 방호가 가능하다. 두께가 0.75구경을 초과하는 장갑판에 대한 안전율은 모든 한계속도에 대한 두께에 0.5구경을 증가시켜 얻는다.

소구경 포탄의 한계속도는 다음 공식으로 구할 수 있다.

$$V_l = 88.26\sqrt{\frac{D^3(t_h \sec\theta / D)^{1.6}}{W}} \tag{3.48}$$

여기서, V_l: 한계속도(m/s)

D: 포탄의 구경(cm)

t_h: 균질장갑판의 두께(cm)

θ: 경사각

W: 포탄무게(kg)

5) 장갑판의 성능

표준 포탄에서 구경밀도(포탄무게/구경의 세제곱)의 값은 대부분의 구경에 대하여 거의 일정하다. 따라서 포탄이 재래형이라면 구경밀도의 값을 가정할 수 있으며, 만일 포탄의 파열 효과를 예측할 수 있다면 포탄 성능에 대한 어떤 징후를 얻을 수 있다. 예로 표 3.17은 비캡형 포탄의 균질연장갑판에 대한 방호두께를 보여준다.

소구경 화기(0.5구경 이하)의 공격에 대한 경피장갑판의 방호두께는 표 3.17에 나타난 값보다 약

표 3.17 균질연장갑판(B급 STS BHN 250~300)의 두께

두께	방호 정도
4구경	• 실제적 방호 제공 • 충격속도 1,067 m/s 이하로 수직 충격하는 공격의 저항에 필요한 두께. 초고속 무기는 탄심의 구경에 따라 8구경 또는 포의 구경에 따라 그 이상의 두께도 관통함
2구경	• 방어에 유리함 • 충격속도 732 m/s 이하로 수직 충격하는 공격의 저항에 필요한 두께
1.5구경	• 단거리 및 작은 경사각으로 공격 시 유리함 • 경사각이 20° 이하이고 충격속도가 671 m/s를 초과하는 공격에는 방호력 없음
1구경	• 중거리 및 큰 경사각으로 공격 시 확실히 유리함 • 충격속도 610 m/s 초과로 수직 충격하는 공격에는 방호력 없음. 충격속도 518 m/s에서 40° 경사진 공격에는 저항함

25% 정도 낮은 값이 요구된다. 경피장갑판에 대한 비캡형 대구경 포탄의 사격은 포탄이 파괴될 수 있으므로 상대적으로 비효과적이다. 캡형 대구경 포탄에 대한 경피장갑판의 요구 두께는 대략 비캡형 포탄의 균질연장갑판에 대한 값과 같다.

어느 특정한 장갑판 두께에 해당하는 특정 포탄의 한계속도가 알려져 있을 때, 구경과 질량이 약간 다른 유사한 포탄의 방호에 요구되는 장갑판의 두께를 알 필요가 있다. 여러 변수들을 고려할 때 관통되는 장갑판의 두께는 대략적으로 포탄의 질량에 비례하고, 충격속도의 제곱에 비례하며, 구경의 제곱에 반비례한다.

예를 들어 충격속도가 500 m/s인 주어진 포탄의 관통에 저항하는 장갑판의 한계두께가 7.6 cm라면, 동일한 포탄이 610 m/s로 충격될 때 관통에 저항하는 한계두께는 다음과 같이 계산할 수 있다.

$$7.6 \times \left(\frac{610}{500}\right)^2 = 11.3 \text{ cm}$$

다른 예로, 무게가 6.3 kg인 75-mm AP탄이 510 m/s로 충격하여 장갑판의 9.4 cm를 관통할 때, 무게가 2.8 kg인 57-mm AP탄이 같은 속도로 충격할 때의 관통두께는 다음과 같다.

$$9.4 \times \frac{2.8}{6.3} \times \left(\frac{75}{57}\right)^2 = 7.2 \text{ cm}$$

6) 관통두께의 결정

중간 구경의 비변형 포탄이 균질장갑판에 충격될 때는 **그림 3.38**을 사용하여 관통길이를 구할 수 있다. 이 그래프는 관통한계속도, 즉 포탄이 판을 완전히 통과한 바로 그 순간의 속도와 장갑판 두께 사이의 관계를 보여주고 있다. 또한 이 그래프는 비캡형 AP탄이 브리넬 경도수(BHN) 250~300인 균질장갑판에 수직 및 30° 경사로 충격될 경우를 나타냈으며, 그 결과는 자료가 분산되므로 두 경우를 띠의 형태로 표현하였다. 따라서 각 띠에서 상부 경계선은 위험성을, 하부 경계선은 안전성을 나타내는 두 구역으로 분리된다고 볼 수 있다.

폭탄의 균질장갑판에 대한 관통두께는 **그림 3.39**를 사용하여 구할 수 있다. 이 그래프에서도 자료의 분산을 고려하여 띠의 형태로 표현하였으며, 여기에는 0°에서 30°까지의 경사각이 적용된다.

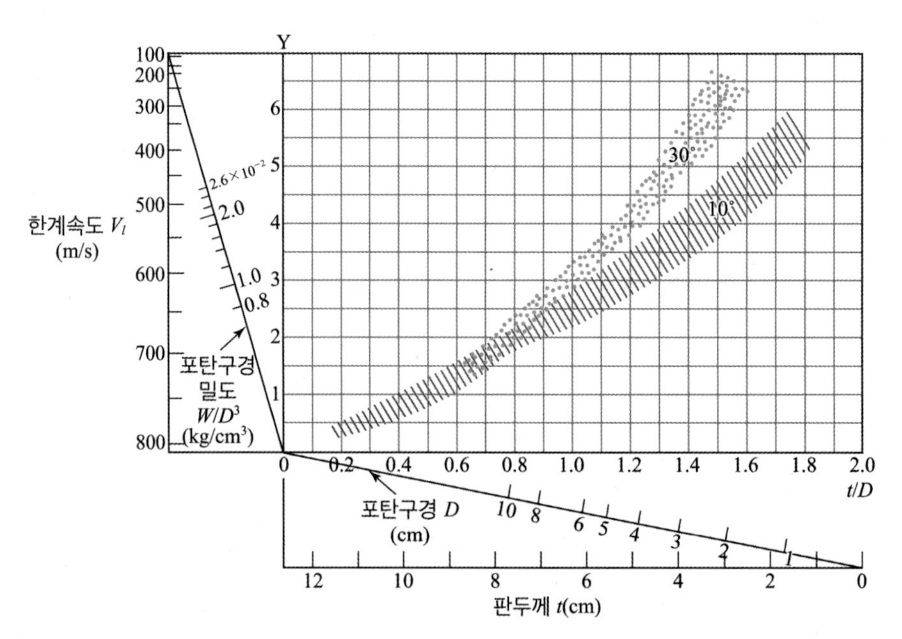

그림 3.38 비캡형 AP포탄에 의한 균질장갑판(BHN 250 ~ 300)의 관통

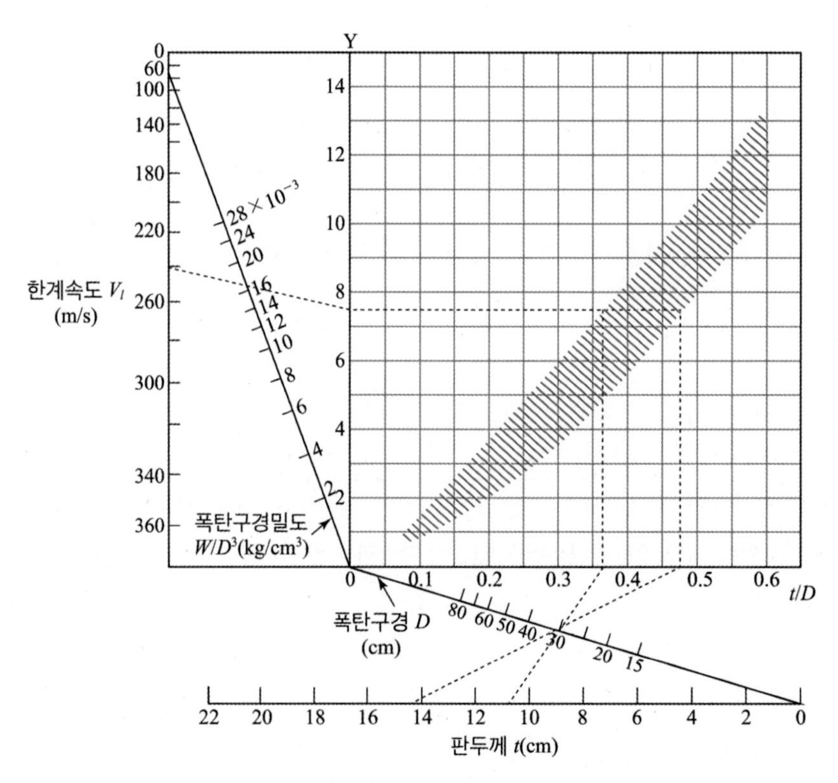

그림 3.39 폭탄에 의한 균질장갑판의 관통

예제 3.2

(1) 구경 75 mm, 무게 6.4 kg인 AP포탄이 30°로 경사지게 충격할 때 다음을 구하라.
  (a) 관통한계속도가 $V_l = 600$ m/s일 때 관통두께를 판정하라.
  (b) 장갑판의 두께가 10 cm일 때 안전 여부 판단을 위한 충격속도의 범위를 구하라.

(2) 구경 30.4 cm, 무게 454 kg인 AP폭탄이 242 m/s로 충격할 때 손상되지 않는 범위의 장갑판의 관통한계두께를 구하라.

풀이 (1) $W/D^3 = 6.4/(7.5)^3 = 0.015$

(a) 그림 3.38에서 $V_l = 600$과 $W/D^3 = 1.5 \times 10^{-2}$을 연결한 직선이 종축인 Y축과 만난 점에서 수평으로 선을 그어 30° 띠의 윤곽선과 교차하는 두 점을 구한다. 이 두 점에서 수직선을 내려 횡축과 만난 점들과 D선의 7.5지점을 연결하면 맨 아래의 수평선에서 9.2 cm 및 10.3 cm의 판 두께가 구해진다. 이는 두께가 10.3 cm를 초과하면 안전하고, 9.2 cm 미만일 때는 위험하다고 할 수 있다.

(b) 판 두께 $t = 10$ cm로부터 앞에서와는 역방향으로 추적해 나가면 두 개의 충격속도 574 m/s와 630 m/s를 얻을 수 있다. 이는 충격속도가 574 m/s 미만일 때는 주어진 장갑판이 안전하고, 630 m/s를 초과하면 위험하다고 할 수 있다.

(2) $W/D^3 = 454/(30.4)^3 = 0.0162$

그림 3.39에 파선으로 표시된 바와 같이, 앞의 (1) 풀이에서와 같은 방법으로 추적해 나가면 관통한계두께로 10.8~14.4 cm를 얻을 수 있다.

3.4.3 재료의 조합에 대한 관입

1) 콘크리트와 흙의 조합

많은 축성물(築城物)들은 포탄이나 폭탄이 그 구조물을 관통하기에 앞서 두 가지 이상의 물질을 통과하도록 건설되어 있다. 실험에 의하면 흙으로 덮인 콘크리트 슬래브의 경우 포탄이 흙을 통과할 때 탄도가 휘면서 콘크리트면에 경사지게 충격되어 관입량이 감소함을 알 수 있다. 그러나 이와 같은 슬래브 위의 흙은 포병의 탄막 사격이나 폭격에 의해 변위되어 예상되는 보호력이 상실될 수도 있음에 유의해야 한다.

2) 콘크리트와 강철

연강판을 콘크리트에 파쇄방지판으로 사용하여 실험한 결과, 콘크리트 파편의 비산을 방지하여 인원과 장비를 보호할 수 있을 뿐만 아니라 관통에 대한 방호력도 약간 증가하는 이점이 있다는 것이 밝혀졌다. 그러나 콘크리트의 앞뒷면 모두에 균질 강판이 사용되었을 때는 그 이점이 상실되고 성능이 다소 떨어졌다.

3.4.4 반복 타격에 대한 건설 재료의 성능

1) 콘크리트

콘크리트에 대한 반복 타격은 탄흔의 깊이를 증가시키고, 피해 면적을 확대시킨다. 집중 공격은 이미 손상된 부위에 반복 타격을 가하게 되며, 콘크리트가 쉽게 분쇄되어 단발 사격에는 방탄이 되는 벽체도 곧 파괴될 수 있다. 표 3.18은 압축강도가 350~490 kg/cm^{2}인 콘크리트로 만든 토치카에 약 910 m 떨어진 지점에서 각종 무기로 반복 사격하였을 때의 누적 효과를 보여주고 있다. 콘크리트 토치카에서 수행한 실험에 의하면 두께 152 cm인 콘크리트 벽체는 분당 15발씩 발사되는 37 mm 대전차포로 공격했을 때 약 6분 이내에 관통되었다. 동일 무기로 단발 사격에 의한 콘크리트의 수직 관입깊이는 약 33 cm이다.

2) 강철

강철에 대한 반복 타격 효과는 콘크리트에서의 피해보다 훨씬 작다. 강판에서 1회 타격에 의한 피해는 대략 폭탄의 단면적에 해당하는 면적에 국한되고, 전단파괴는 포탄과 접촉한 부분에서만 일어난다. 따라서 관통의 누적 효과를 위해서는 피해를 입은 탄흔에 정확하게 반복 타격을 해야 하며, 실제로 이는 아주 어려운 일이다.

표 3.18 콘크리트 슬래브에 대한 반복 타격 효과

무기의 종류	관통에 필요한 소요 타격 횟수	
	슬래브 두께 1.5 m	슬래브 두께 2.1 m
155-mm gun, M1	1	2
155-mm gun, GPF	2	4
90-mm gun, M1	3~4	8~10
3-inch gun, M3	8~10	15~16
76-mm gun, M1	8~10	15~16
75-mm gun, M3	15~18	-
57-mm gun, M1	18~20	-
37-mm gun, M3	60~80	-
105-mm howitzer, HEAT	25~35	-

3) 소성장갑판

소성장갑판은 석회와 유사한 특성이 있어 표면 파쇄를 방지하기가 어렵고, 반복 타격에 약하다. 단발 사격에 의한 탄흔은 일반적으로 균열에 의한 작은 2차 손상으로 국지적인 것이다. 그러나 기존의 탄흔에 대한 반복 타격은 방호두께를 감소시키고, 관통에 앞서 파쇄방지판을 소성장갑판으로부터 분리시킬 수도 있다. 연철 지지판만을 사용하면 소구경 포탄에 의한 관통에도 저항하기가 어렵다.

4) 흙, 석재, 목재 및 기타 재료

흙, 벽돌 등 취성 재료에 대한 반복 타격은 균열과 파쇄를 확장시키고 틈새를 벌려서 결과적으로 관통깊이를 증가시킨다. 목재는 피해가 넓게 확산되지는 않지만, 관입에 대한 저항이 거의 없고 일반적으로 잘 쪼개지는 경향이 있다. 흙, 모래, 자갈 등이 다져져 있지 않고 비교적 건조할 때는 포탄이 통과하면서 생긴 공간은 다시 메워지므로, 반복 타격에 의한 피해는 단발 사격보다 약간 클 뿐이다.

3.4.5 성형작약탄의 공격에 대한 방호

1) 개요

성형작약탄(成形炸藥彈, Shaped charge, Monroe charge, Hollow charge, 또는 HEAT폭탄)은 주로 강철이나 콘크리트와 같은 견고한 표적을 공격하는 데 효과적인 무기로 무반동포탄, 대전차로켓, 미사일, 공병 폭파 화약 등으로 널리 사용된다. 전형적인 고폭성형작약탄은 그림 3.40에서 보는 바와 같이 원통 속에 고성능 폭약이 들어 있고, 탄저 부분에는 기폭제 폭발 도화선, 반대쪽에는 동판의 원추형 공동(空洞)이 형성되어 있다. 이 포탄의 관통 원리는 충격 시 속도에 의하여 목표물이 관통되기보다는 탄착 시 폭약의 폭발로 내부 원추 정점 부분이 붕괴되면서 고온고압의 가스가 탄축 방향으로 집중되어 방출되고, 고속(20,000~30,000 m/s)의 용융금속 제트가 분사되어 장갑판 같은 고밀도의 두꺼운 표적을 관통하고 계속하여 직진하면서 파괴시키는 것이다.

잔류 제트의 에너지는 탄약과 연료를 불태우고, 그 진행 경로에 있는 인원에게 극심한 사상을 일으킬 것이다.

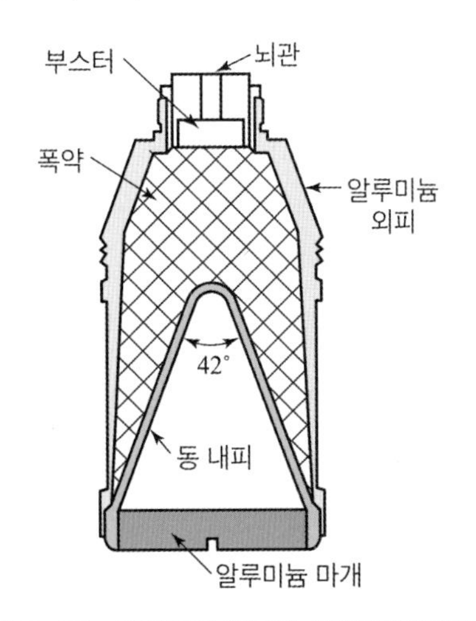

그림 3.40 전형적인 원주형 성형작약탄의 단면

2) 방호

고속 제트에 대한 방호력이 높은 신형 장갑판의 연구가 진행 중이긴 하지만, 성형작약탄에 대한 구조물 방호를 위한 가장 경제적이고 실용적인 방법은 제트의 통로에 주어진 재료를 사용하여 충분한 두께로 시공하는 것이다. **표 3.19**에 장갑판에 대한 각종 성형작약탄의 관입길이가 주어졌고, **그림 3.41**에는 포탄 구경에 대한 장갑판 관입길이의 관계가 표시되어 있다. 여기서 하부 곡선은 실험 자료를 표정한 것이고, 상부 곡선은 이론적인 최댓값을 나타내며, 설계 시에는 이 상부 곡선을 사용할 것을 추천한다. 장갑판 이외의 다른 재료에 대해서는 **표 3.20**에 있는 계수를 장갑판에서 구한 관입길이에 곱하여 결정할 수 있다. 이 표에 수록되지 않은 다른 재료들은 연철에 대한 관입길이를 구한 다음, 이 값에 $\sqrt{\rho_s / \rho_t}$ 를 곱하여 대략적인 값을 구할 수 있다. 여기서 ρ_d 는 연철의 밀도를, ρ_t 는 관입되는 재료의 밀도를 나타낸다.

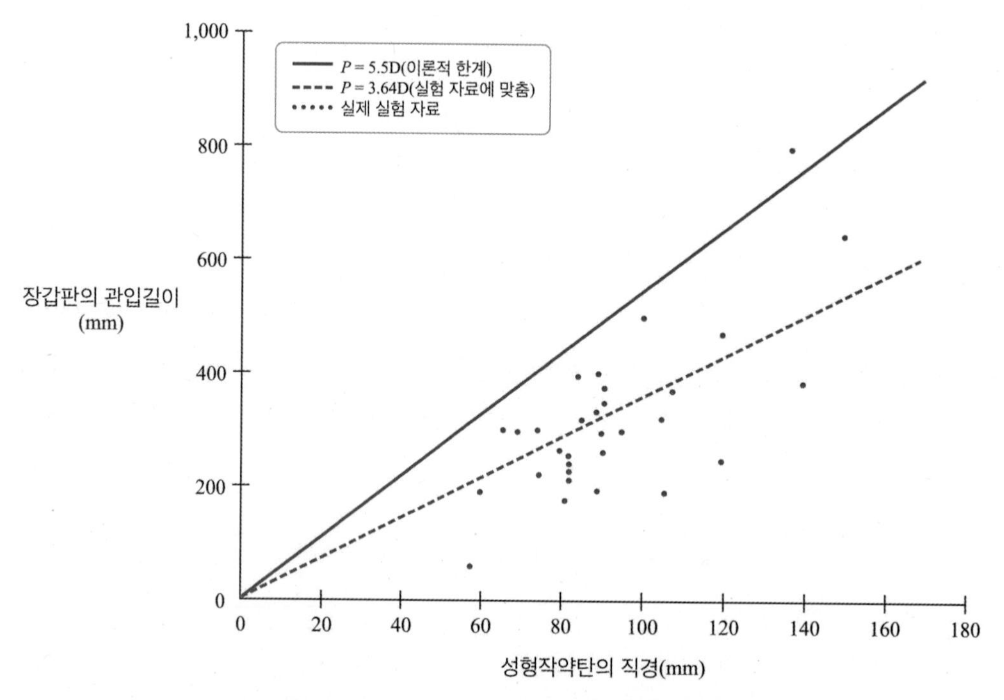

그림 3.41 성형작약탄의 직경에 대한 장갑판의 관입길이

표 3.19 각종 성형작약탄의 장갑판 관입

국가	무기명	탄두직경(mm)	장갑판 관입길이(mm)
중국	Type56 대전차 유탄발사기	80	265
	Type69 대전차 유탄발사기	85	320
	Type52 무반동총	75	228
	Type51 대전차 로켓발사기	90	267
	Type65 무반동포	82	240
체코	Type P-27 대전차 유탄발사기	120	250
	Type T-21 무반동포	82	228
	M59 및 M59A 무반동포	82	250
러시아	RPG-2 휴대용 로켓발사기	82	180
	RPG-7 휴대용 로켓발사기	85	320
	SPG-9 무반동포	73	390
	SPG-82 로켓발사기	82	230
	B-10 무반동포	82	240
	B-11 무반동포	107	380
	Sagger 대전차 유도미사일	120	400
미국	HEAT 로켓발사기: M72, M72A1, M72A2	66	305

표 3.20 장갑판 이외의 다른 재료들에 대한 관입길이 보정계수

재료	장갑판	연강판	알루미늄	납	콘크리트	흙	화강암	암석	물
보정 계수	1.00	1.25	1.75	0.84	2.00	6.00	1.50	1.75	2.80

CHAPTER 4

방호구조물 설계

4.1 방호구조물의 기본 개념
4.2 재래식 무기에 대한 경험적 설계
4.3 동적 거동에 대한 구조설계
4.4 방호설계 예

방호구조물은 예상되는 적의 위협으로부터 요구되는 방호 성능을 발휘할 수 있도록 설계되어야 한다. 이때 적의 위협에 따라 발생하는 피해 유형이 다르므로 종합적인 방호구조물을 설계하기 위해서는 피해 유형별로 적절한 설계 방법을 선택하여 이를 전체적으로 종합하여 적용할 필요가 있다. 이 장에서는 적의 여러 가지 위협 중 재래식 무기에 대응할 수 있는 방호구조물을 설계하는 방법을 소개하고자 한다.

재래식 무기로부터 충분한 방호 성능을 발휘하는 방호구조물을 설계하는 방법에는 크게 경험적 설계 방법과 구조공학적 설계 방법이 있다. 경험적 설계 방법은 실험을 통해 얻은 데이터를 정량적으로 분석하여 만들어진 수식, 도표, 차트를 이용하는 방법이며, 구조공학적 설계 방법은 공학적 원리에 기반을 두고 설계하는 방법이다. 4.2절에서는 주어진 피격 조건에 저항할 수 있는 철근콘크리트 구조물의 방호두께와 철근비를 경험적으로 결정하는 경험적 설계 방법을, 4.3절에서는 구조공학적 이론을 기반으로 부재 및 전체 시설물의 안정성을 평가하여 구조물의 방호수준 만족 여부를 판단하는 구조공학적 설계 방법을 알아볼 것이다.

4.1 방호구조물의 기본 개념

4.1.1 방호구조물 형태

방호구조물은 일반적으로 콘크리트와 강재로 시공된다. 콘크리트는 강도가 좋고 형상과 크기를 임의로 시공할 수 있기 때문에 거의 모든 곳에 통용될 수 있는 가장 보편적인 재료이다. 강재는 제한된 공간, 출입문, 창문, 송수관, 총안구 피복두께, 파쇄방지판 등의 부속물에 적합한 재료이다. 이외에 석재, 벽돌 등의 기타 자재들은 심한 충격이나 폭발 강도에 저항하는 균질성이 떨어져 구조적으로 콘크리트나 강재만큼 만족스럽지는 못하지만, 빠른 시공 및 재료 수급 용이성 등의 장점으로 인해 야전축성 자재 등으로는 사용될 수 있다.

방호구조물은 형태에 따라 지상구조물, 지하구조물, 그리고 이들의 중간 형태라고 할 수 있는 복토 및 표층 구조물로 구분할 수 있다. 보통 견고한 지반이나 양호한 암반층이 있는 곳에 설치된 지하구조물이 가장 높은 방호력을 가지는 구조물로 생각될 수 있겠으나, 근접 폭발이 발생할 경우에는 지상구조물보다 오히려 더 큰 피해가 발생할 수 있으며, 방수가 어렵고 경미한 피해에도 지하수가 침투할 우려가 있어 지하구조물을 설계할 때는 지상구조물에 비하여 더욱 면밀한 분석이 필요하다. 그림 4.1에는 방호구조물로 설치할 수 있는 다양한 형태가 도시되어 있다.

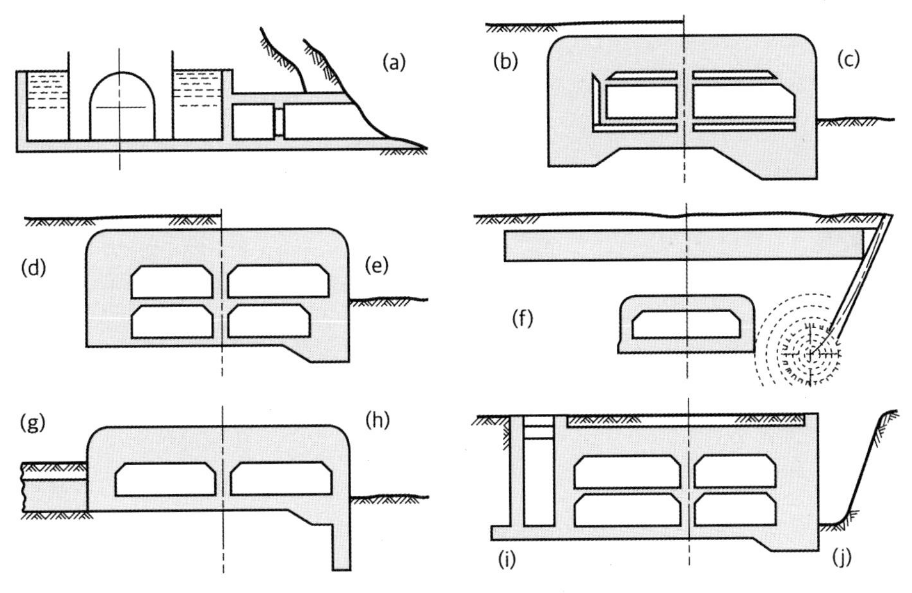

그림 4.1 여러 가지 형태의 방호구조물

그림 4.1에서 각 그림이 보이는 특징은 다음과 같다.

(a) 지하동굴형 방호시설이다. 화강암과 같이 견고한 암반 내에 건설될 경우 양호한 방호력을 제공한다.

(b), (c) 내부 공간 주위에 철판을 설치한 구조물이다. 관입 저항을 증대하고, 배면 파쇄의 피해를 줄일 수 있다.

(d) 벽체와 지붕을 두껍게 하여 방호력을 증대시킨 경우이다.

(e) 지상 근접 폭발에 비해 지중 근접 폭발의 위력이 더 큰 점을 고려하여 지중 벽체를 더 두껍게 하였다. 또한 지중 벽체의 하부를 더 깊게 해줌으로써 탄(彈)이 바닥 아래로 관입하여 폭발하는 경우에 대비하였다.

(f) 지표면 가까이에 희생 슬래브(sacrifice slab)를 설치하여 탄이 지하구조물에 도달하기 전에 폭발하도록 유도함으로써 방호구조물을 보호한다.

(g), (h) 바닥 슬래브와 벽체를 각각 수직 및 수평 방향으로 연장하였다. 관입한 탄이 연장면에 부딪혀 폭발하도록 유도함으로써 방호구조물의 바닥 아래에서 폭발하는 것을 방지한다.

(i) 구조물 외부에 벽체를 하나 더 설치하여 구조물의 벽체를 보호한다.

(j) 대기 중에서의 폭발은 지중 폭발에 비해 벽체에 미치는 피해가 작기 때문에 벽체 외부를 흙으로 채우지 않고 빈 공간으로 남겨 두었다.

(1) 지상구조물

지상구조물은 편리하게 배치할 수 있으며, 지하수 문제를 고려하지 않아도 된다. 그러나 대규모 구조물은 은폐가 거의 불가능할 뿐만 아니라 위장하기도 어렵다. 결국 지상구조물은 지상 공격이나 공중 폭격에 의해 구조물에 근접하여 폭발이 발생하거나 탄이 구조물에 직접 타격되기 쉽다. 따라서 구조물 주변에 방호벽을 설치하거나 흙을 쌓는 등 부가적인 방호력을 얻기 위한 노력이 필요하다.

(2) 지하구조물

지하구조물은 공중 폭격이나 포병 포격이 직접 타격되거나 근접하여 폭발하지 않도록 설치할 수 있다. 단, 지하구조물의 출입구와 환기 통로는 적의 공격 시 가장 취약한 부분이므로 계획 단계에서부터 특별한 주의가 필요하다. 지하 깊숙이 건설된 구조물을 터널 등으로 서로 연결하면 양호한 방호력을 갖춘 종합적인 지하구조물 체계를 구축할 수 있다. 그러나 지하수 침투 및 환기 등의 문제로 인한 평시 근무환경 저하, 높은 시공비, 유지관리 소요 등은 지하구조물 활용 시 해결해야 할 문제점이다.

(3) 복토 및 표층 구조물

복토 구조물은 흙으로 덮인 지상구조물로, 적의 관측을 회피하고 재래식 무기의 공격으로부터 소정의 방호력을 확보할 수 있다. 방호구조물의 지붕이 지표면과 일치하도록 구축되는 표층 구조물은 공중 폭발에도 방호되면서 지중 폭발로 인한 지면 충격에도 견딜 수 있도록 설계해야 한다. 직접 타격의 위험이 있다면 지붕두께는 복토층에서의 관입길이 및 형태, 폭발구 크기에 대한 분석을 병행하여 결정해야 하며, 벽체와 바닥은 지반 충격에 견딜 수 있도록 설계해야 한다.

4.1.2 방호구조물 설계 절차

일반적으로 방호구조물을 설계할 경우, 단순히 폭탄에 대한 방호에만 치중하는 경향이 있다. 그러나 여러 사례를 비추어 보면 구조물 자체의 방호 효과도 중요하지만, 각종 구조물의 적절한 분산 배치도 이에 못지않게 중요하며, 지역에 따라서는 구조물의 분산 배치가 비용 면에서 훨씬 경제적일 수 있다. 또한 방호구조물이 보호해야 하는 방호대상에 따라 차등적인 방호수준을 결정하고, 평시에도 해당 시설을 유용하게 활용할 수 있도록 함으로써 경제성을 고려한 계획을 수립할 필요도 있다. 이외에도 지형의 특성과 현장 여건을 고려하여 공중 정찰로부터 진지(陣地)를 은폐하거나 구조물의 식별을 어렵게 해야 하며, 포사격을 위한 관측으로부터 보호되기 위한 위장은 용이한지, 공사에 필요한 재료를 획득하고 운반하기가 용이한지 등을 면밀히 고려해야 한다. 결국 방호구조물을 설계할 때는 단순히 구조물 자체를 설계하는 것에 국한되어서는 안 되며, 체계적인 절차를 통해 방호력을 높이기 위한 다양한 요소들을 설계에 반영할 수 있도록 해야 한다.

방호구조물 설계 절차를 간략하게 정리하면 다음과 같다.

(1) 설계하중 설정

적의 편제화기, 예측 가능한 미래화기, 적군 및 아군의 전술과 전략, 방호구조물의 중요도 및 위치 등을 고려하여 방호구조물에 대한 위협을 구체적으로 분석하고, 분석한 위협이 실제로 발생할 경우 구조물에 가해질 것으로 예상되는 피해를 하중으로 변환하여 설계에 활용해야 한다. 특히 재래식 무기에 대한 위협을 분석할 때는 위협의 위력과 발생 위치를 합리적으로 도출할 필요가 있다.

(2) 방호대상에 따른 방호수준 결정

무기체계는 빠르게 발전하고 있으며, 적은 다양한 방법으로 무기체계를 활용할 수 있다. 반면 방호를 위해 사용할 수 있는 기술과 예산에는 한계가 있어 모든 위협을 방어할 수 있는 구조물을 설치하는 것은 현실적으로 불가능하다. 결국 합리적으로 방호구조물의 수준을 결정하고, 이를 만족하는 구조물을 설계할 필요가 있다. 방호구조물의 설치 목적은 방호대상이 생존하고 기능을 유지할 수 있도록 하는 것이고, 방호대상의 종류에 따라 피해 유형별 취약성과 생존 혹은 기능 유지를 위한 허용치(tolerance)가 상이하다. 따라서 방호구조물의 설치 목적에 부합하도록 설계하기 위해서는 구조물의 방호수준을 결정할 때 반드시 방호대상을 고려해야 한다.

(3) 지형 특성과 현장 여건을 고려한 방호계획 수립

방호구조물은 방호력을 최대한 확보해야 하므로 방호구조물 자체로만 적의 위협을 방어하는 것보다는 주변 지형이나 현장 여건을 종합적으로 고려하여 전방위적인 방호계획을 수립할 필요가 있다. 예를 들면 방호구조물을 공중 정찰로부터 은폐할 수 있고, 포병 관측에 대해 위장할 수 있는 곳에 설치하여 근접 폭발이나 직접 타격으로부터 구조물을 보호할 수 있을 것이다. 또한 3지대 경계계획을 수립함으로써 특수작전부대의 침투나 차량 및 드론 등에 의한 테러를 방지할 수도 있다. 대피 목적의 시설일 경우에는 인원들이 신속히 대피할 수 있도록 최대한 근거리에 위치해야 하며, 경보체계 및 적의 공격 위치 등을 고려하여 250 m 이내(대피시간 약 5분 소요)에 설치하는 것이 권장되고 있다. 이외에도 지하구조물을 설치할 때는 홍수 다발지역, 지하수위가 높은 지역, 급배수용 파이프 및 저수탱크 위치 등 건축적 측면에서의 사항들도 필히 고려해야 한다.

방호계획을 수립할 때는 1.6절에서 알아본 위험성 평가(risk assessment) 기법을 사용하여 위험의 종류별로 위험 수준을 저감시킬 수 있는 방법을 체계적으로 도출하고, 이를 토대로 종합적인 계획을 마련해야 한다. 계획 수립에 따라 예상되는 위험 저감 정도를 토대로 설계하중이나 방호수준을 조정하여 설계에 반영할 수 있다.

(4) 방호대상의 배치 설계

방호구조물은 방호대상을 보호하고 기능을 유지할 수 있도록 하는 데 목적이 있으므로 방호대상을 분산하여 배치한다면 그만큼 위험 수준을 낮출 수 있어 높은 방호수준의 구조물을 설치하지 않더라도 방호구조물의 설치 목적을 충분히 달성할 수 있다. 또한 시설 내 기계 및 전기 비구조 요소의 경우에는 중복으로 설치하거나 대체 요소를 준비하여 파손 시 빠르게 복구할 수 있도록 설계할 수도 있을 것이다. 단, 구조물이나 방호대상을 분산 또는 중복 설치할 경우 적의 위협에 의한 피해로부터 서로 독립적이도록 설계해야 하며, 한 곳에서 방호가 실패하더라도 작전이나 생존을 위한 기능이 유지될 수 있는지 반드시 확인해야 한다. 또한 대체 요소를 준비할 경우에는 복구 소요 시간 등도 충분히 고려해야 한다.

(5) 평시 방호시설 사용 계획

방호구조물은 다양한 방호 기술이 적용되므로 일반 구조물과 비교하여 높은 시공비가 요구될 수밖에 없다. 게다가 완공 후에도 지속적으로 유지관리를 수행하여 평시에도 방호 성능을 계속 유지할 수 있도록 해야 한다. 결국 방호시설을 건설하고 유지하는 데에는 상당한 비용이 요구된다. 따라서 많은 방호 선진국들은 방호시설을 평시에도 활용할 수 있도록 이중 목적(문화 및 스포츠시설 등)으로 설계하여 지속적으로 관리함과 동시에 꾸준히 수입을 발생시켜 투자 비용을 조기에 회수하고 유지관리비를 확보할 수 있는 전략을 수립하고 있다. 그리고 이를 민간 방호시설에만 적용하는 것이 아니라 군사 방호시설에도 적용한다면, 유지관리를 위한 별도의 인원을 편성하거나 업무를 하지 않아도 될 뿐만 아니라, 예산도 크게 절감시킬 수 있을 것이다.

4.1.3 군 방호구조물 종류에 따른 기타 고려사항

방호구조물의 종류에 따라서도 특별히 고려해야 할 사항이 있다. 대표적인 군 시설물을 계획할 경우에 고려해야 할 사항을 정리하면 다음과 같다.

(1) 지휘소

지휘소(command post) 구조물은 작전 지역 내에서 원활한 지휘를 위하여 지상 및 공중 공격에 대해 충분한 방호력을 확보해야 한다. 특히 지휘 임무에 긴요한 장비 및 통신장비들은 폭탄 공격에 대하여 피해를 입지 않을 정도로 보다 완벽한 방호시설이 필요하다.

(2) 엄체호

엄체호(掩體壕, shelter)는 적의 공격이나 악천후로부터 인원, 장비, 보급품 등을 보호하기 위해 구축되는 시설로서 바닥, 벽체, 지붕을 모두 갖춘 구조물을 일컫는다. 엄체호는 임무 및 병력의 기동 형태에 따라 상이한 방호도가 요구된다. 특히 고수방어용(固守防禦用) 엄체호는 예상되는 적의 공격에 최대한 저항할 수 있도록 철근콘크리트 구조물이나 지하 갱도로 구축하여 높은 방호력을 제공해야 한다.

(3) 야전축성

야전축성(field fortification)이란 지형지물의 자연적 방어력을 증강하기 위해 야전에 군사구조물을 구축하는 것을 말한다. 야전축성에서는 전술적인 이동을 고려할 때 적절한 위장과 분산 배치를 실시하고, 중간 정도의 방호력을 얻을 수 있도록 방호계획을 세우는 것이 바람직하다. 기관총상이나 탐조등 진지와 같은 무개호(無蓋壕)의 경우에는 파편 방호벽을 설치하고, 개인 엄체호나 탄약 저장소의 상부는 적절히 엄폐(掩蔽)해 주어야 한다. 갱도나 교통호는 파편에 대한 방호와 아울러 폭탄의 폭풍 피해를 감소시킬 수 있도록 통로를 여러 갈래로 나누거나 지그재그식으로 설계하여야 한다.

(4) 숙영지

숙영지(宿營地, cantonment)는 분산과 위장을 염두에 두어 지형의 이점을 최대한 살릴 수 있는 곳으로 선정해야 한다. 특히 작전 임무 수행에 긴요한 시설과 장비들은 한 곳이 파괴되어도 다른 한 곳은 기능을 수행할 수 있도록 2개소로 분리시키는 것이 좋다.

4.2 재래식 무기에 대한 경험적 설계

4.2.1 재래식 무기로부터 방호

재래식 무기의 공격 형태는 항공기에 의한 공중 폭격과 포병에 의한 지상 포격으로 나눌 수 있으며, 폭탄(bomb)은 낙하각이 큰 반면, 포탄(projectile)은 비교적 낙하각이 작아 좀 더 수평 방향으로 탄도가 진행된다. 따라서 방호구조물을 구성하는 3요소인 지붕, 벽체, 바닥에 대한 공격 형태와 피해가 발생하는 양상이 각각 상이하므로 설계 시 이를 고려해야 한다. 지붕은 공중 폭격에 방호될 수 있도록 설계해야 하며, 정확도는 떨어지나 원거리 간접 사격도 지붕에 큰 피해를 줄 수 있으므로 포병 포격에도 대비해야 한다. 벽체는 폭탄의 접촉 폭발에 대해 방호되어야 하며, 지상 포격에도 방호될 수 있도록 설계되어야 한다. 대구경포의 직접 타격은 구조물 벽체를 완전히 파괴할 수 있으며, 원거리 사격에 의한 근접 폭발도 벽체에 심각한 피해를 입힐 수 있다. 바닥은 대형 폭탄이 투하될 때 J형으로 지반에 관입 후 바닥 밑면에서 폭발할 경우에 대비하여 설계되어야 한다. 포병 포격에 의한 지반 관입은 크게 발생하지 않으므로 바닥 설계 시 포탄의 위협은 지붕이나 벽체 설계에 비해 크게 고려할 필요는 없다.

그림 4.2에는 방호구조물의 각 저항 요소(지붕, 벽체, 바닥 등)와 요소별 최대의 피해 효과를 얻을 수 있는 폭탄의 폭발 조건이 도시되어 있다.

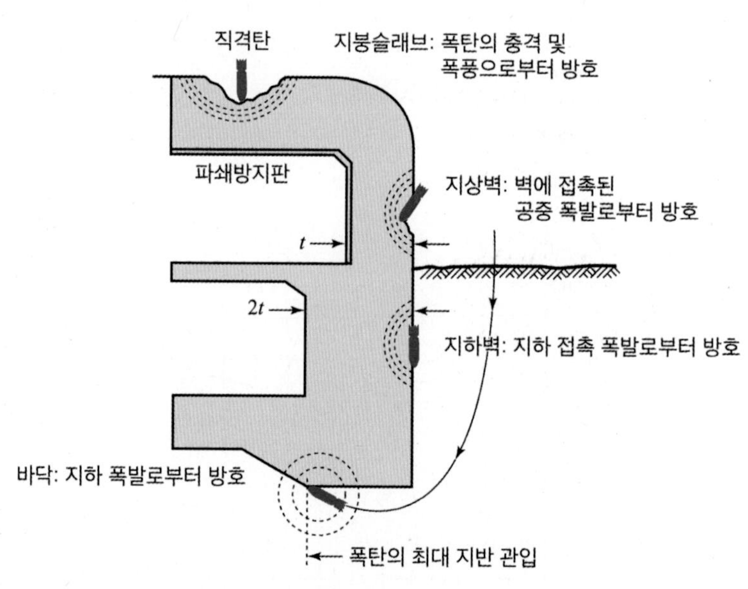

그림 4.2 폭발 효과에 대한 방호구조물의 저항 요소

최근 유도 정밀폭격 기술의 발전으로 폭탄의 명중률이 획기적으로 향상되었으며, 탄두(彈頭) 기술은 수 미터의 콘크리트를 한 번에 관통할 수 있을 정도로 위력이 좋아졌다. 하지만 이러한 명중타격에 방호될 수 있는 수준의 구조물을 설치한다면 방호성 측면에서는 안전할 수 있겠지만, 매우 두껍고 거대한 구조물을 구축해야 하는 만큼 경제성 측면에서는 부담이 막대해진다. 또한 유도 정밀타격이 아닌, 항공기 투하나 포병사격과 같은 재래적인 타격에 의해 목표물을 명중하기란 여전히 쉽지 않다. 결국 건설을 고려하고 있는 방호구조물에 피해를 입히기 위해 적이 주로 사용할 공격무기의 종류와 타격의 정확도를 예측하여, 이에 알맞은 방호시설을 설계하는 것이 중요하다.

방호구조물의 어느 곳에 폭탄이 투하되어 어떠한 방식으로 피해를 입힐 수 있는지 결정하는 데 있어서 폭탄의 충격속도와 낙하각 또한 중요한 요소로 고려되어야 한다. 특히 지하 방호구조물의 설계하중을 결정하기 위해서는 지반에 대한 관입길이나 형태, 저항력 등을 종합적으로 판단하여 적절한 폭발 위치를 파악하는 것이 반드시 필요하다.

그림 4.3과 **그림 4.4**는 수평비행을 하는 폭격기의 속도 및 투하 고도에 따른 500 lb(227 kg) GP폭탄과 SAP폭탄에 대한 충격속도와 낙하각을 나타내고 있다. 낙하각은 탄도상의 한 특정 지점에서

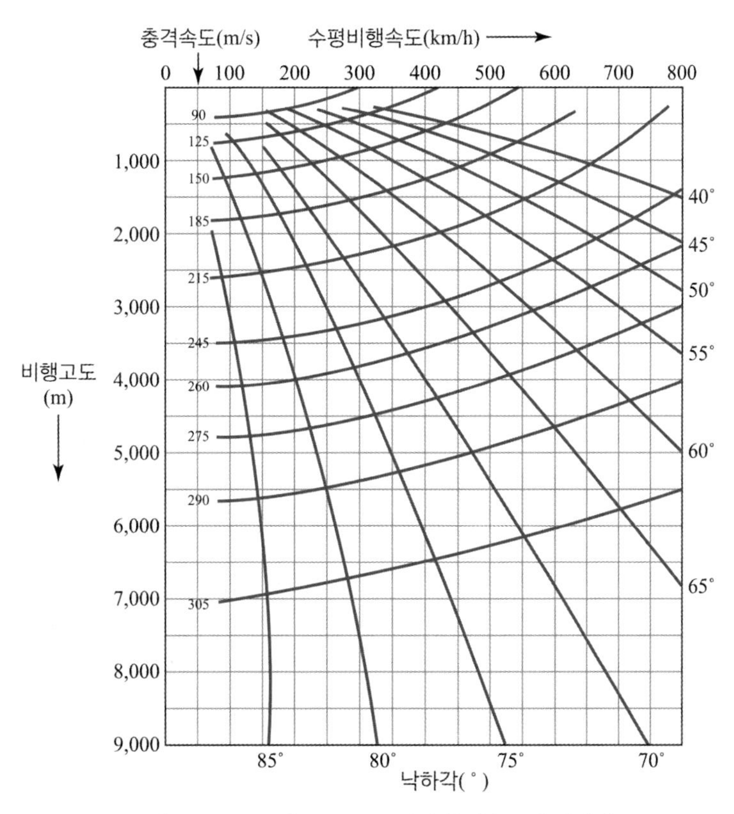

그림 4.3 500파운드 GP폭탄의 충격속도와 낙하각

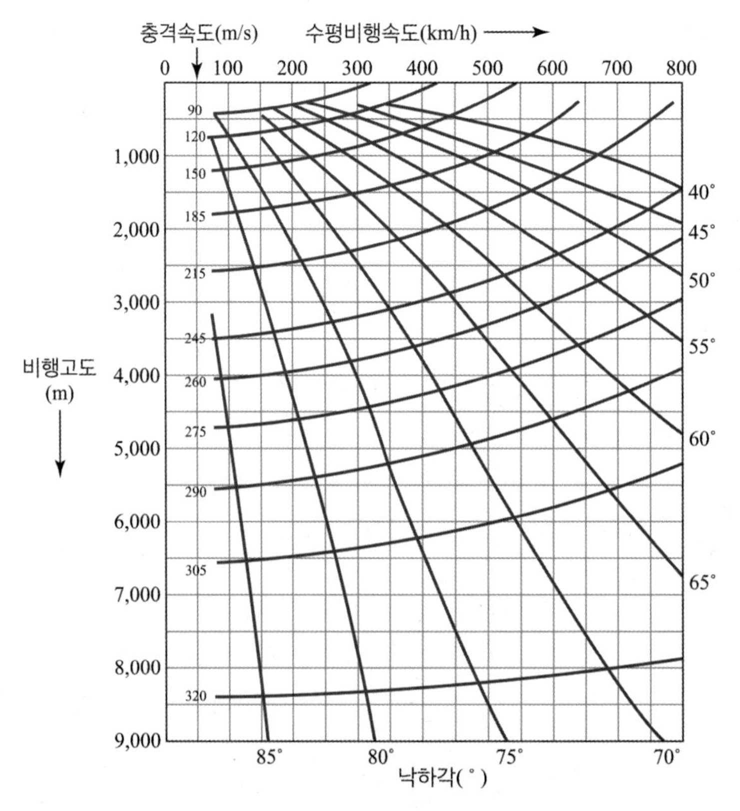

그림 4.4 500파운드 SAP폭탄의 충격속도와 낙하각

수평면과 탄도가 이루는 각도를 말한다. 비슷한 탄도를 이루는 좀 더 큰 폭탄들도 대략 유사한 낙하각을 가지며, 충격속도는 그림에 나타난 것보다 약 5% 더 크다고 볼 수 있다.

4.2.2 지상 방호구조물의 경험적 설계 방법

구조물에 대한 폭발실험 결과를 이용하여 방호구조물을 설계하는 방법을 경험적 설계라고 한다. 즉, 폭발하중이 주어졌을 때, 그 폭발하중에 요구되는 방호수준을 만족할 수 있는 구조물의 재료, 두께, 철근비 등을 실험을 통해 검증하여 설계하는 방법이다. 그러나 방호구조물을 설계할 때마다 폭발실험을 실시하는 것은 현실적이지 못하므로 과거 실험데이터 등을 정리하여 수식, 도표, 차트 등을 만들고, 이를 설계에 활용하는 것이 경험적 설계 방법의 일반적인 모습이다.

방호구조물의 경험적 설계를 위한 수식, 도표, 차트 등은 지금까지도 많이 연구되고 있으나, 이 장에서는 보편적으로 특히 군사 방호구조물 설계 시 많이 사용되어 온 Technical Manual(TM) 5-855-1을 기반으로 하는 방법을 소개하고자 한다.

1) 지상 방호구조물의 근접 및 접촉 폭발에 대한 설계 방법

지상 방호구조물을 설계하기 위해서는 가장 먼저 적합한 재료를 선정해야 한다. 지상 방호구조물은 최악의 경우 폭탄이 구조물과 접촉하여 폭발할 가능성이 있으며, 이 경우 구조물에 심각한 변위와 파손을 일으키게 된다. 이에 대비하는 방호구조물은 이러한 동하중(動荷重)을 흡수할 수 있는 육중한 구조물로 구성하는 것이 효과적이다. 이러한 측면에서 철근콘크리트는 단위중량이 약 2.4 kg/m^{3}로서 폭발 작용에 효과적으로 저항할 수 있는 재료가 된다.

철근콘크리트를 방호구조물의 재료로 활용할 경우, 재료의 두께뿐만 아니라 배근되는 철근량까지 설계해야 한다. 콘크리트는 높은 압축강도를 가지지만 인장강도가 낮아 배면에서 파쇄가 발생하기 쉬우며, 과도한 변위를 허용하지 못한다. 또한 취성의 성질을 가지기 때문에 갑작스러운 파괴가 발생할 수 있다. 특히 방호수준이 낮아 큰 변위를 허용해야 하는 방호구조물의 경우에는 상세한 철근 배근 설계가 동반되어야 한다.

근접 및 접촉 폭발에 저항하기 위해 요구되는 철근콘크리트의 두께와 적정 철근비($\bar{\rho}$)를 경험적으로 설계할 수 있는 대표적인 차트를 **그림 4.5**에 도시하였다.

그림 4.5(a)는 설계된 방호구조물 순높이(L)와 유효두께(d) 비율에 따른 적정 철근비($\bar{\rho}$)를 간략하게 구할 수 있는 차트이다. 이때 철근비는 식 (4.1)에 의해 정의된다.

$$\rho = \frac{A_s}{bd} \tag{4.1}$$

여기서, ρ: 철근비

A_s: 철근의 총 단면적(m^2)

b: 구조물 단면의 높이(m)

d: 구조물 단면의 유효두께(m)

유효두께란 구조물의 단면에서 피복두께를 제외한 두께이며, 콘크리트 압축 측 표면에서부터 주철근 도심까지의 거리를 의미한다. 피복두께란 콘크리트 외측에서부터 철근 표면까지의 거리이며, 철근의 부착력 증강 및 부식을 방지하기 위한 두께이다. 결국 피복두께는 구조물의 두께(t)에서 유효두께를 제외한 값이라 볼 수 있다. 단, **그림 4.5(a)**를 통해 구할 수 있는 적정 철근비는 콘크리트의 취성 파괴를 방지하기 위한 최소한의 철근비로 정의된다. 즉, 방호구조물의 극심한 변위나 배면 파쇄를 방지하기 위한 철근비는 별도의 기준이나 지침에 의해 설계되어야 함을 명심해야 한다.

그림 4.5(b)는 여러 손상 정도와 벽두께의 관계를 폭발환산거리에 따라 그래프로 표현한 것이다. 단, **그림 4.5(b)**는 콘크리트 압축강도가 280 kgf/cm^{2}이고, 적정 철근비가 배근되어 있는 구조물에 대해서 다수의 실험을 수행하여 도출한 그래프이므로, 이외 조건의 방호구조물에 대해서는 어느 정

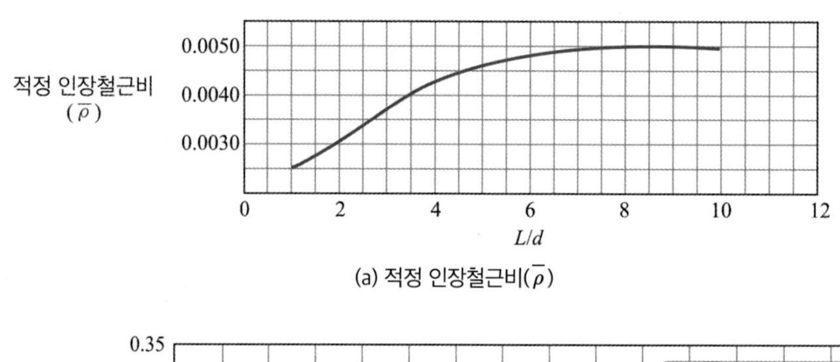

(a) 적정 인장철근비($\bar{\rho}$)

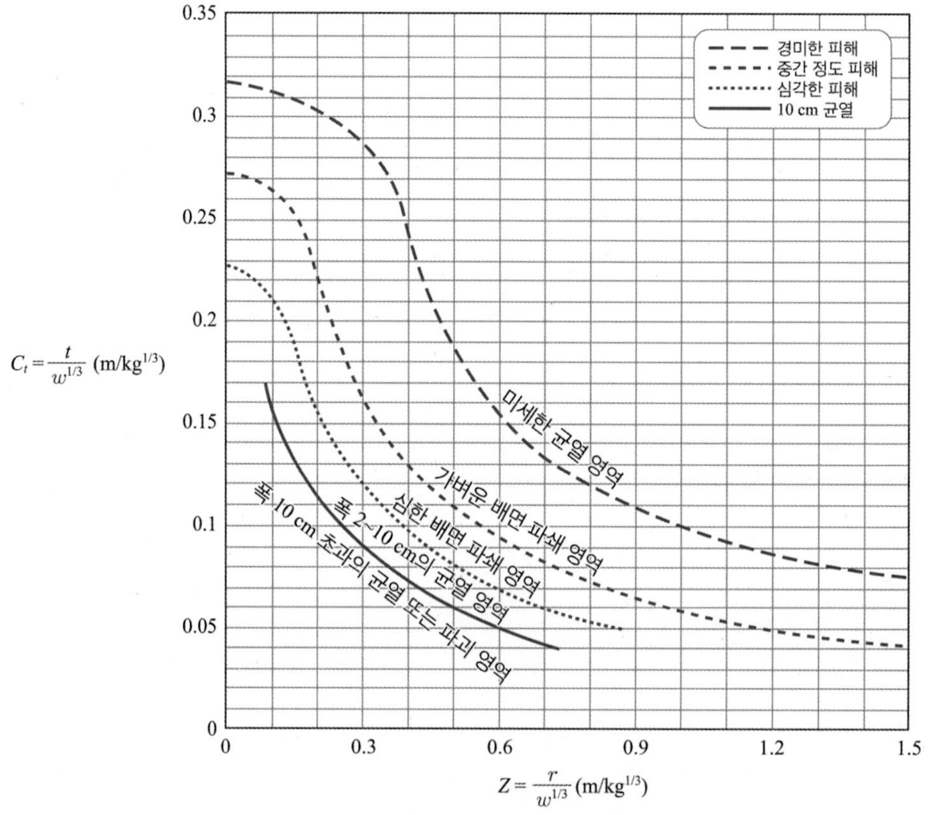

(b) 피해 정도에 따른 슬래브의 두께

그림 4.5 철근콘크리트 구조물에 대한 근접 및 접촉 폭발 효과

도 오차가 발생할 수 있다. 물론 안전율이 충분히 고려되었기 때문에 일반적인 조건의 방호구조물에 대해서는 초기 설계 또는 보수적인 설계에는 충분히 사용될 수 있다고 평가된다. 실제 사용 철근비 ρ와 적정 철근비 $\bar{\rho}$의 차이가 클 경우에는 폭발환산거리 Z를 구할 때 식 (4.2)의 보정계수 a를 이격거리(r)에 곱해줘야 한다.

$$a = (\bar{\rho} / \rho)^{1/3} \tag{4.2}$$

이 그래프를 활용하여 첫 번째로 설계 또는 시공된 방호구조물의 피해 평가를 수행할 수 있다. 방호구조물의 두께와 폭발하중을 알 경우, 그림 4.5(b)에서 y축 값($C_t = t/w^{1/3}$)과 x축 값($Z = r/w^{1/3}$)의 좌표를 알 수 있고, 그 좌표가 그래프로 구분된 영역 중 어느 영역에 위치하는지에 따라 피해를 예측할 수 있다.

예제 4.1

작약량(w) 200 kg의 폭발물이 5 m 이격되어 폭발할 때, 두께 42 cm의 철근콘크리트 벽체가 받는 피해 정도를 판단하라. (단, 콘크리트 압축강도는 280 kgf/cm^{2}이고, 적정 철근비가 배근되어 있다.)

풀이 (1) $Z = r/w^{1/3}$ 계산

$r/w^{1/3} = (5)/(200)^{1/3} = 0.86$

(2) $C_t = t/w^{1/3}$ 계산

$t/w^{1/3} = (0.42)/(200)^{1/3} = 0.072$

(3) 좌표가 위치하는 영역 판단

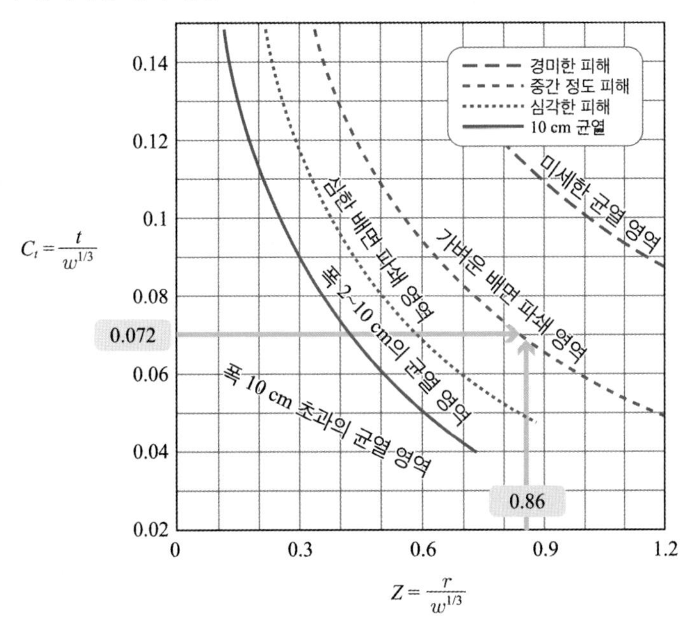

따라서 벽체에는 가벼운 배면 파쇄가 발생할 것으로 평가할 수 있다.

두 번째로 설계 또는 시공된 방호구조물에 요구되는 방호수준(손상 정도)을 만족하기 위한 폭탄의 한계 위력이나 한계 이격거리를 결정할 수 있다. 방호구조물의 두께를 통해 y축 값($C_t = t/w^{1/3}$)을 구할 수 있고, 그래프의 각 영역의 경계선에 해당하는 x축 값($Z = r/w^{1/3}$)을 산정하여 폭탄의 제원을 알 때는 한계 이격거리를, 폭탄의 탄착 위치를 알 때는 한계 폭약량을 도출할 수 있다.

예제 4.2

방호구조물이 벽체두께 $t = 76$ cm, 순높이 $L = 2.6$ m, 인장철근비 $\rho = 0.004$로 설계되었다. 작약무게가 239 kg인 보통탄의 폭발에 의한 여러 가지 피해 정도에 대응하는 벽체로부터의 거리 r을 구하라. (단, 콘크리트 압축강도는 280 kgf/cm^{2}이다.)

풀이 (1) $C_t = t/w^{1/3}$ 계산

$$t/w^{1/3} = (0.76)/(239)^{1/3} = 0.122$$

(2) y축의 값 0.122에 대한 그래프 경계선에 해당하는 $r/w^{1/3}$ 값을 읽을 수 있다.

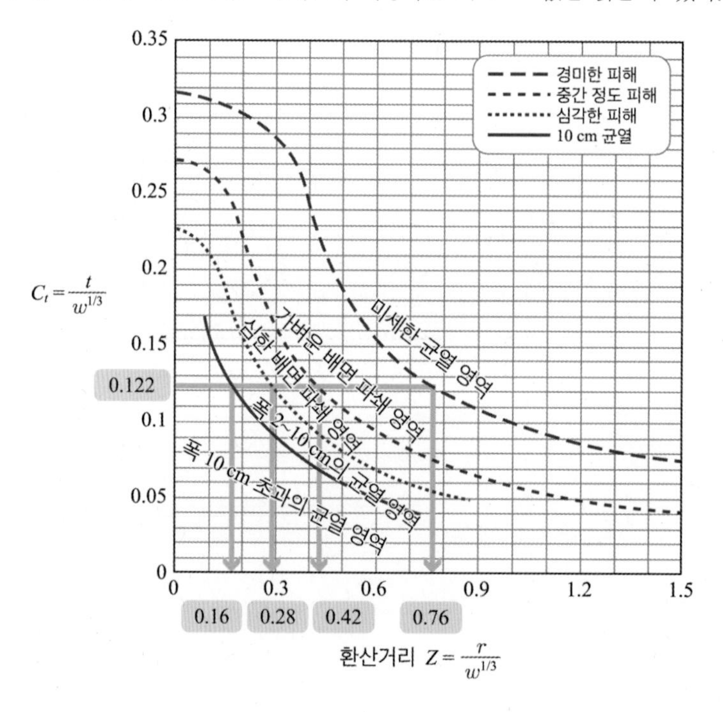

(3) 최적 인장철근비 $\bar{\rho}$ 확인

$L/d = 2.60/0.71 = 3.66$으로부터 $\bar{\rho}$의 값 0.0041을 읽을 수 있으며, 이 값은 실제 철근비 0.004와 거의 일치하므로 위에서 구한 거리들은 보정해 줄 필요가 없다.

표 4.1 피해 정도에 따른 거리

피해 정도	$r/w^{1/3}$	거리 r(m)	비고
10 cm 균열	0.16	0.99	폭 2~10 cm 균열 한계거리
심각한 피해	0.28	1.73	심한 배면 파쇄 한계거리
중간 정도 피해	0.42	2.61	가벼운 배면 파쇄 한계거리
경미한 피해	0.76	4.72	미세한 균열 한계거리

마지막으로 예상되는 폭발환산거리에 대해서 요구되는 방호수준(손상 정도)을 만족하기 위한 방호구조물의 최소 두께를 설계할 수 있다. 접촉 폭발 시 구조물에 접하는 폭탄의 면적은 폭발력의 강도에 상당한 영향을 주므로 중요한 설계 요소로 고려되어야 한다. 구조물과 접하는 폭탄의 면적이 최대가 되는 측면 폭발은 구조물에 가장 큰 피해를 발생시키며, 탄두가 건물 벽체에 접촉하여 폭발하는 경우는 측면 폭발이 유발하는 피해의 절반 정도이다. 따라서 최대한 안전한 방호구조물을 설계하기 위해서는 측면 폭발을 기준으로 삼아야 한다. 측면 폭발을 고려할 때 이격거리는 0 cm가 아닌 탄 직경의 절반을 적용한다.

예제 4.3

보통탄(작약무게 w = 120 kg)이 그림 4.6과 같은 철근콘크리트 구조물의 벽체로부터 4.6 m 떨어져 폭발할 때 미세한 균열이 발생하는 방호수준에 만족하도록 벽체의 소요두께 t 를 구하고, 인장철근의 최적철근비 ρ를 구하라. [단, 여기서 벽체의 순높이(L)는 2.6 m이고, 철근의 피복덮개는 5 cm이다.]

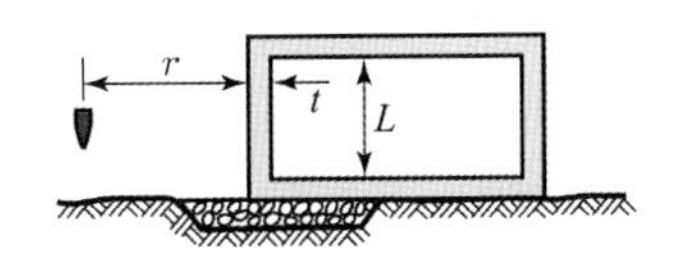

그림 4.6 지상 콘크리트 구조물

풀이 (1) $r/w^{1/3}$ 계산

$$r/w^{1/3} = (4.6)/(120)^{1/3} = 0.93$$

(2) 벽체의 소요두께는 미세한 균열 영역의 한곗값인 경미한 피해 곡선을 사용한다.

$r/w^{1/3} = 0.93$에 대하여 $t/w^{1/3} = 0.108$을 읽을 수 있다.

이로부터 $t = 0.108 \times w^{1/3} = 0.108 \times 120^{1/3} = 0.533$ m ≒ 54 cm

(3) $\bar{\rho}$ 결정

$$d = 54 - 5 = 49 \text{ cm}$$

$$L/d = 260/49 = 5.3$$

따라서 **그림 4.5(a)**로부터 $\rho = 0.0047$을 얻는다.

2) 지상 방호구조물의 관입 및 관통 효과에 대한 설계 방법

포탄이나 폭탄의 관입 및 관통 효과에 대하여 방호구조물을 설계할 때 단순하게 재료에 대해 예상되는 관입길이 이상으로만 두께를 설정하면 되는 것으로 판단하기 쉬우나, 다음의 이유로 인하여 이는 적합하지 못한 설계 방법임을 알 수 있다.

- 재료의 일정 깊이 이상으로 포탄 및 폭탄의 관입이 발생하게 되면 배면 파쇄가 발생하면서 민감한 전자 시스템이나 연쇄폭발이 가능한 폭발물, 비무장 인원 등에 대하여 2차 피해를 발생시킬 수 있다.
- 배면 파쇄가 심하게 발생하면 배면 쪽(인장 측)의 콘크리트가 탈락하면서 관입길이가 재료의 두께를 초과하지 않더라도 관통이 발생할 수 있다.
- 철갑탄(AP탄) 또는 반철갑탄(SAP탄)을 사용하거나 콘크리트 관입용 탄두를 부착한 탄이 지연신관을 사용할 경우, 상당한 관입이 발생한 후에 추가 관입을 발생시킬 수 있으므로 이를 고려해야 한다.

결국 예상되는 관입길이에 위의 사항을 고려한 안전율을 적용하여 방호구조물을 설계해야 한다. 먼저, 철근콘크리트 재료에 관입 후 추가 관입이 발생하는 사항은 포탄 및 폭탄의 충격에 의한 관성 관입길이에 폭발에 의한 추가 관입길이를 더함으로써 반영할 수 있다. 철근콘크리트 재료에 관입 후 폭발에 의한 추가 관입길이(X_e)는 식 (4.3)을 통해 구할 수 있다.

$$\frac{X_e}{D} = 1.04 \times 10^{10} \times \left(\frac{w}{D^3}\right)^4 \tag{4.3}$$

여기서, D: 포탄 또는 폭탄의 직경(cm)

w: 포탄 또는 폭탄의 작약량(kg)

식 (4.3)을 통해 구한 폭발에 의한 추가 관입길이(X_e)에 충격에 의한 관성 관입길이를 더하여 철근콘크리트 재료에 대한 총 관입길이를 구하고, 이를 **그림 4.7**의 그래프에 적용하여 파쇄한계두께와 관통한계두께를 구하여 관입길이에 배면 파쇄 및 관통에 대한 안전율을 적용할 수 있다. 여기서 파쇄한계두께란 배면 파쇄가 발생하지 않도록 하는 최소 두께이며, 관통한계두께란 배면 파쇄는 발생하지만 관통이 발생하지 않도록 하는 최소 두께이다. 즉, 관통한계두께보다 파쇄한계두께에 더 큰 안전율이 적용되어 더욱 두꺼운 두께가 산정된다.

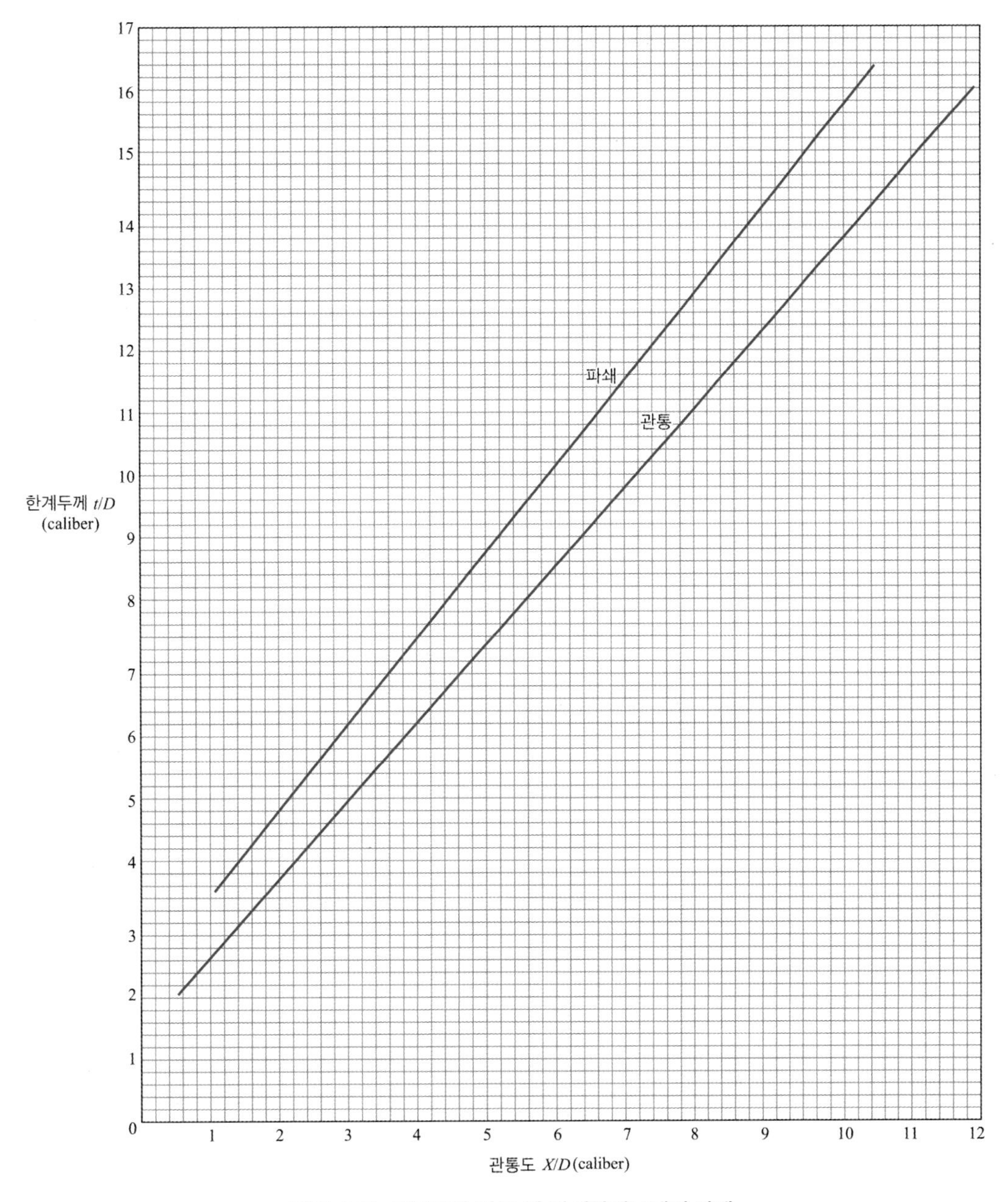

그림 4.7 관통도와 관통 및 파쇄한계두께의 관계

예제 4.4

무게(W) 45 kg, 직경 15 cm인 포탄이 콘크리트 관입용 탄두를 부착하고 철근콘크리트 구조물에 직접 타격될 것으로 예상된다. 이때 탄의 충격으로 인한 관성 관입길이가 96.4 cm로 추정되었다. 이 경우에 이 구조물의 관통한계두께와 파쇄한계두께를 구하라. (단, 작약비율은 20%이다.)

풀이 (1) 폭발에 의한 추가 관입길이(X_e) 계산

$$X_e = 1.04 \times 10^{10} \times (w / D^3)^4 \times D$$
$$= 1.04 \times 10^{10} \times (45 \times 0.2 / 15^3)^4 \times 15 = 7.89\,\text{cm}$$

(2) 철근콘크리트 구조물에 대한 전체 관입길이 계산

충격에 의한 관성 관입길이 + 폭발에 의한 추가 관입길이

$= 96.4\,\text{cm} + 7.89\,\text{cm} = 104.29\,\text{cm}$

(3) 관통도 계산

$X/D = (104.29) / (15) = 6.95\,\text{caliber}$

(4) 관통도 6.95에 대한 관통 및 파쇄 직선의 값을 읽어 한계두께를 구한다.

관통한계두께 $t_p = 9.8 \times 15 = 147\,\text{cm}$

파쇄한계두께 $t_s = 11.4 \times 15 = 171\,\text{cm}$

따라서 두께 147 cm까지는 포탄이 관통하며, 이로부터 171 cm까지는 파쇄가 발생한다.

예제 4.5

SAP포탄에 대한 위협이 예측될 때, 그림 4.8과 같이 충분히 높은 산과 인접하여 최상 방호등급 및 수준의 지상 방호시설을 설치하려 한다. 지붕과 벽체 각각의 두께 및 철근비를 설계하라. (단, 시설의 순높이는 2.6 m, 순폭은 3.6 m, 피복두께는 5 cm이다.)

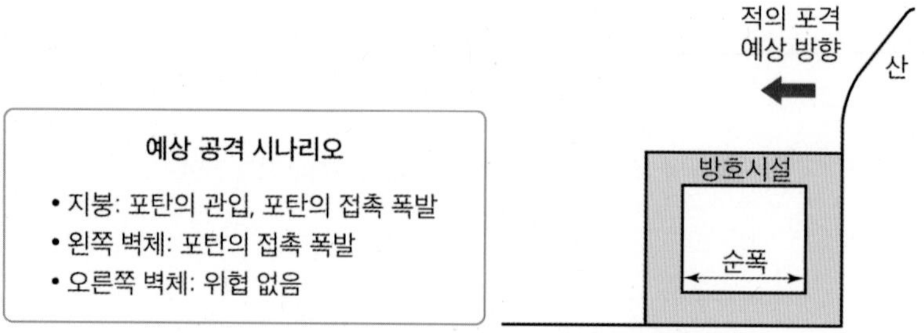

그림 4.8 산과 인접한 지상 철근콘크리트 방호시설

표 4.2 예상되는 SAP탄 제원

구분	제원	구분	제원
총 중량(W)	948.0 kgf	충격속도(V)	450 m/s
직경(D)	58.42 cm	지붕으로의 예상 입사각	10°
작약량(w)	502.44 kg		

풀이 (1) 포탄 관입 및 관통에 대한 설계

포탄의 충격에 의한 관성 관입길이 계산

$$P = \frac{948}{(\pi/4)(58.42)^2} = 0.3537$$

$$V = 450/305 = 1.4754$$

$$\sqrt{f_{ck}} = \sqrt{280} = 16.7332$$

수직 충격 시의 관입길이(X_o)는

$$X_o = \frac{1{,}740(0.3537)(58.42)^{0.215}(1.4754)^{1.5}}{16.7332} + 0.5(58.42) = 189.24\,\text{cm}$$

입사각 10°에 대한 보정계수: 주어진 충격속도는 곡선 A에 더 가까우므로 이 곡선으로부터 보정계수 0.88을 읽을 수 있다. 따라서 이 경우의 관입길이(X)는

$$X = (0.88)(189.24) = 166.53\,\text{cm}$$

폭발에 의한 추가 관입길이(X_e)는

$$X_e = 1.04 \times 10^{10} \times (502.44/58.42^3)^4 \times 58.42 = 24.54\,\text{cm}$$

이에 따라 총 관입길이에 의한 관통도는

$$(X_0 + X_e)/D = (166.53 + 24.54)/(58.42) = 3.27\,\text{caliber}$$

관통도 3.27에 대한 관통 및 파쇄 직선의 값을 읽어 한계두께를 구하면

관통한계두께 $t_p = 5.27 \times 58.42 = 307.87\,\text{cm}$

파쇄한계두께 $t_s = 6.47 \times 58.42 = 377.98\,\text{cm}$

따라서 해당 방호시설은 최상 방호등급 및 수준으로 설치해야 하므로 파쇄한계두께인 377.98 cm가 포탄 관입 및 관통에 대한 설계 결과가 될 수 있다.

(2) 포탄의 접촉 폭발에 대한 설계

포탄이 접촉하여 폭발할 경우 측면으로 접촉하여 폭발할 때 구조물에 가장 큰 피해가 발생한다. 이 경우 이격거리는 0 cm가 아닌 탄 직경의 절반을 이격거리로 적용한다.

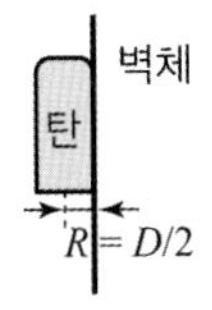

$$R = 0.5842/2 = 0.2921$$

환산거리(Z)는

$$Z = (0.2921)/(502.44)^{1/3} = 0.0367\,\text{m/kg}^{1/3}$$

$Z = 0.0367\,\mathrm{m/kg}^{1/3}$과 미세한 균열 영역의 한곗값인 경미한 피해 곡선이 만나는 C_t는 0.317이며, 이를 통해 두께(t)를 구하면

$$t = 0.317 \times w^{1/3} = 0.317 \times 502.44^{1/3} = 252.01\,\mathrm{cm}$$

따라서 두께 252.01 cm가 포탄의 접촉 폭발에 대한 설계 결과가 될 수 있다.

(3) 지상 방호시설 지붕 설계

지붕의 경우, 포탄이 관입 또는 관통의 효과를 발생시키거나 접촉하여 폭발할 가능성이 있기 때문에 관입 및 관통 효과에 대한 설계 결과인 377.98 cm와 접촉 폭발에 대한 설계 결과인 252.01 cm 중 큰 값을 최종 두께로 설정한다.

이에 따라 377.98 cm를 지붕의 두께로 결정했을 경우, 적정 철근비는

$$d = 377.98 - 5 = 372.98\,\mathrm{cm}$$

$$L/d = 360/372.98 = 0.9652$$

따라서 **그림 4.5(a)**로부터 $\rho = 0.0025$ 를 얻는다. 여기서 지붕의 경우, 가로로 설치되는 부재이므로 L은 순높이가 아니라 순폭이다.

(4) 지상 방호시설 벽체 설계

벽체의 경우, 접촉하여 폭발할 가능성만 존재하기 때문에 접촉 폭발에 대한 설계 결과인 252.01 cm를 최종 두께로 설정한다.

이에 따라 252.01 cm를 벽체의 두께로 결정했을 경우, 적정 철근비는

$$d = 252.01 - 5 = 247.01\,\mathrm{cm}$$

$$L/d = 260/247.01 = 1.0526$$

따라서 **그림 4.5(a)**로부터 $\rho = 0.0025$를 얻는다. 여기서 벽체의 경우, 세로로 설치되는 부재이므로 L은 순높이다.

4.2.3 지하 방호구조물의 경험적 설계 방법

지하 방호구조물은 지상 방호구조물과 비교하여 방호력이 높다. 그러나 동일한 이격거리에서 동일한 폭약량이 폭발한다고 할 때, 지상구조물보다 지하구조물이 더욱 큰 충격을 받을 수 있다. 그 이유는 다음과 같다.

- 폭발로 인한 충격파는 공기 중보다 지반과 같은 고체 매질을 통해 더욱 잘 전달될 수 있다.
- 전색(塡塞, obturation) 효과가 발생할 수 있다. 전색 효과란 폭약이 진흙, 모래, 마대 등과 같은 물질로 감싸져있을 경우 충격 및 압력파가 한쪽 방향으로 집중 전달되는 효과로서 지반에 관입된 후 폭발이 발생하게 되면 지하구조물 쪽으로 집중된 충격이 가해질 수 있다.

• 구조물과 폭발에 대한 저항이 큰 물체(예: 지반) 사이에서 폭발이 발생할 경우 두 물체 사이의 상대적 움직임이 커져 큰 피해가 발생할 수 있다.

위와 같은 이유들로 인하여 다져진 뒤채움 흙으로 덮인 구조물의 접촉 폭발에 대한 방호두께는 대기에 노출된 구조물의 접촉 폭발에 대한 방호두께보다 약 2배가량 두꺼워야 한다. 하지만 그렇다고 지상 방호구조물이 지하 방호구조물보다 우수한 방호력을 가진다는 것은 아니다. 지하 방호구조물은 위장과 은폐를 통해 정확한 위치를 파악하지 못하게 하고, 지반을 통해 지하에 설치된 구조물로 폭발물이 접근하지 못하도록 하여 이격거리를 증가시킬 수 있다. 따라서 지하 방호구조물을 설계하기 위해서는 포탄 또는 폭탄이 지반에 얼마만큼 관입되어 지하 방호구조물과 얼마의 이격거리를 가지고 폭발할 것인지 혹은 접촉하여 폭발할 것인지를 결정하는 단계가 필요하다.

폭발물의 종류와 지하구조물과의 이격거리가 정해지면 그 이후부터의 경험적 설계 기본 개념은 지상 방호구조물 설계 개념과 동일하다. 실험 결과를 통해 제공되는 수식과 차트를 통하여 구조물의 피해 평가나 요구되는 방호수준에 부합하는 한계 이격거리 또는 한계두께를 결정할 수 있다.

1) 지하에서의 폭발 효과

포탄이나 폭탄이 지하로 관입한 후에 폭발이 일어날 때 형성된 에너지의 대부분은 폭발구를 형성하고 지면 충격을 발생시키는 데 사용된다. 폭발이 지면 아래 얕은 깊이에서 일어난다면 폭발 가스의 일부가 대기 중으로 분출되어 폭풍파를 형성하기도 한다.

(1) 폭발구

폭발구(爆發口, crater)란 폭발에 의하여 땅에 형성된 구멍을 말한다. **그림 4.9**에는 폭발구의 특징적인 각 부위들을 도시하였으며, 이 각 부위들은 국면에 따라 어떤 군사적인 중요성을 가질 수도 있다.

폭발구의 형태와 크기를 지배하는 주요한 요소로는 폭발물의 종류와 크기, 폭발깊이(Depth Of Burst, DOB), 토양의 종류와 토질 구조 등이 있다. 폭발구의 크기는 폭발 후 최종적으로 보이는 구멍인 겉보기 폭발구를 기준으로 산정한다. 참 폭발구란 폭발에 의해 실제로 파인 구멍을 말하며, 일반적으로 흙이나 부스러기 등의 낙하물질로 그 일부가 되메워져 겉보기 폭발구를 형성한다. 폭발물이 지표면 가까이에서 폭발하면 노출된 반구형태가 되지만, 충분히 깊은 곳에서 폭발하면 지하 폭발구(camouflet)라 불리는 지하 공동(空洞)을 형성한다. 파열지대는 참 폭발구(또는 지하 폭발구)를 둘러싸는 지역이긴 하지만, 그 토질은 폭발력에 의해 심하게 요란(擾亂)되어 있다. 이 파열지대는 소성지대(plastic zone)로 알려진, 덜 요란된 넓은 지역으로 둘러싸인다. 파열 및 소성지대

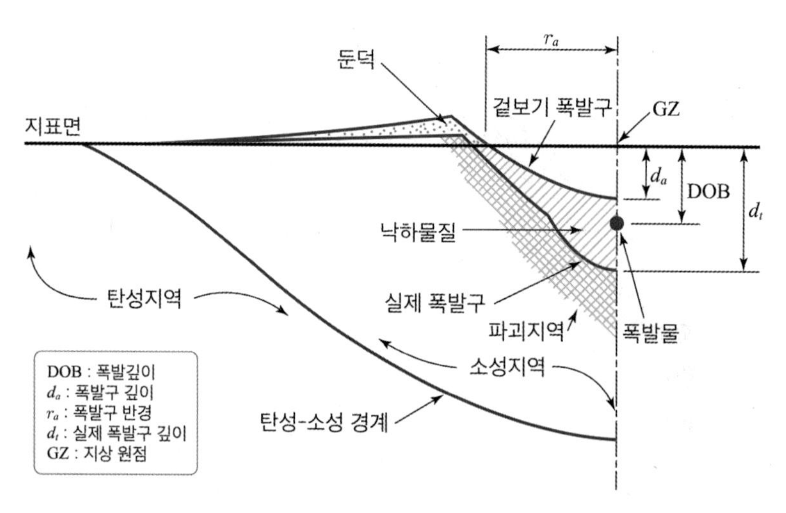

그림 4.9 전형적인 폭발구의 반단면도와 용어

는 지표면에서 융기된(표면 변형) 지역을 형성하며, 이 부분은 폭발에 의해 폭발구 외부로 낙하하는 분출물로 뒤덮인다. 폭발구 둔덕이란 폭발구 가장자리 밖의 지표면을 완전히 뒤덮은 분출물의 퇴적물을 말한다.

❶ 토질에서의 폭발구 예측

- 폭발깊이에 따른 변화

폭발구의 크기는 처음에는 폭발깊이가 증가할수록 커진다. 폭발구의 체적을 가장 크게 하는 깊이를 최적폭발깊이라 한다. 겉보기 폭발구의 깊이는 일반적으로 최적폭발깊이보다 약간 작은 폭발깊이에서 최댓값에 도달하지만, 겉보기 폭발구의 최대 직경은 최적폭발깊이보다 약간 큰 폭발깊이에서 일어난다. 폭발깊이가 좀 더 증가하면 과중한 토양의 무게가 폭발구의 형성을 억제하려 한다. **그림 4.10**은 폭발깊이에 따른 폭발구의 특징적 변화를 보여준다. 이 그림에서 상부 윤곽선은 겉보기 폭발구를 나타내고, 하부 윤곽선은 참 폭발구를 나타낸다.

- 토질에 따른 변화

사질토에 형성된 폭발구의 크기는 점토에 생긴 폭발구보다 작으며, 일반적으로 젖은 토질은 건조한 토질보다 큰 폭발구를 형성한다. 수분이 많고 점토일수록 전단강도가 감소하고, 건조하고 모래일수록 낙하물질이 많아지기 때문이다. **그림 4.11**은 각종 토질에서 (외피가 없는) 순수 폭약의 폭발로 인한 겉보기 폭발구의 직경과 깊이를 폭발깊이의 함수로 보여준다.

평탄한 지역에서 형성된 폭발구는 평면상으로 대략 원형이고 단면은 대칭이 되며, 경사진 지역에서 형성된 폭발구는 경사 상부 방향으로 좀 더 깊으며 아래 방향으로 좀 더 많은 흙더미가 쌓이게

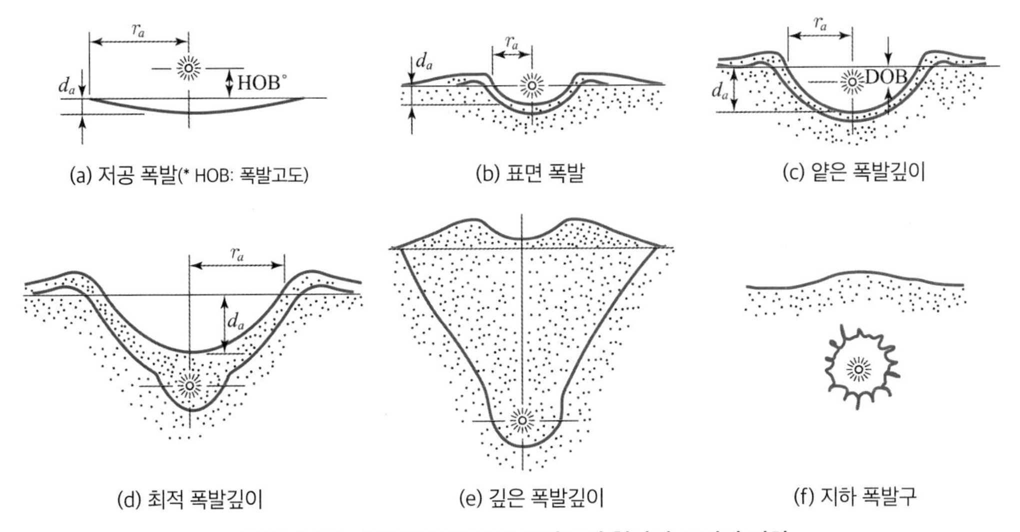

그림 4.10 폭발깊이에 따른 폭발구의 형상과 크기의 변화

된다. 지하수위 또는 암반층은 폭발구의 크기를 얇고 넓게 하며, 이는 지하수위 아래층 또는 암반층의 깊이가 층이 없는 흙 속에서 예상되는 겉보기 폭발구 깊이의 1.5배 이내일 때 일어난다. 만일 지하수위 아래층 또는 암반층이 실제로 폭발구와 교차한다면 폭발구 깊이가 감소하고 직경이 증가하는 정도는 예상값의 50% 정도가 된다. 폭발 위치가 지하수면 아래인 경우에 폭발구는 젖은 토질에서 형성된 것과 비슷한 모양이 된다.

- 폭발물 형태에 따른 변화

대부분의 폭발구 예측 곡선은 순수 폭약에 대한 실험 자료에 근거한 것이다. 일반적으로 순수 폭약은 구형이거나 짧은 원주형이며, 폭약의 중심부에서 기폭(起爆)하고, 그 위력은 TNT-등가무게로 나타낸다. 한편 탄약은 일반적으로 길이-직경 비율이 좀 더 큰 원주형 폭발충전제가 강철 원통 속에 넣어지며, 한쪽 끝에서 기폭된다. 순수 폭약과 탄약의 이러한 차이는 지표면에 대한 상대적 폭발 위치에 따라 폭발구 형성에 상이한 영향을 준다. 예를 들면 원주형의 긴 폭약에서 발생하는 폭풍과 파편은 원통의 끝보다는 측면으로 향하기 때문에, 지면에 대하여 큰 각으로 충격되는 순발신관 포병포탄이나 폭탄은 아주 얇은 각으로 충격될 때보다 얕은 폭발구를 형성할 것이다. 그러나 탄약의 폭발위치가 지표면 아래로 이동할수록 폭약의 형태, 기폭점의 위치, 탄피의 강도 등의 영향은 감소한다. 일반적으로 총 무게에 대한 폭약무게의 비율이 작고, 폭탄 직경에 대한 길이의 비가 큰 탄약과 TNT-등가계수가 작은 폭발물들은 예측 곡선 띠의 하부 경계선에 해당하는 폭발구 크기를 만들며, 그 반대 특성을 갖는 탄약으로부터의 폭발구는 상부 경계선 쪽에 해당하는 폭발구 크기를 만든다.

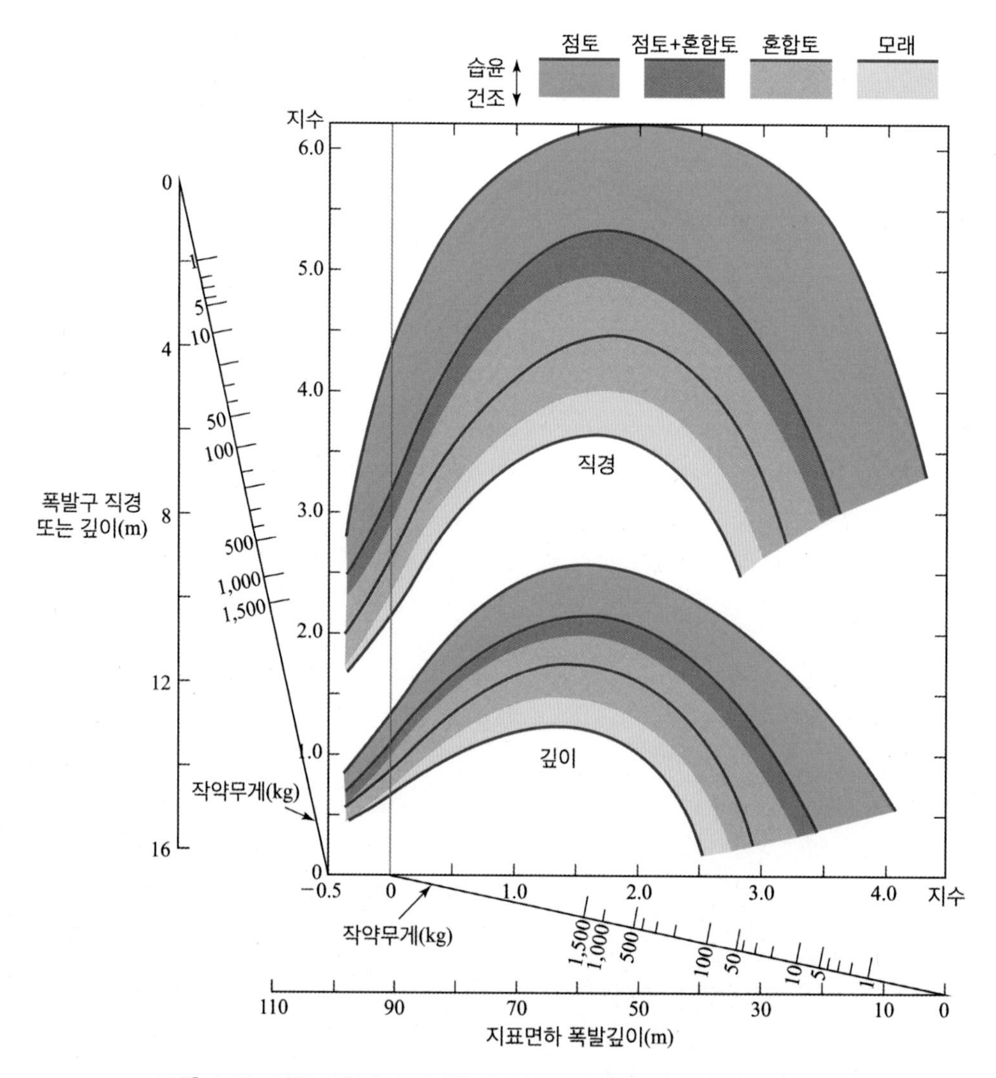

그림 4.11 각종 토질에서 외피형 및 순수 고폭약에 의한 겉보기 폭발구의 크기

폭발깊이와 작약의 무게를 알면 그림 4.11을 사용하여 각종 토양에 대한 폭발구의 직경(r_a)과 깊이(d_a)를 구할 수 있다. 폭발구의 직경과 깊이를 알면 폭발구의 대략적인 체적(V_o)과 폭발구를 되메우고 다지는 데 필요한 흙의 체적(V_f)을 다음과 같이 산정할 수 있다.

$$V_o = r_a^2 d_a \tag{4.4}$$

$$V_f = 1.24\, r_a^2\, d_a + 0.5 d_a^3 \tag{4.5}$$

그림 4.11에 주어진 폭발구의 치수는 겉보기 폭발구에 대한 것이다. 실제 폭발구의 치수는 지표면 상부에서 폭발 시에는 겉보기 치수와 거의 일치하지만, 최적폭발깊이보다 얕은 깊이에서 폭발하는

경우에 직경은 겉보기 폭발구의 값보다 약 10~15% 더 크며, 깊이는 일반적으로 작약무게가 w (kg)일 때 (폭발깊이 + $0.0937/w^{1/3}$) m가 된다. 또한 최적폭발깊이보다 깊은 곳에서 폭발할 경우, 참 폭발구의 직경은 최적폭발깊이와 비슷하고, 참 폭발구의 깊이는 폭발깊이와 같아진다.

❷ 콘크리트와 암반에서의 폭발구 예측

폭발구는 폭발물이 암반에 접촉 또는 관입 후 폭발할 때도 형성된다. 이 경우 폭발구의 크기는 흙에서와 마찬가지로 폭발깊이에 따라 달라지며, **그림 4.12**를 이용하여 구할 수 있다. 이 그림은 콘크리트의 압축강도가 140~350 kg/cm²인 경우에 대한 것이나, 중간 강도의 암반에도 적용할 수 있으

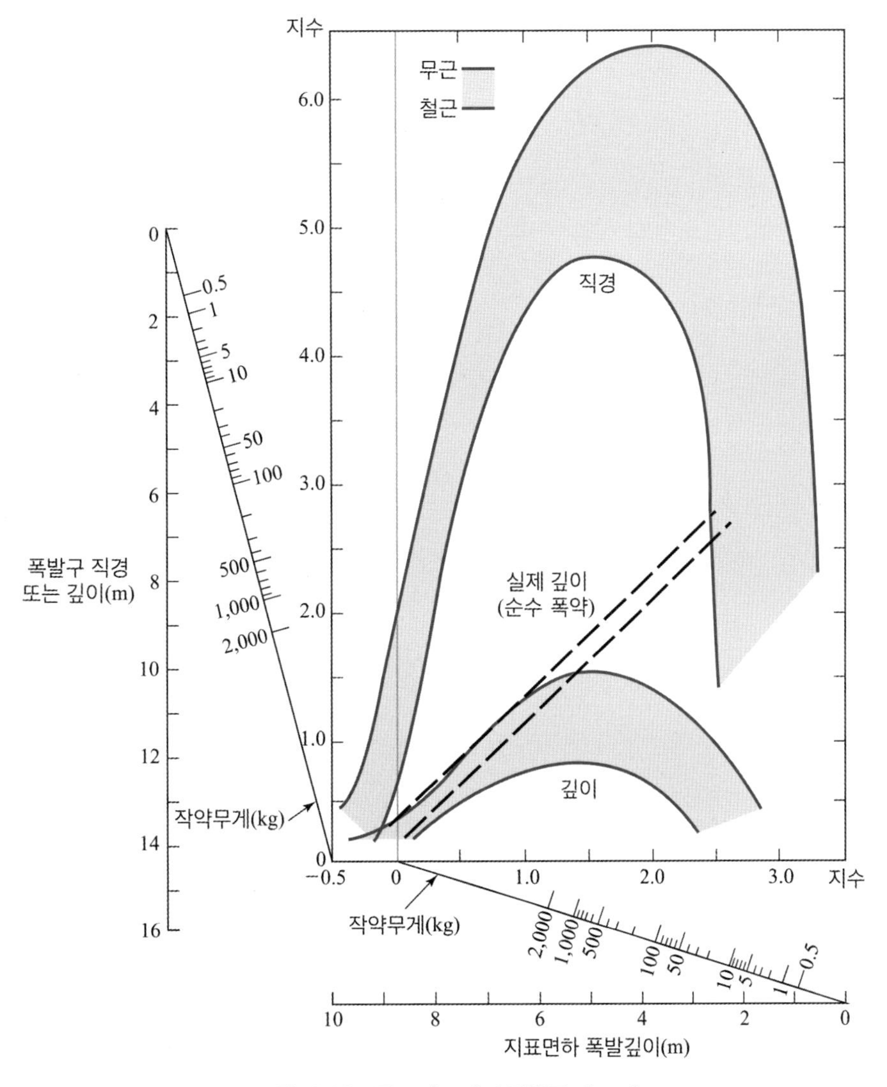

그림 4.12 콘크리트에서 폭발구의 크기

며, 강도가 더 크면 폭발구의 크기는 감소한다.

그림 4.12에서 면적 곡선의 상부는 무근콘크리트, 하부는 철근콘크리트에서 폭발구의 크기를 나타낸다. 콘크리트 관통용 포병포탄과 중피(重被)폭탄은 육중한 콘크리트에 관입하여 폭발구를 형성할 수 있지만, 대부분의 폭탄은 폭탄피가 충격력에 의해 파괴되어 관입량이 작고, 순발신관인 경우는 거의 관입하지 못하여 얇은 탄흔만을 형성한다.

(2) 분출물

폭발구 공간으로부터 영구적으로 배출된 흙 등의 물질을 분출물(ejecta)이라 한다. 대부분의 포탄과 폭탄 및 소형 폭파작약에 의한 분출물은 파괴나 부상의 관점에서 보면 약간의 위협만을 주지만, 지하에서 폭발하는 대형 폭파작약에 의한 분출물은 심각한 위험을 발생시킬 수 있으므로 설계 과정에서 고려해야 한다.

❶ 분출물의 체적과 분포

암반 및 점성토질과 같은 지반에 대한 폭발구와 분출물 체적에 관한 도표를 **그림 4.13** 및 **그림 4.14**에 나타냈다.

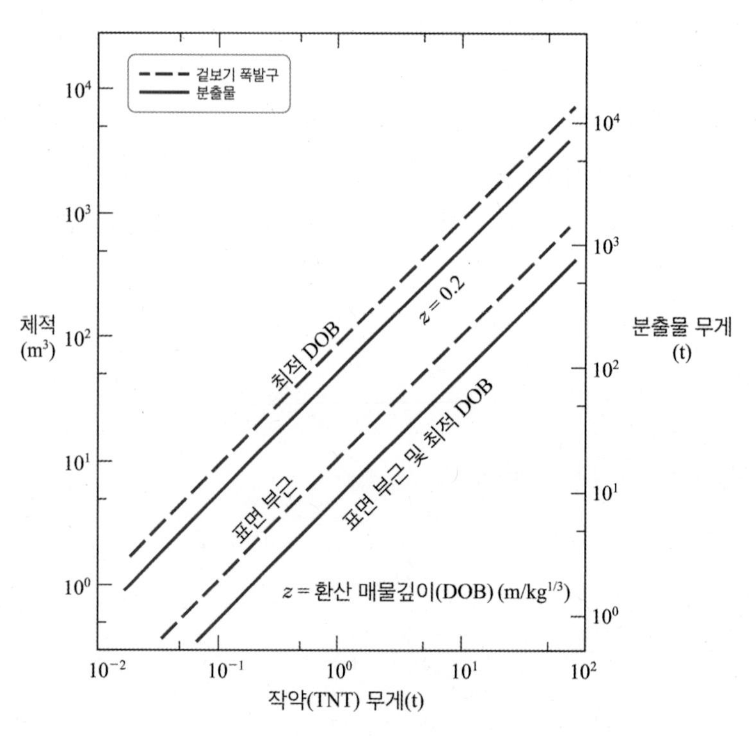

그림 4.13 견고한 암반에 대한 폭발구 분출물의 무게와 체적 관계

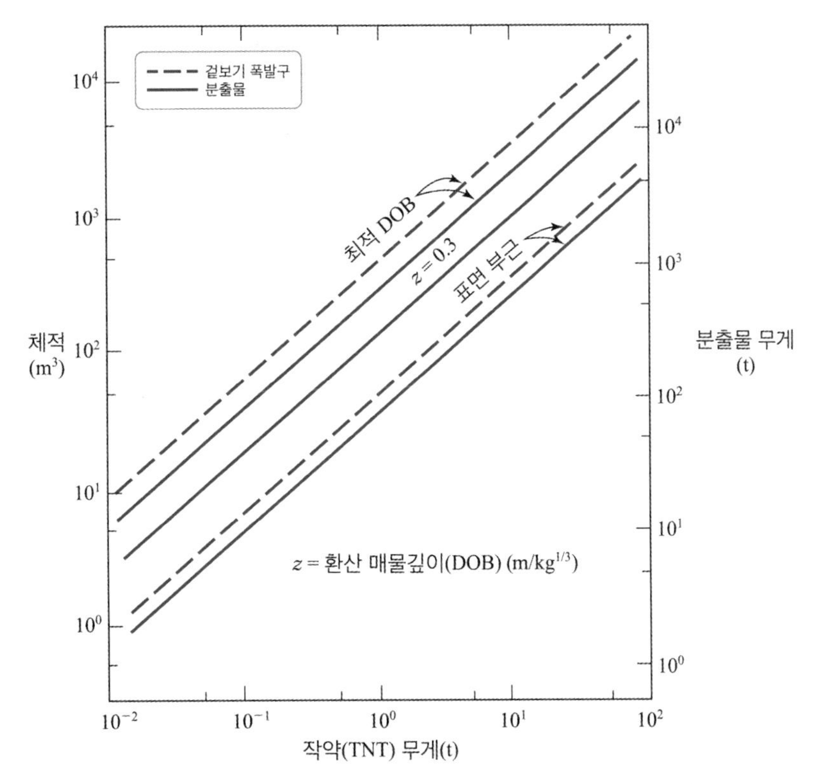

그림 4.14 연한 암반과 점성토질에 대한 폭발구 분출물의 무게와 체적 관계

폭발로 인해 발생하는 분출물은 장거리에 걸쳐 위험을 줄 수 있다. 이런 분출물은 무게로 고려할 때 표면 근처에서 폭발 시에는 낮은 비율로, 지하 최적폭발깊이 근처에서 폭발 시에는 큰 비율(약 40~90%)로 지상 원점(GZ)으로부터 겉보기 폭발구 반경의 2~4배의 거리에 낙하된다. 좀 더 깊은 곳에서 폭발이 발생한다면 분출물의 위험은 미미하게 된다. 외부 영역으로 낙하하는 분출물은 대개 입자의 크기 및 분포 밀도가 밖으로 나가면서 감소한다.

분출물은 흙에서는 대부분 폭발구 반경의 30배 이내에 퇴적되지만, 암반에서는 폭발구 반경의 75배까지 연장될 수도 있으며, 아주 작은 입자들은 그 범위 밖으로도 날아간다. **그림 4.15**는 거리에 따른 최대 입자의 크기를 보여준다.

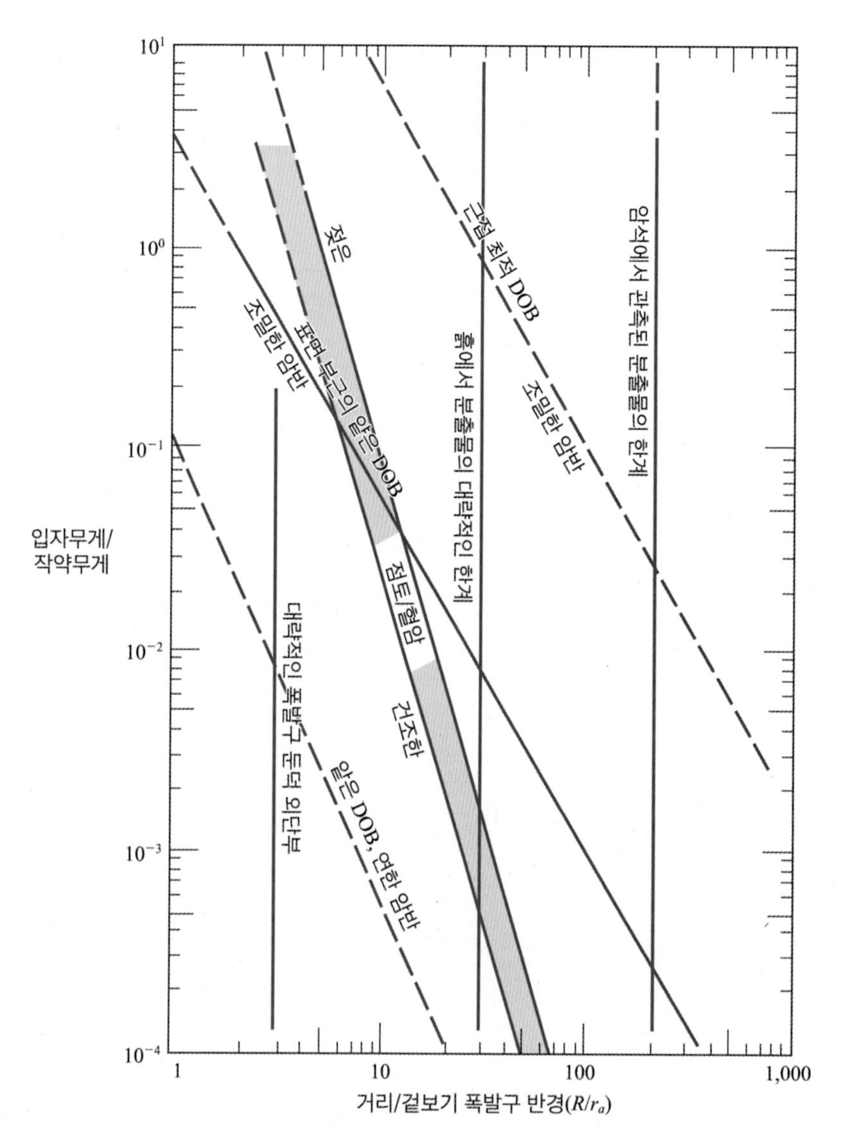

그림 4.15 분출물의 예상 최대 입자 크기와 비산거리

❷ 피해 가능성

낙하하는 분출물로부터의 피해는 지붕, 야전축성물의 상부 피복두께 등과 같은 수평 구조부재에 제한된다. 암석 조각은 그와 같은 피복두께를 관입할 수도 있지만, 점성토질 입자들은 휨파괴에 의한 손상을 입힐지도 모른다.

상당한 크기의 암석 조각이 강철판에 충격하면 예리한 타격이 가해져 일반적으로 (펀칭 전단에 의해) 강판이 뚫리거나 되튀어 나온다. 연한 암반(연암)은 관통하기 전 또는 관통하는 동안에 부서질 수도 있다. 그림 4.16은 연강판에 대한 암석 조각의 효과를 보여주는 관통력 그래프이다. 또한 그림 4.17에서 오른쪽 눈금은 긴 거리로 비산하는 경암 조각이 무근콘크리트를 충격할 경우에 최대 관통두께를 구하는 데 사용된다. 그림 4.16과 그림 4.17은 가정된 한계속도에서 비변형 미사일에 대한 실험식에 기초한 것으로, 그 결과는 관통에 대한 상한값으로는 고려될 수 있지만, 정확도는 명확하지 않다.

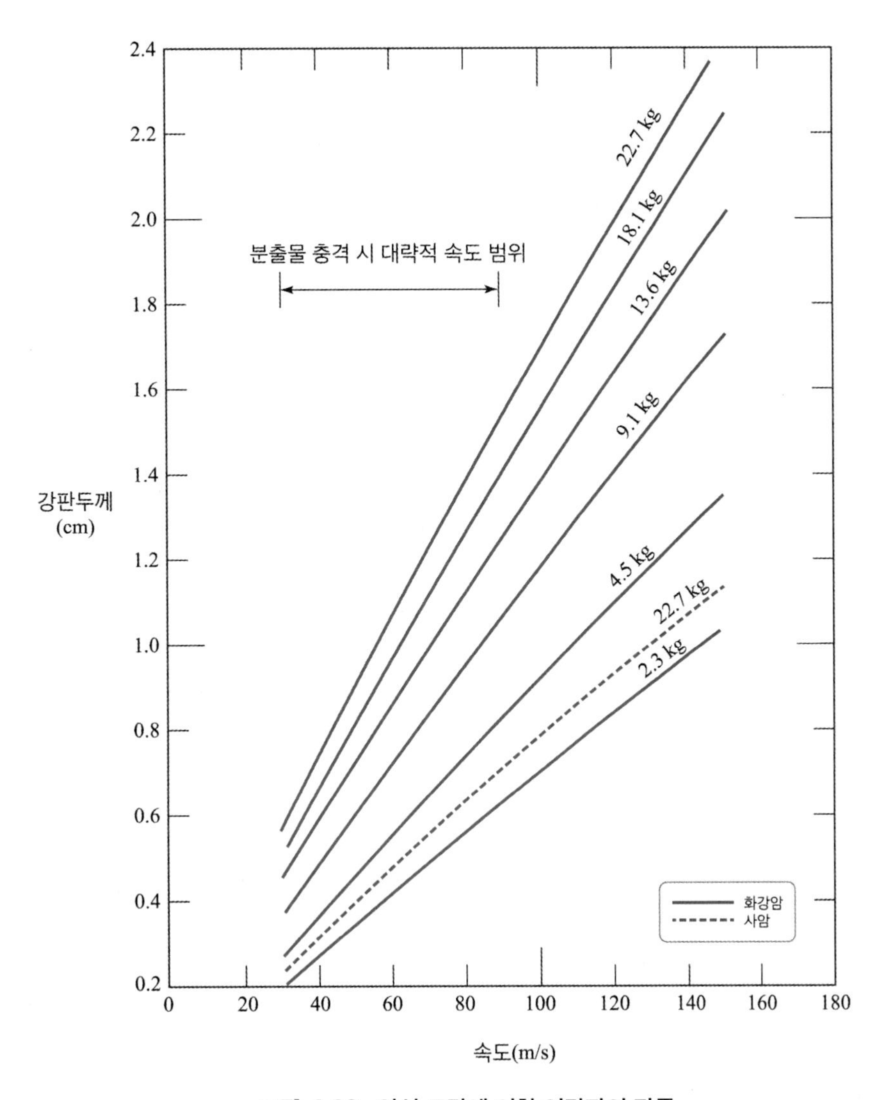

그림 4.16 암석 조각에 의한 연강판의 관통

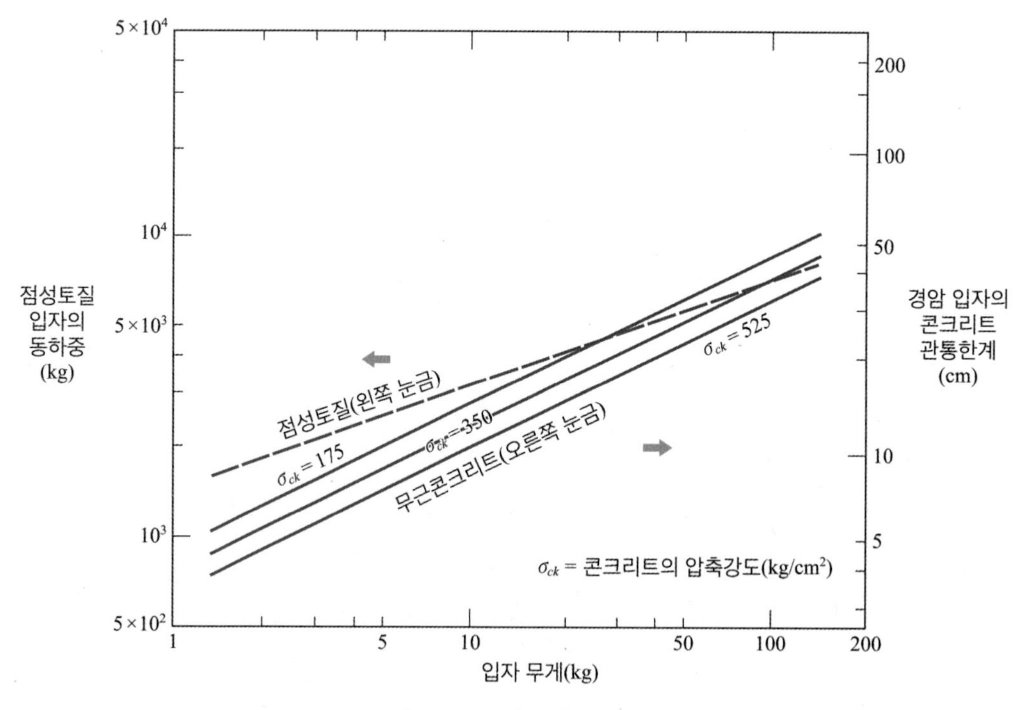

그림 4.17 분출물 충격 변수

습한 점토입자는 충격 과정에서 운동에너지를 소비하면서, 암석 조각들보다는 최고하중이 낮지만 좀 더 긴 기간 충격력을 구조물에 전달하면서 충격 시 변형이 일어난다. 이로 인한 손상 또는 파괴는 주로 국지적인 휨에 기인한다. 습한 점토에 묻힌 대형 작약의 폭발로 장거리에 비산하는 분출물 입자들에 대한 대략적인 동하중은 **그림 4.17**의 왼쪽 종축 눈금을 사용하여 구할 수 있다. 이는 구조 요소에 극한 휨응력과 비교되는 집중하중으로 작용할 수 있다. 동하중과 관련된 이러한 하중을 적용하려면 단기간에 견딜 수 있는 좀 더 높은 극한응력을 허용하기 위하여 강철판과 콘크리트는 2.5, 목재는 1.75의 동 · 정하중계수를 사용해야 한다.

2) 지반에 대한 관입 특성 및 관입길이 산정 방법

지하구조물에 대한 폭발하중을 결정하기 위해서는 폭발구의 크기 및 형태뿐만 아니라 포탄 혹은 폭탄이 얼마만큼의 길이로 관입할 것인지를 예측하는 것이 중요하다. 콘크리트와 강철 이외의 다른 재료들에 대한 포탄과 폭탄의 관입길이는 매우 변화가 심하여, 이 잡다한 재료들에 대한 일반적인 관입법칙을 세우기란 아주 어렵다. 방호물에 사용될 수 있는 이 여러 가지 재료들 중 견고한 돌이 저항력이 가장 크며, 그다음으로는 벽돌, 다져진 흙, 자갈, 모래, 아스팔트, 기타 흙 등의 순서로 저항력이 낮아진다. 저항력이 가장 약한 흙에 관입하는 길이는 돌에서보다 5~10배 더 깊게 들어간다.

입자 형태의 방호재료에 대한 몇 가지 일반적인 경향은 다음과 같다.

- 동일 밀도의 물질에서는 입자가 미세할수록 관입량이 커진다.
- 밀도가 증가하면 관입량은 감소한다.
- 물의 함유량이 커지면 관입량도 커진다.

(1) 탄의 종류에 따른 관입 특성

❶ 소화기탄의 관입 특성

표 4.3과 표 4.4에서는 몇 가지 재료에 대하여 구경 30인 소총, 자동소총 또는 기관총을 사격하였을 때 관측된 대략적인 최대 관입길이와 함께 이를 방호하는 데 필요한 재료의 두께를 나타내었다.

표 4.3 사거리 180 m에서 사격 시 구경 30 보통탄의 관입

재료	최대 관입(cm)	소요두께(cm)
벽돌 축조물	12.7	17.8
자갈	20.3	25.4
건조한 모래	30.5	35.6
습한 모래	36.8	45.7
단단한 참나무	50.8	70.0
미끄러운 진흙	152.4	182.9

표 4.4 속도 700 m/s인 구경 30 AP탄의 관입

재료	최대 관입(cm)	소요두께(cm)
벽돌 축조물	22.9	33.0
자갈	20.3	25.4
건조한 모래	30.5	35.6
습한 모래	38.1	45.7
아스팔트 쇄석	12.7	…
점토	43.2	…

❷ 포병포탄의 관입 특성

지면 또는 지중에서 포탄의 일반적 거동은 충격속도, 토양의 종류 등에 따라 근소한 차이는 있겠으나, 일반적으로 경사각이 83°를 초과하면 도탄이 발생하고, 각도가 낮아질수록 땅속으로 점점 깊이 관입하여 50° 미만일 때는 최대 깊이에 도달하게 된다. 표 4.5와 표 4.6은 야전 포병포탄에 대한 땅속으로의 관입길이를 보여준다.

표 4.5 지표면하 3~4.6 m의 주성분이 점토질 모래일 때 포탄의 관입길이

구경	충격속도 (m/s)	경사각 (°)	관입길이(m)		총 관입길이 (m)
			수직 방향	수평 방향	
105 mm	274	39	2.1	1.4	2.7
155 mm	305	45	3.0	1.2	3.4
8 in	328	68.5	-	-	5.5
240 mm	357	48.5	3.7	7.9	8.8

표 4.6 보통 토양에 대한 포탄의 관입길이

구경	충격속도 (m/s)	경사각 (°)	관입길이(m)		총 관입길이 (m)
			수직 방향	수평 방향	
105 mm	244	45	1.5	1.5	2.1
155 mm	235	45	2.1	2.1	3.0
8 in	241	45	2.7	2.7	3.8
240 mm	246	45	4.3	4.3	6.1

❸ 공중폭탄의 관입 특성

순발신관이 사용되면 폭탄은 거의 관입하지 못하고 지표면에 폭발구만 형성하지만, 지연신관이 장착된 폭탄이나 불발탄은 지하 깊숙이 관입한다. 흙 속으로 관입하는 폭탄은 일반적으로 **그림 4.18**에서와 같이 J형 경로를 따르며, 들어간 최종 깊이는 경로의 총 관입길이보다 약간 짧다. J형 관입 궤적

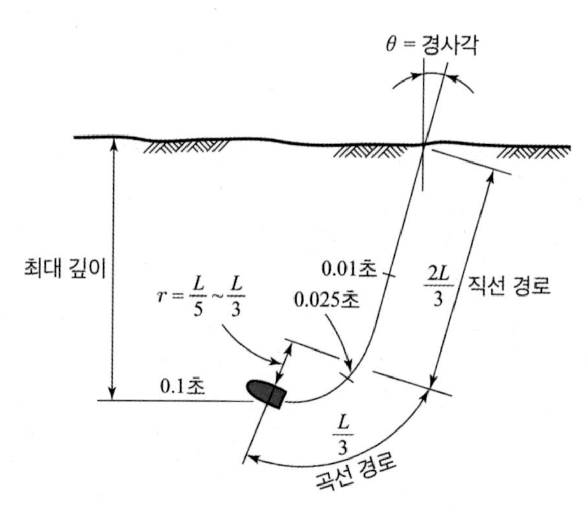

그림 4.18 폭탄의 지반 관입 경로

표 4.7 지면에 대한 폭탄의 총 관입길이와 곡선 구간의 최댓값

폭탄무게(kg)	총 관입길이(m)	곡선구간(m)
250	11.0	6.1
500	12.2	6.1
1,000	10.7	7.3
1,400	13.7	8.2
1,800	18.9	8.5

표 4.8 토질별 폭탄의 가능한 최대 관입깊이

폭탄무게(kg)	최대 관입깊이(m)			
	사암	모래와 자갈	백악	점토
250	7.0	8.5	8.8	10.7
500	8.8	10.2	10.5	13.3
1,000	10.4	12.0	12.5	15.9
1,400	16.8	19.5	19.8	24.4
1,800	15.9	18.3	18.8	22.9

의 직선 부분은 전체 길이의 약 2/3, 곡선 부분은 약 1/3이 된다. 곡선 부분의 반경은 일반적으로 총 관입길이의 1/5~1/3이 된다. 대형 폭탄은 소형 폭탄보다 똑바른 진로를 유지하는 경향이 있다.

표 4.7과 표 4.8에는 폭탄의 관입길이에 대한 몇 가지 자료가 주어져 있다.

(2) 관입길이 산정 방법

❶ 토질의 종류에 따른 관입길이 산정 도표

그림 4.19는 여러 가지 토질에 대하여 탄두의 모양에 따른 포탄과 폭탄의 대략적인 관입량을 구하는 데 사용될 수 있다. 이 도표는 포탄이나 폭탄이 흙 속으로 관입될 때 충격속도와 관입길이의 관계를 보여주고 있다. 토질별로 탄두 끝의 모양에 따라 둔각, 보통각, 예각의 세 가지 경우를 표시하였고, 탄두 끝의 모양이 별로 영향을 주지 않는 모래는 단일 직선으로 표시하였다. 도표 하부에는 흙과 비교할 수 있도록 양질의 철근콘크리트에 대한 관입 곡선이 주어졌다.

도표에 주어진 포탄무게와 관입길이의 상관관계는 구경밀도(caliber density, W/D^3)가 4.15 ~18.00 g/cm³의 범위 내에서 실제의 관찰값과 잘 일치되고 있다. 흙 속에서 포탄의 탄도는 일반적으로 총 관입길이의 2/3 이상이 직선으로 되다가 끝부분에서는 곡선으로 휘게 되므로, 지표면에서 포탄까지의 최종 깊이는 도표에서 구한 총 관입길이보다 10~30% 정도 짧다.

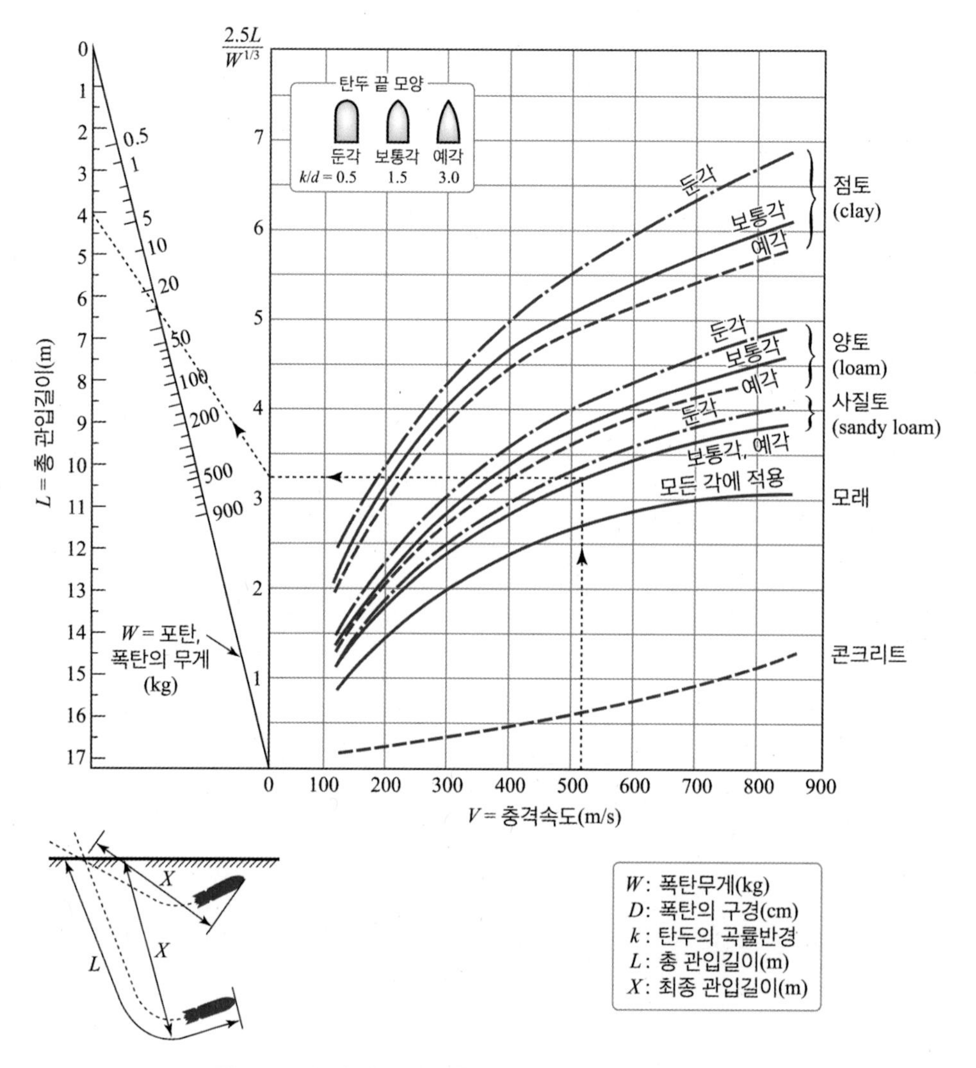

그림 4.19 포탄 및 폭탄의 흙 속으로의 관입길이 산정 도표

그림 4.19를 적용한 예를 살펴보자. 도표에 표시된 점선은 탄두가 보통각인 무게 29 kg의 포탄이 510 m/s의 속도로 사질토(sandy loam)에 충격될 때, 관입길이가 4.1 m가 된다는 것을 보여주고 있다. 지하 탄도의 곡률 때문에 실제 관입길이는 이 값보다 다소 작을 것이다.

❷ 고세장비 폭탄의 관입 공식

대부분 재래식 폭탄의 세장비(폭탄의 직경에 대한 길이의 비)는 대략 3~6의 범위 내에 있다. 이러한 폭탄은 토질 동역학적으로 안정하지 못하며, 앞서 언급한 대로 지하 탄도는 J형 경로를 따른다. 그러나 관입실험에 의하면 세장비가 10 정도 되면 안정하며, 대략 직선 경로의 지하 탄도를 형성한다. 실험 자료를 기초로 하여 다음과 같이 고세장비 폭탄 및 포탄의 관입에 대한 실험식이 개발되었다.

$$X_f = 0.0117\ S_i\, N_s \sqrt{W_T / A_m}\ (V_s - 30.48) \tag{4.6}$$

여기서, X_f : 최종 관입깊이(m) S_i : 토질관입지수

N_s : 탄두 끝 형상계수 W_T : 폭탄무게(kg)

A_m : 폭탄의 최대 단면적(cm^2) V_S : 충격속도(m/s)

위의 공식을 사용함에 있어서 다음의 제한사항에 유의해야 한다.

- 충격속도의 적용 범위: 61 m/s $\le V_S \le$ 914 m/s
- 폭탄무게의 적용 범위: 27 kg $\le W_T \le$ 2,585 kg
- 세장비는 10 이상이어야 함
- 얇게 관입될 때는 적용 불가[관입길이가 (포탄 구경의 3배 + 탄두 끝 길이)보다 작을 때는 사용해서는 안 됨]
- 결과의 정확도는 ±20%임
- 포탄이 변형되거나 파괴될 때 또는 관입 경로가 급하게 휠 때는 사용하지 말 것

표 4.9에서는 몇 가지 토양의 종류에 대하여 토질관입지수 S_i 의 범위와 함께 재료에 대한 일반적인 설명을 정리해 놓았다. 이 표는 표적 재료에 대한 자세한 정보가 있을 때 S_i 의 대략적인 평가를 하는 데 사용된다. 만일 고려하고 있는 어떤 지역에 대한 기존의 관입 자료가 있다면, 이러한 자료는 식 (4.7)과 함께 그 지역의 S_i 값을 계산하는 데 사용해야 한다. **표 4.10**에는 각종 탄두 끝 구경장(口徑長, 탄두 끝 길이/직경)에 대한 탄두 끝 형상계수가 주어졌다.

표 4.9 자연 토양에 대한 전형적인 토질관입지수(S_i)

S_i	토질재료
2~3	퇴적물, 잘 굳은 굵은 모래와 자갈, 나트륨이나 칼슘 등이 응고된 건조한 표토, 동결된 습한 침니(沈泥, 모래보다 잘고 진흙보다 거친 침적토) 또는 점토
4~6	젖거나 건조한 굳지 않은 중간 밀도의 중간 크기 또는 굵은 모래, 단단하고 건조하고 조밀한 침니 또는 점토, 사막의 충적토
8~12	표토를 제외한 아주 느슨하고 고운 모래, 모래가 50% 미만인 중간 밀도의 습하고 굳은 점토 또는 침니
10~15	약간의 점토나 모래로 이루어진 느슨하고 습한 표토
20~30	주로 모래 · 침니 · 부식재료로 된 느슨하고 습한 표토, 부드럽고 저강도인 습하고 젖은 점토
40~50	아주 느슨하고 건조한 사질표토, 전단강도가 아주 낮고 소성이 높으며 흠뻑 젖고 아주 연한 점토 및 침니, 젖은 홍토질 점토

표 4.10 탄두 끝 형상계수

탄두 끝 형상	탄두 끝 구경길이[1]	N_s	탄두 끝 형상	탄두 끝 구경길이[1]	N_s
평탄형	0	0.56	접 오자이브	2.4	1.0
반구형	0.5	0.65[2]	원추형	2	1.08
원추형	1	0.82[2]	접 오자이브	3	1.11
접 오자이브	1.4	0.82	접 오자이브	3.5	1.19
접 오자이브	2	0.92	원추형	3	1.33

1) 탄두 끝 길이/직경
2) 추측 값

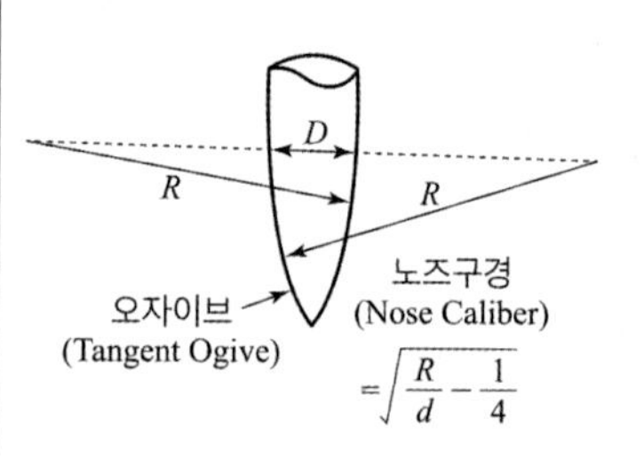

❸ 암석에 대한 관입 공식

암석의 성질이 실제로 측정된 경우에 대한 관입 자료는 제한되어 있다. 더욱이 가용한 자료 역시 암석의 관입은 대부분의 표적이 본래 가지고 있는 암석의 일반적인 공학적 특성과 관련이 있다는 것을 보여주는 정도이다. 그 이유는 자연 암반층은 때때로 이음매, 파쇄면, 기타 표준 실험실 시험에서는 고려할 수 없는 불규칙성 등을 포함하기 때문이다. 따라서 자연 암석의 관입도는 예측하기가 다소 어렵다. 그러나 암반의 성질을 나타내는 암석품질지표(Rock Quality Designation, RQD)를 사용하여 대형 포탄에 대한 관입량을 대략적으로 산출할 수 있다. RQD는 다음과 같이 정의된다.

- 부스러지지 않은 길이 10.16 cm 이상인 모든 원통 채취 샘플들의 길이를 합한다. 그 총 길이를 재생 길이라 부른다.
- 재생 길이를 샘플 채취 공정의 전체 길이로 나눈 값에 100을 곱하면 % 단위인 RQD의 값이 된다.

표적 지역에 대한 정보가 어느 정도 있다면 표 4.11에서 RQD를 대략적으로 결정할 수 있으며, 표 4.12와 표 4.13에서는 천연 암석에 대한 분류를 보여주고 있다.

표 4.11 암석품질지표(RQD)

RQD(%)	암석품질
0~25	아주 불량
25~50	불량
50~75	보통
75~90	양호
90~100	아주 양호

표 4.12 천연 암석의 공학적 분류

등급	설명	압축강도(kg/cm²)
A	초고강도	2,250 이상
B	고강도	1,125~2,250
C	중간 강도	562~1,125
D	저강도	281~562
E	초저강도	281 미만

표 4.13 천연 암석의 일반적 분류

암석 형태	대표적인 밀도 ρ(kg/m³)	강도 Y(kg/cm²)
연혈암(점토혈암, 불완전하게 굳은 침니 또는 모래혈암)	2,291	14~141
응회암(거칠지 않음)	1,890	14~211
사암(입자가 크고 불완전하게 굳음)	2,002	70~211
사암(세립자 또는 중간 크기의 입자)	2,082	141~492
사암(아주 미세한 것부터 중간 크기의 입자, 두껍고 잘 응고됨)	2,291	422~1,125
혈암(굳고 단단함)	2,291	141~844
석회암(밀도가 성글고 다공질임)	2,291	422~844
석회암(미립자, 밀도가 높고 단단함)	2,595	703~1,406
현무암(다공질, 유리질)	2,595	562~984
현무암(단단함)	2,883	1,406 초과
규암	2,595	1,406 초과
화강암(굵은 입자, 변화됨)	2,595	562~1,125
화강암(양질의, 미세한 것으로부터 중간 크기의 입자)	2,595	984~1,969
백운석	2,499	703~1,406

RQD 및 암석의 성질을 측정할 수 있어 그 자료가 있는 암석에 대해서 다음의 실험식을 통해 관입길이를 예측할 수 있다.

$$X = 125.78 \frac{W_T}{D^2} \frac{V_S}{(\rho Y)^{0.5}} \left(\frac{100}{\text{RQD}}\right)^{0.8} \tag{4.7}$$

여기서, X : 최종 관입깊이(cm)

W_T : 포탄무게(kg)

D : 포탄의 구경(cm)

V_S : 충격속도(m/s)

ρ : 표적 지역의 밀도(kg/m³)

Y : 천연 암석의 자유압축강도(kg/cm²)

암석에 관한 관입 자료의 부족으로 식 (4.7)을 사용하는 데는 다음의 제한사항을 간과해서는 안 된다.

- 식은 계산된 길이가 포탄 구경의 3배 이상일 때만 유효하다.
- RQD가 90 초과인 거의 천연 암석의 경우에 이 식은 구경이 2.54~30.48 cm인 포탄에 적용할 수 있으며, 그 정확도는 ±20%이다.

- RQD가 90 이하인 암석의 경우에 이 식은 구경이 10.16~30.48 cm인 포탄에 대하여 ±50%의 정확도가 있는 것으로 확인되었다.
- RQD가 20 미만인 암석의 경우에는 이 식을 사용해서는 안 된다.
- 탄두 끝 모양의 영향은 그리 크지 않지만, 끝이 뭉툭하거나 이와 유사한 포탄에 대해서는 이 식을 사용하지 않는 것이 좋다.
- 포탄이 버섯 모양으로 납작해지거나 파열될 경우에는 이 식을 사용할 수 없다.
- 포탄이 뒹굴거나 관입 경로가 급한 곡선일 경우에도 이 식을 사용할 수 없다.

표적의 강도는 가능하다면 천연 암석 표본의 정적 자유압축시험으로부터 결정해야 하며, Y 및 RQD에 사용된 값들은 동일한 시추 구멍에서 얻은 값이어야 한다. 다만 토질의 강도와 밀도만 알려져 있다면 RQD를 100으로 놓음으로써 관입의 하한값을 구할 수 있다. 만일 **표 4.11~4.13**의 자료를 이용한다면 관입깊이는 아주 대략적으로 계산될 수밖에 없다. 만일 당면 문제에 대한 이전의 관입 자료가 있다면, 이러한 자료는 식 (4.7)로부터 얻은 결과를 검사하고 이 식에 사용된 표적 변수들을 간접적으로 검사하는 데 기준 자료로 사용될 수 있다.

3) 지하 철근콘크리트 구조물의 근접 및 접촉 폭발에 대한 설계 방법

구조물에 대한 지하 폭발의 효과는 구조물의 무게, 크기, 형태, 강도, 폭발 위치에 따라 다르다. 육중한 구조물에 접촉하여 작약이 폭발할 경우, 발생한 압력이 구조물의 강도를 초과하면 표면에 폭발구가 형성된다. 한편 폭발로 인해 발생한 압축파는 벽체를 지나 콘크리트 벽체의 배면에서 인장파로 반사된다. 콘크리트는 인장응력에 약하기 때문에 배면의 콘크리트는 파쇄된다. 이 같은 콘크리트 벽체의 전면 폭발구와 배면의 파쇄 현상은 벽체를 크게 손상시키며, 심한 경우에는 붕괴에 이를 수도 있다. 특히 지중에서의 접촉 폭발 시 주변 흙에 의한 전색 효과 때문에 지상의 대기 중 폭발에 비해 더 큰 폭발력이 구조물에 작용하므로 피해가 커질 수 있다. 또한 지하구조물에 근접 또는 접촉한 상태에서의 폭발 효과는 폭발 지점의 주변 환경에 따라서도 크게 변한다.

이러한 사항들을 고려하여 지하 철근콘크리트 구조물에 접촉 또는 인접한 특정 거리에서 폭발하는 경우에 피해 정도에 따른 방호벽 두께는 **그림 4.20**에서 구할 수 있다. **그림 4.20**은 실물 크기의 철근콘크리트 구조물을 지하에 만들어 놓고 실시한 표본 실험 자료로부터 얻은 것이다.

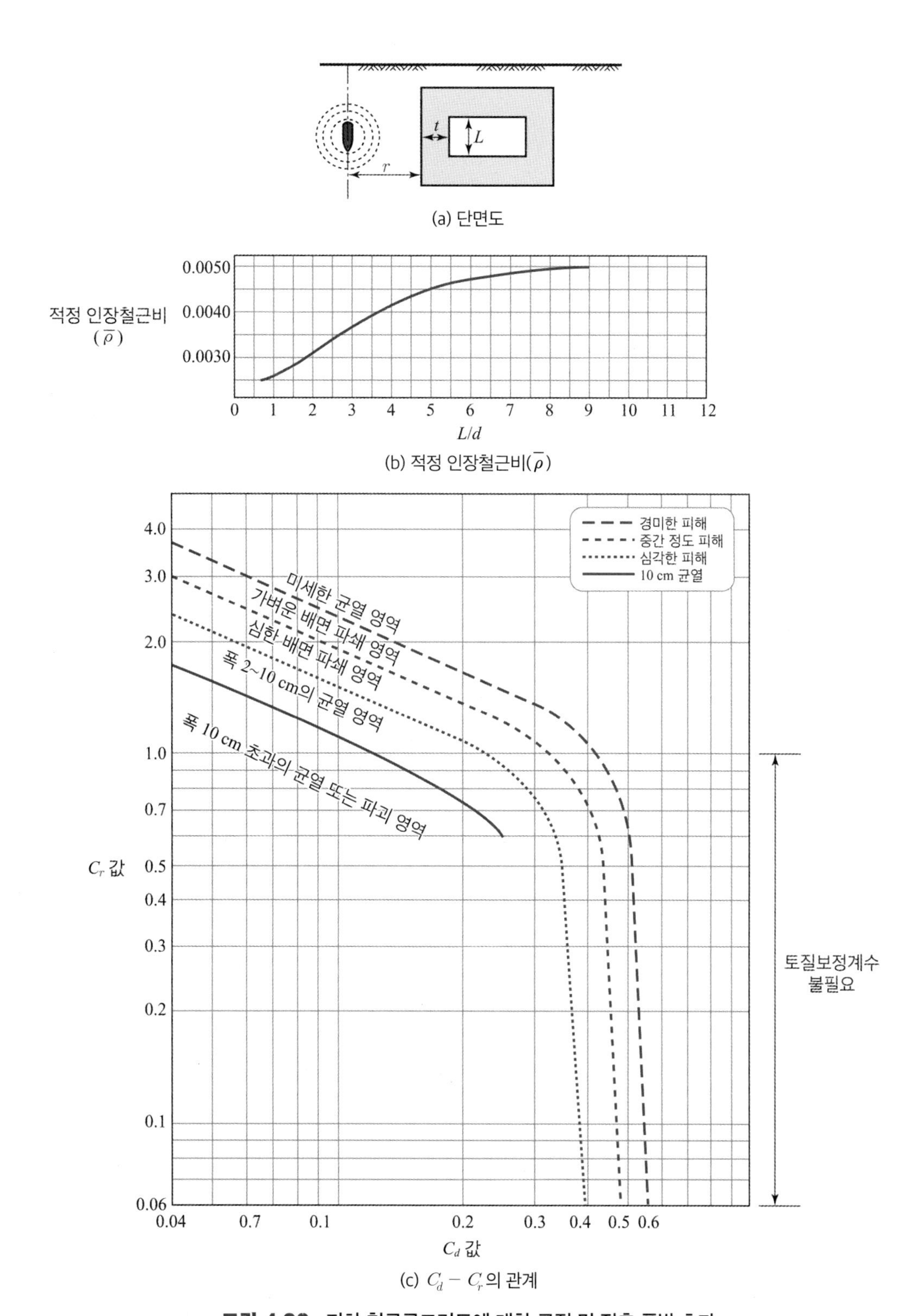

(c) $C_d - C_r$의 관계

그림 4.20 지하 철근콘크리트에 대한 근접 및 접촉 폭발 효과

이 그림에서 사용한 거리 r과 계수 C_r, C_d는 다음 식과 같다.

$$r = C_r w^{1/3} \sqrt{L/w^{1/3}} F \tag{4.8}$$

$$C_r = \frac{r}{w^{1/3} \sqrt{L/w^{1/3}} F} \tag{4.9}$$

$$C_d = d/w^{1/3} \tag{4.10}$$

여기서, r: 벽체에서 폭발 지점까지의 거리(m) w : 작약무게(kg)

F : 토질 보정계수(**그림 4.21** 참조) L : 벽체 순높이(m)

d : 유효깊이(벽체두께 - 철근 피복두께)(m)

토질 보정계수는 지하 폭발로 인한 충격의 전파에 대한 주변 지반의 특성을 반영하기 위한 것이다. 식 (4.9)에서 토질 보정계수가 커지게 되면 C_r은 작아지고, **그림 4.20**에서 C_d 가 증가하여 결국 동일한 폭발하중에 대해 지하 방호구조물에 요구되는 소요두께가 커지게 된다. 즉, 다른 토질에 비해 폭발에 의한 충격 전파 효과가 크다는 의미이다. 일반적으로는 다져진 모래일수록 탄성파가 전달되는 속도가 빨라져 진동상수도 커지므로, **그림 4.21**에 따라 토질 보정계수가 커지게 된다.

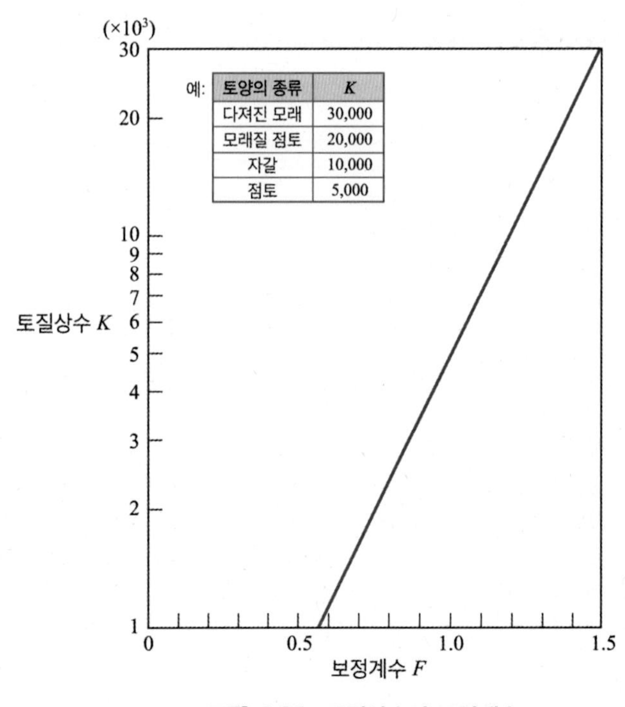

그림 4.21 토질상수와 보정계수

단, **그림 4.20**을 이용할 때 y축 값(C_r)이 1보다 작은 값이 나올 경우에는 **그림 4.20**에 명시된 바와 같이 토질 보정계수를 적용하지 않도록 하고 있다. C_r이 작다는 것은 그만큼 폭발거리가 가까워진다는 의미 혹은 폭발력이 크다는 의미이다. 즉, 폭발거리가 가깝거나 폭발력이 클수록 그만큼 폭발 위치와 지하구조물 사이의 지반으로 인한 영향이 작아지게 된다.

그림 4.20을 사용하는 방법은 지상 방호구조물의 근접 및 접촉 폭발에 대한 경험적 설계 방법과 동일하다.

예제 4.6

보통탄(작약무게 $w = 120$ kg)이 지하에서 철근콘크리트 벽체로부터 7.6 m 떨어진 거리에서 폭발할 때에 대비하여 설계하려고 한다. 토질상수가 $K = 8{,}000$이고, 벽의 순높이가 $L = 3$ m일 때 경미한 피해에 대한 방호두께 t와 적정 인장철근비 $\bar{\rho}$를 구하라. (단, 철근의 피복두께는 5 cm로 한다.)

풀이 (1) C_r 값 계산

$K = 8{,}000$에 대한 보정계수 $F = 1.15$

$\therefore C_r = 7.6 / (120^{1/3} \times \sqrt{3/120^{1/3}} \times 1.15) = 1.72$

(2) 벽두께 결정

경미한 피해 지역의 한곗값인 곡선에서 C_r = 1.72에 대한 C_d 값 0.18을 읽을 수 있다.

$\therefore$ 유효깊이 $d = C_d \times w^{1/3} = 0.18 \times 120^{1/3} = 0.887$ m ≒ 89 cm

t = 유효깊이 + 피복두께 = 89 + 5 = 94 cm

(3) 적정 철근비 결정

$L/d = 300/89 = 3.37$에 대한 철근비는 **그림 4.20(b)**에서 $\bar{\rho} = 0.0039$

그림 4.20(c)는 콘크리트의 설계강도 $f_{ck} = 280$ kg/cm²를 기준으로 한 것이다.

f_{ck}가 280 kg/cm²보다 작으면 d와 r의 값에 $(280/f_{ck})^{1/3}$을 곱하여 보정해 준다.

예제 4.7

예제 4.6과 같은 방호구조물이 토질상수 $K = 6{,}000$, 벽두께 $t = 122$ cm, 순높이 $L = 3.6$ m, 인장철근비 $\rho = 0.004$로 설계되어 있을 때, GP탄(작약무게 $w = 239$ kg)에 대하여 피해 정도에 따른 벽체로부터의 거리 r을 구하라. (단, 철근의 피복두께는 5 cm로 한다.)

풀이 (1) 거리 r 계산

유효깊이 $d = t$ − 피복두께 = 122 − 5 = 117 cm

$C_d = d/w^{1/3} = 1.17/6.21 = 0.1884 (w^{1/3} = 239^{1/3} = 6.21)$

$C_d = 0.1884$에 대한 10 cm 균열, 심각한 피해, 중간 정도 피해, 경미한 피해에 대한 C_r의 값을 읽으면 각각 0.78, 1.05, 1.40, 1.70이다.

토질상수 $K = 6{,}000$에 대한 보정계수를 구하면

$$F = 1.05 \rightarrow 1.1$$

식 (4.8)을 사용하여

$$r = C_r\, w^{1/3} \sqrt{L/w^{1/3}}\ F = C_r (6.21) \sqrt{3.6/6.21}\ (1.1) = 5.21 C_r$$

따라서 각종 피해에 대한 거리 r은 다음과 같다.

10 cm 균열: $r = 5.21 \times 0.78 = 4.06$ m

심각한 피해: $r = 5.21 \times 1.05 = 5.47$ m

중간 정도 피해: $r = 5.21 \times 1.40 = 7.29$ m

경미한 피해: $r = 5.21 \times 1.70 = 8.86$ m

(2) 적정 인장철근비의 검사

$L/d = 3.6/1.17 = 3.08$에 대한 $\bar{\rho}$의 값을 **그림 4.20(b)**에서 최적 철근비를 읽으면

$$\bar{\rho} = 0.0038$$

사용 철근비가 0.004이므로 위에서 구한 거리들은 적용이 가능하다. 실제 사용 철근비가 최적 철근비와 차이가 크면 거리 r은 식 (4.2)의 보정계수 a를 곱해주어야 한다.

4.2.4 방호구조물 종합 설계

1) 철근콘크리트 방호구조물의 각 부위별 설계

(1) 지붕 설계

일반적으로 방호구조물의 지붕은 폭탄의 관통과 접촉 폭발을 통한 피해를 방지하도록 해야 하며, 충격 경사각이 주어지지 않았을 때는 약 10°로 가정하여 설계한다. 높은 방호수준을 요구하는 철근콘크리트 방호구조물에서는 배면 파쇄에 방호될 수 있는 두께를 기준으로 설계해야 한다. 4.2.2절 및 4.2.3절의 절차를 통해 설계된 두께는 통로와 창고 등에는 적절한 방호를 제공할 수 있지만, 지휘소나 인원이 상주하는 구역 또는 중요 장비가 설치된 곳에 대해서는 파쇄방지판(破碎防止板)을 설치하여 방호력을 증강하는 것을 고려해야 한다. 만약 파쇄방지판을 사용할 수 없다면 콘크리트 지붕에는 15%의 부가적인 두께를 더해주어야 한다.

지하 방호구조물의 경우에는 지반의 폭발구 형태 및 크기나 관입길이를 예측하고, 이에 따라 지붕과 폭발물과의 이격거리를 합리적으로 산정해야 한다. 이때 탄의 종류(콘크리트 관입용 탄두,

SAP나 AP탄 등)와 신관의 종류(순발신관, 지연신관 등)를 고려해야 하며, 지반 관입길이 산정 시에는 탄이 직선으로 관입된다고 가정하고 지반 물성의 불확실성을 고려하여 20%의 안전율을 적용해 주어야 한다.

(2) 벽체 설계

철근콘크리트의 벽체두께는 포탄의 충격에 의한 관입깊이와 폭탄의 근접 및 접촉 폭발에 기초하여 결정된다. 파쇄에 대비한 벽체의 두께를 설계할 때에는 지붕 설계와 마찬가지로 파쇄방지판을 따로 설치하지 않는 경우에 벽체두께를 15% 증가시켜야 한다.

지상구조물의 벽체는 포격과 근접 및 접촉 폭발하는 폭탄에 대하여 방호를 제공해야 하며, 지하구조물의 벽체는 지하로 관입된 폭탄의 근접 및 접촉 폭발을 견딜 수 있어야 한다. 만약 도표를 사용할 수 없는 경우나 무기의 각종 제원, 벽체의 순높이 등이 주어지지 않았을 경우에는 다음과 같은 약식을 사용하여 폭탄의 접촉 폭발에 대한 벽체의 방호두께 t_w 를 구할 수 있다.

$$\text{지상 벽체: } t_{wu} = 31.74\,w^{1/3}\ (\text{cm}) \tag{4.11}$$

$$\text{지하 벽체: } t_{wl} = 55.54\,w^{1/3}\ (\text{cm}) \tag{4.12}$$

(3) 바닥 설계

방호구조물의 바닥은 고정하중 및 활하중 등의 일반하중과 함께 폭발력에도 저항할 수 있도록 설계해야 한다. 중량급 폭탄은 J형 관입 후 바닥 밑에 근접하여 폭발할 수 있으므로 이에 대비하여 설계해야 한다. 포탄인 경우에는 탄도 특성상 바닥 밑에서 폭발하는 경우는 드물며, 작약도 폭탄의 경우보다 소량이므로 손상이 크지 않다.

바닥의 두께는 지하 벽체와 동일한 방법으로 결정할 수 있으며, 수평방벽 슬래브[**그림 4.1(g)**]나 수직방벽[**그림 4.1(h)**]을 설치한다면 바닥두께를 감소시킬 수 있다. 이용할 수 있는 자료가 부족할 경우에는 다음과 같은 약식을 사용하여 바닥의 두께 t_f 를 결정할 수 있다. 이 값은 바닥두께의 최솟값이다.

$$t_f = 31.74\,w^{1/3}\ (\text{cm}) \tag{4.13}$$

이처럼 방호구조물의 경험적 설계에 있어서 구조물의 부위별로 설계에 사용하는 식이나 차트 등은 서로 유사하나, 세부적으로 고려해야 할 사항이 약간씩 다르므로 이에 유의하여 설계가 이루어져야 한다. 추가적으로 신속한 설계나 예비 설계를 위하여 전형적인 보통 폭탄(GP탄) 및 반철갑폭탄(SAP탄)에 대한 철근콘크리트 구조물의 방호두께 예를 **표 4.14**와 **표 4.15**에 제시하였다.

표 4.14 GP폭탄의 접촉 폭발 시 철근콘크리트 벽체의 방호두께

폭탄 특성		방호두께(cm)	
총 무게[kg(lb)]	작약무게(kg)	지상 벽체	지하 벽체
100 (220)	50	116.8	205.7
235 (519)	130	160.0	281.9
508 (1,120)	220	193.0	337.8
1,000 (2,200)	540	259.1	452.1
1,770 (3,900)	953	312.4	546.1

표 4.15 철근콘크리트에 대한 SAP폭탄의 관입 효과와 방호두께

폭탄 특성(kg)		관입길이(cm)			뒷면 파쇄 한계두께(cm)	방호두께 (cm)
총 무게	작약무게	수직 충격	15° 경사 충격	폭발 효과		
113	30.4	54.1	43.9	2.3	119.4	137.3
250	78.9	69.3	56.1	2.3	157.5	181.1
500	190.5	104.1	84.3	10.2	223.5	257.0
907	272.2	147.1	119.1	23.1	292.1	335.9
1,400	299.4	164.6	133.4	5.1	307.3	353.4
1,814	486.3	166.6	134.9	10.7	330.2	379.7

1) 충격속도 = 305 m/s, 콘크리트의 압축강도 = 280 kg/cm^{2}를 기준으로 함
2) 방호두께는 뒷면 파쇄한계두께에 15% 가산한 것임

또한 포탄이나 폭탄이 구조물에 근접했을 때 폭발하여 폭풍과 파편의 피해를 주는 경우에 대한 다양한 재료의 소요방호두께를 표 4.16~4.18에 나타냈다. 표 4.16~4.18은 다양한 실험 결과를 토대로 제시된 것이며, 표 4.16은 500파운드 보통탄으로 실험한 결과를 근거로 하여 폭발거리 12 m에서 완전한 방호를 줄 수 있는 재료별 소요두께를, 표 4.17과 표 4.18은 다른 조건에서 근접 폭발하는 폭탄과 포탄에 대한 방호두께를 보여주고 있다. 그러나 이 방호두께는 어디까지나 재료의 내구성과 균질성, 구조의 일체성, 양질의 시공 등이 전제된 경우의 값임을 염두에 두어야 한다.

표 4.16 폭발거리 12 m일 때 폭탄 파편 및 폭풍에 대한 재료의 소요방호두께

폭탄무게 (kg)	방호두께(cm)							
	일반 강철	철근 콘크리트	콘크리트	보강벽돌	보통벽돌	기성 콘크리트 벽돌	흙벽	모래 주머니
45	2.5	25.4	35.6	34.3	34.3	40.6	50.8	61.0
113	3.8	30.5	40.6	34.3	43.2	50.8	61.0	76.2

(계속)

폭탄무게 (kg)	방호두께(cm)							
	일반 강철	철근 콘크리트	콘크리트	보강벽돌	보통벽돌	기성 콘크리트 벽돌	흙벽	모래 주머니
227	5.1	30.5	45.7	43.2	54.6	61.0	76.2	91.4
454	6.4	40.6	55.9	54.6	63.5	71.1	91.4	106.7
907	7.6	50.8	71.1	63.5	72.4	81.3	106.7	137.2

표 4.17 폭발거리 7.6 m에서 폭발하는 폭탄 파편에 대한 소요방호두께

폭탄무게 (kg)	방호두께(cm)			
	일반 강철	철근콘크리트	벽돌	모래
250	6.4	40.6	43.2	121.9
500	7.6	45.7	50.8	
1,000	8.9	53.3	63.5	137.2

표 4.18 근접 폭발 포탄 파편에 대한 방호두께

포탄 (mm)	방호두께(cm)		
	일반 강철	철근콘크리트	벽돌
105	3.2	38.1	43.2
155	4.5	53.3	61.0

방호구조물 전체를 강철판으로 건설한다는 것은 경제적으로나 실용적인 면에서 적절하지 못하며, 일반적으로 필요에 따라서 구조물의 중요한 요소들에 부분적으로 사용하고 있다. 무기 위력에 따라 방호가 가능한 균질 장갑판의 두께는 포탄인 경우 그림 3.38을, 폭탄인 경우 그림 3.39를 사용하여 결정할 수 있다.

2) 기타 고려사항

(1) 구조 형태

방호구조물은 철골조 또는 철근콘크리트조로 설계하는 것이 바람직하며, 한두 개 부재의 변형이나 파괴가 전체적인 붕괴로 이어지지 않도록 일체적으로 설계되어야 한다. 특히 지붕은 기둥 또는 벽체에 견고히 연결되어야 한다. 모든 출입구 앞에는 폭풍 및 파편에 보호될 수 있도록 방풍벽 또는 차폐벽을 설치해야 한다.

구조물의 부재는 보, 거더 등과 같이 상대적으로 하중이 집중되는 부재를 피하고, 균일 단면의

연속 슬래브로 하는 것이 좋다. 구조물의 외부 모서리는 수직 충격의 가능성을 최소화하고 도탄 가능성을 증가시키기 위하여 둥글게 하는 것이 효과적이다. 가장자리를 모나게 하면 이 부분에 포탄이 충격될 때 심하게 파괴되고 많은 파편이 생긴다.

토치카 형태의 소형 방호구조물은 인원에 의해 운반 가능한 화기의 공격에 견딜 수 있어야 하며, 보다 큰 화기인 견인포, 자주포, 대전차 화기에 대한 방호대책도 강구해야 한다. 통로는 주변 폭발에 대비하여 우회로를 만들거나 차폐벽을 따라 구축되어야 한다.

(2) 구조물 이격거리

일반적인 철근콘크리트 구조물, 철골 구조물 및 **표 4.18**에 주어진 방호두께로 구축된 구조물은 포탄이나 폭탄의 집중 피해를 줄이기 위해 최소한 15 m로 이격시켜 배치해야 한다. 목조 건물이나 벽돌 또는 블록조 건물은 36 m 이상 떨어지도록 배치하는 것이 바람직하다.

(3) 철근

철근콘크리트 방호구조물은 설계하중을 지지할 뿐만 아니라 파쇄에 따른 피해를 방지할 수 있도록 중간 등급 이상의 철근으로 충분히 보강해야 한다.

(4) 시공이음부

대규모의 철근콘크리트 구조물에서는 설계의 일반 기준에 따라 수축 또는 팽창에 대비한 시공이음부(construction joint)를 두어야 한다. 방호구조물에서는 충격하중이 작용할 때 이러한 연결부가 안전하게 유지되도록 맞춤쇠(dowel) 등을 설치해야 하며, 가능하면 시공이음부의 개소를 줄이는 것이 바람직하다.

(5) 내부 공간의 격실화

포탄이나 폭탄이 구조물을 관통하여 내부에서 폭발할 경우에 폭풍과 파편의 피해를 제한된 구역으로 국한시키기 위하여 내부 격실(internal partitions)을 둔다. 따라서 방호구조물의 내부는 소수의 큰 공간보다는 다수의 격실로 분할함이 바람직하다.

(6) 연속 사격

철근콘크리트 구조물에 대한 연속 사격의 효과는 파손 시 콘크리트 조각을 결속시킬 수 있는 철근 및 콘크리트의 부착력과 탄착군(彈着群)의 집중 여부에 좌우된다. 철근 매트(reinforcing mat)를 구조물 표면 가까이에 배근하면 콘크리트 파편이 비산하는 것을 어느 정도 막을 수 있다. 물론 이러한 철근 매트는 연속 사격 시 이탈되지 않도록 콘크리트 속에 견고히 정착되어야 한다.

(7) 파괴용 폭발물에 대한 방호

인원에 의해 직접 설치되는 파괴용 폭발물은 그 위력이 대단히 클 수 있으므로 이에 완전한 방호가 되도록 구조물을 설계한다는 것은 비실용적이며, 때로는 불가능할 수도 있다. 이런 경우에는 외벽을 흙으로 복토하거나 이중의 격벽(隔壁) 구조로 하여 방호력을 증가시킬 수 있다. 격벽은 비워둘 수도 있지만, 자갈이나 돌로 채우면 효과가 더욱 좋다.

(8) 방호벽

구조물 외부에 별도로 설치되어 폭풍과 파편으로부터 구조물을 보호하기 위한 방호벽(防護壁)은 다음 조건을 만족하도록 설계해야 한다.

- 폭탄 파편의 관통을 방지할 수 있는 충분한 벽두께
- 폭풍에 의해 전도(顚倒)되지 않는 안정성

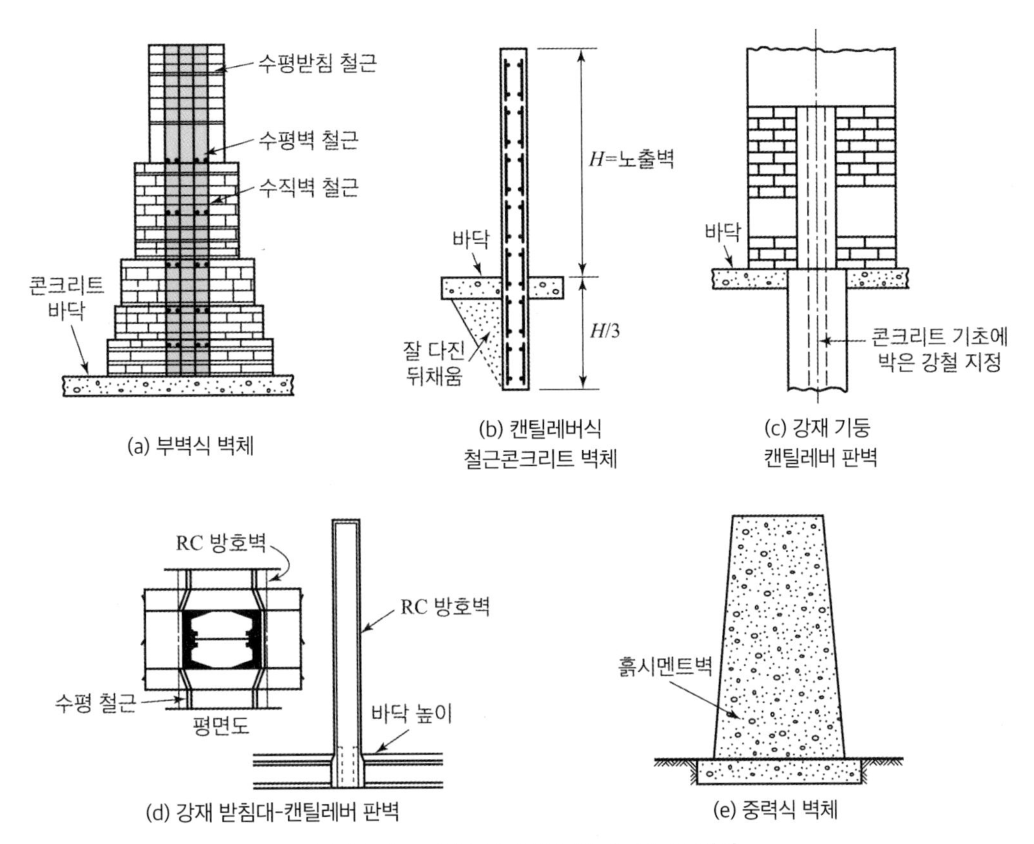

그림 4.22 폭풍 및 파편 방호벽의 구조 형식

- 일부분이 손상되더라도 전체가 붕괴되지 않도록 구조부재(構造部材) 간의 견고한 결속 및 적절한 철근 보강

일반적으로 방호벽을 위한 재료나 방호두께는 **표 4.18**을 참조하여 선택할 수 있다. 실험에 의해 안전성이 확인된 방호벽의 구조 형식에는 부벽식 벽체(buttresse panel wall), 캔틸레버식 철근콘크리트 벽체(cantilever RC wall), 강재 기둥 캔틸레버 판벽(steel column cantilever panel wall), 강재 받침대-캔틸레버 판벽(steel spreader-cantilever panel wall), 중력식 벽체(massive gravity wall) 등이 있으며, 이는 **그림 4.22**에 도시되어 있다.

4.3 동적 거동에 대한 구조설계

위에서 다룬 방호두께는 포탄이 직접 구조물에 충돌하거나 근접 폭발 시 파편 및 폭풍에 의한 국지적인 재료의 파괴에 대한 것이다. 그러나 방호구조물의 설계에는 짧은 시간이지만 시간에 따라 변하는 하중에 의한 구조물의 동적 거동도 고려해야 한다. 지진 등과 같은 진동형 하중을 포함하는 문제는 때때로 다자유도(多自由度) 해석을 요구하며, 많은 수의 모드(mode)를 사용하는 구조물 해석은 대단히 복잡할 수 있다. 그러나 폭풍하중과 같은 비진동하중에 대하여 오직 최대 응답만이 요구될 때는 단일 모드를 사용하여도 충분히 해석할 수 있다.

4.3.1 단자유도계

처짐과 응력 사이의 관계는 정적 조건과 동적 조건에서 동일하다. 따라서 일단 처짐이 결정되면 주어진 구조물의 해석이나 설계를 위한 모멘트와 응력을 결정하는 데 구조해석의 기본 원리가 사용될 수 있다. 이 책에 사용된 동적 해석에 대한 접근은 주어진 구조물이나 구조 요소를 등가인 단자유도계(Single Degree of Freedom System, SDOF)로 단순화하여 동적 처짐을 결정하는 것이다. 처짐이 알려진 다음에는 기본적인 구조해석 원리가 해석과 설계에 사용될 수 있다.

단자유도계는 **그림 4.23(a)**에서 보는 바와 같이 질량(M), 감쇠기(C), 저항 요소(R)로 구성된다. 저항 요소는 **그림 4.23(b)**와 같이 일반적으로 어떤 최대 저항 R_m 까지는 선형 스프링으로 되다가, 그 후 더 큰 변형에 대해서는 일정한 저항도를 나타낸다. 질량과 스프링은 단자유도계의 주파수가 등가 구조물의 예상 응답주파수와 같아지도록 선택해야 한다.

비진동하중에 대해서는 최대 응답만을 고려하기 때문에, 일반적으로 구조적 감쇠는 무시할 수 있다. 이에 대한 예외는 흙 속으로 방사 감쇠가 일어날 수 있는 지하구조물의 경우이다. 그러나 감쇠는 계산된 처짐을 항상 감소시키므로 방호구조물 설계 시에는 이를 무시하는 것이 안전 측에 속한다. 따라서 비감쇠 단자유도계의 운동방정식은 다음과 같다.

$$M_s\ddot{y} + R_r = F(t) \tag{4.14}$$

여기서, M_s: 질량　　y: 변위

$\ddot{y}$: 가속도　　R_r: 저항함수 $= ky$ (탄성계)

$F(t)$: 하중함수

시간에 따른 하중함수는 정확하게 알려져 있지는 않지만, 최대 압력과 총 충격량이 보전되는 한 이를 단순화하여 대략값을 사용할 수 있다. 즉, **그림 4.24**에서 볼 수 있는 것처럼 일반적으로 최대 압력과 총 충격량 특성을 보전하는 초기 상승형 직사각형 파동하중(펄스) 또는 삼각형 파동하중으로 표현할 수 있다. 지상구조물의 경우에는 때때로 두 부분으로 이뤄진 삼각형 파동하중이 필요하다.

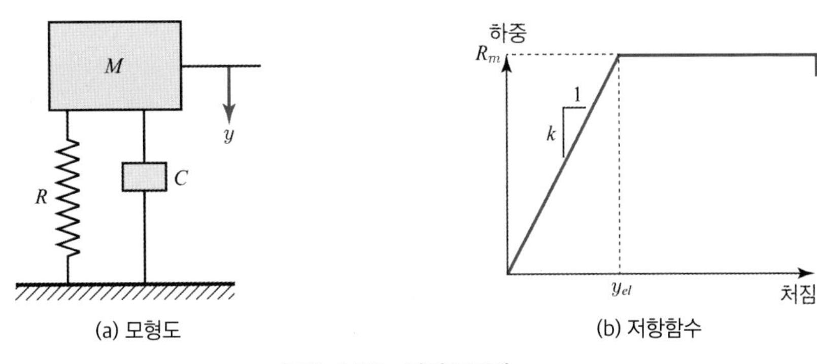

(a) 모형도　　(b) 저항함수

그림 4.23 단자유도계

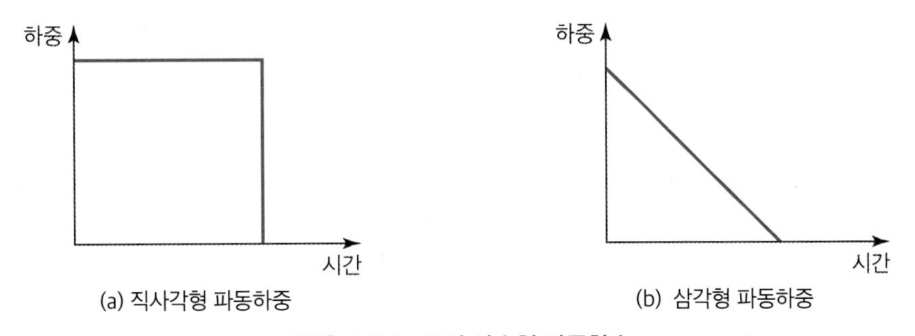

(a) 직사각형 파동하중　　(b) 삼각형 파동하중

그림 4.24 초기 상승형 하중함수

1) 탄성계

아주 단순한 하중-시간함수로 된 탄성계(Elastic System)에 대하여 식 (4.14)는 쉽게 풀 수 있으며, 그 해는 때때로 동하중계수와 같은 무차원(無次元)형으로 표현된다. 동하중계수[Dynamic Load Factor(DLF) 또는 Dynamic Increase Factor(DIF)]란 어떤 시간에서 최대 하중을 정역학적으로 적용시켰을 때의 처짐에 대한 동적 처짐의 비율을 말한다. 초기 상승형의 직사각형 파동하중에 대한 시간의 함수로서 동하중계수는 다음 식과 같다.

$$DLF = 1 - \cos\omega t = 1 - \cos 2\pi \frac{t}{T} \quad (t < t_d \text{인 경우}) \tag{4.15a}$$

$$DLF = \cos\omega(t - t_d) - \cos\omega t$$

$$= \cos 2\pi\left(\frac{t}{T} - \frac{t_d}{T}\right) - \cos 2\pi\frac{t}{T} \quad (t \geq t_d \text{인 경우}) \tag{4.15b}$$

삼각형 파동하중에 대한 동하중계수는 다음 식과 같다.

$$DLF = 1 - \cos\omega t + \frac{\sin\omega t}{\omega t_d} - \frac{t}{t_d} \quad (t < t_d \text{인 경우}) \tag{4.16a}$$

$$DLF = \frac{1}{\omega t_d}[\sin\omega t - \sin\omega(t - t_d)] - \cos\omega t \quad (t \geq t_d \text{인 경우}) \tag{4.16b}$$

여기서, ω : 시스템의 고유 원주파수

t : 시간

T : 고유 주기 $= 2\pi/\omega$

t_d : 직사각형 또는 삼각형 펄스의 작용 기간

직사각형 및 삼각형 파동하중에 대한 해가 **그림 4.25**에 주어졌으며, 여기서 최대 동하중계수는 구조물의 고유 주기에 대한 펄스의 작용 기간의 비율(t_d/T)에 대하여 표정되었다. 즉, 비율 t_d/T가 주어지면 최대 동하중계수가 결정될 수 있다. 동적하중을 받는 구조물에서 최대 응력과 최대 변형은 하중의 최댓값을 사용하여 정역학적 해석을 한 후, 그 정역학적 값들에 최대 동하중계수를 곱하여 결정된다. 또한 **그림 4.25**에는 t_d/T의 함수로서 고유 주기에 대한 최대 응답시간의 비율(t_m/T)이 표로 나타나 있다. 여기서 t_m은 최대 응답에 도달하는 시간이다. 만약 폭발이 지하에서 일어난다면 사인파(sine wave)형의 압력파가 발생하며, 최대 동하중계수는 **그림 4.26**을 사용하여 구할 수 있다.

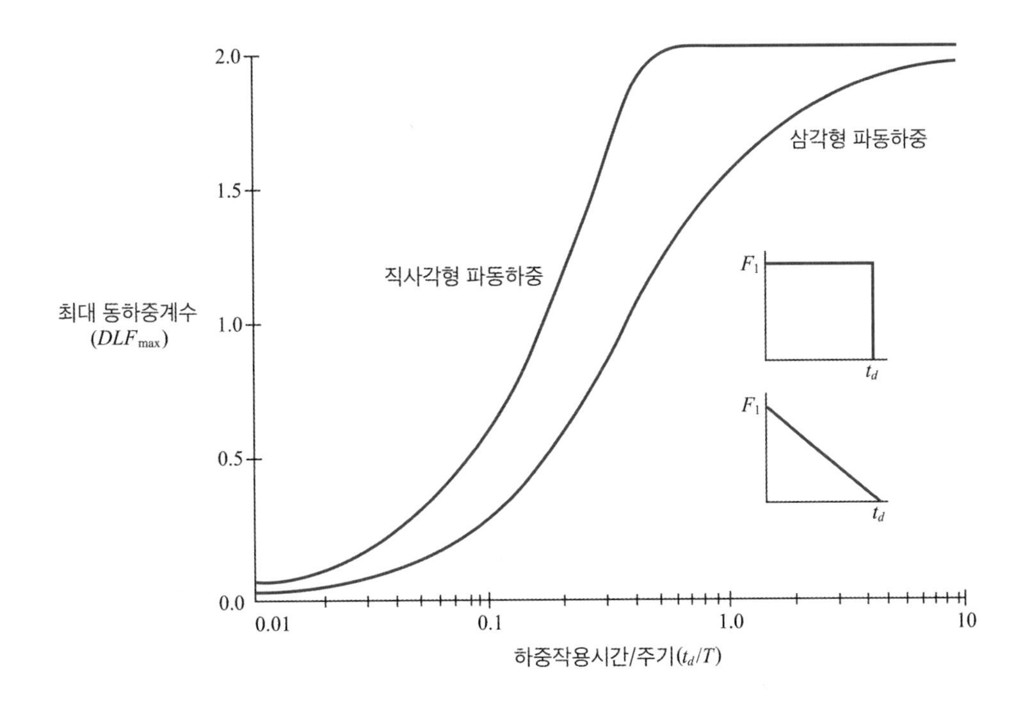

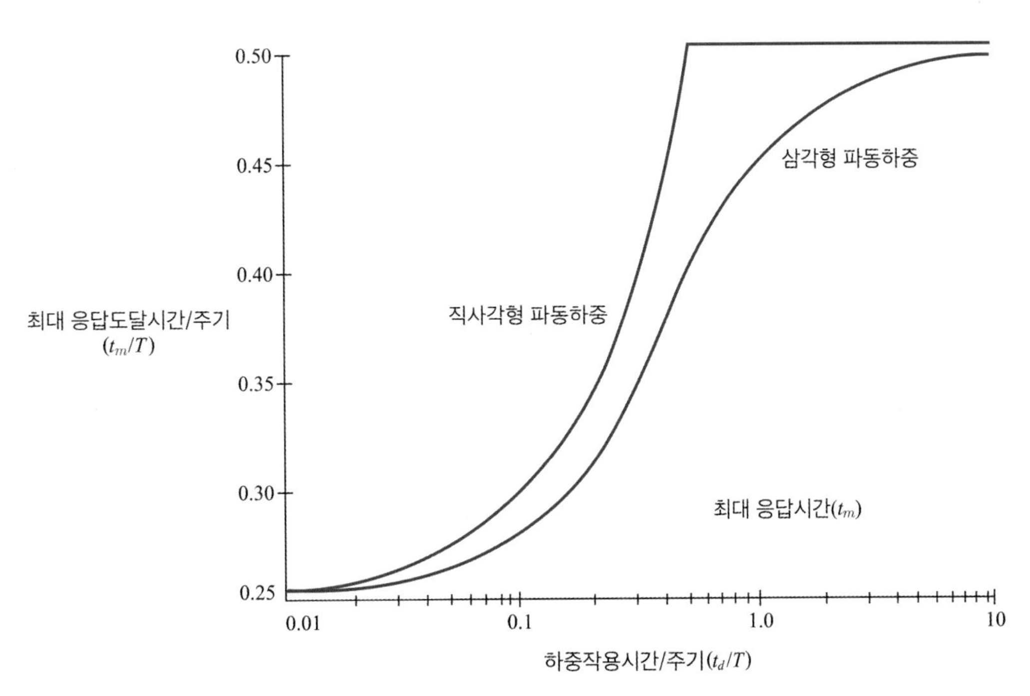

그림 4.25 초기 상승형 직사각형 및 삼각형 파동하중을 받고 있는 탄성 비감쇠 단자유도계의 최대 응답

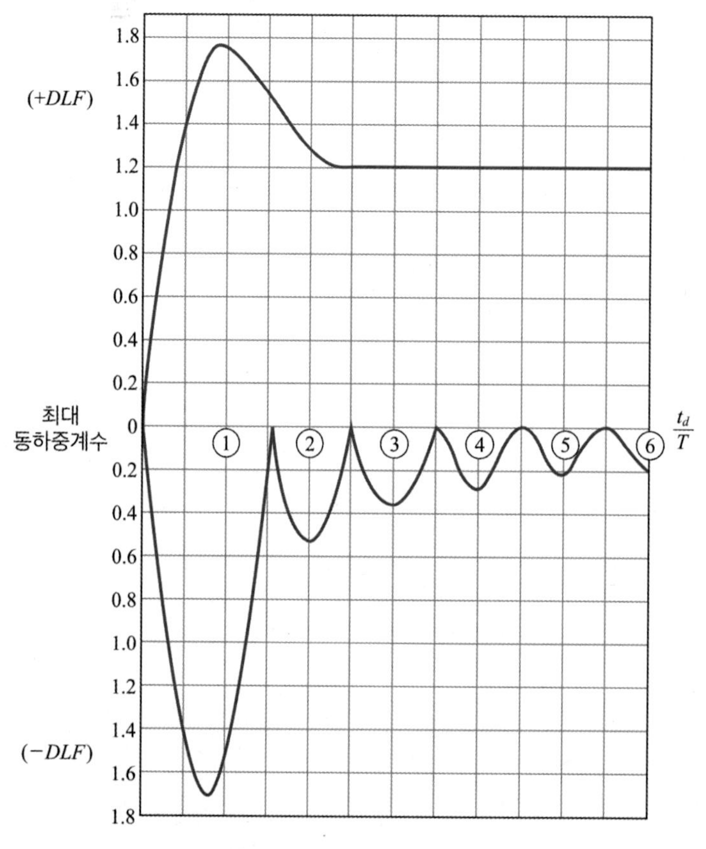

그림 4.26 지하 폭발에 대한 최대 동하중계수

2) 탄성-소성계

또한 식 (4.14)는 비선형 탄성-소성계(Elastic-Plastic System)에 대한 해를 구하는 데도 사용될 수 있다. 쌍일차 저항함수에 대한 응답은 세 부분으로 나눠진다. 즉, $R = Ky$에 대한 탄성응답, $R = R_m$(최대 저항)인 소성응답, 그리고 최대 변위 뒤에 일어나는 반동응답이 있다. 탄성계의 경우와 마찬가지로, 이 방정식도 무차원형으로 풀 수 있다. 삼각형 하중에 대한 비감쇠 탄성-소성계의 최대 응답이 **그림 4.27**에 표정되었다. 이 그림은 각 곡선이 최대 동하중에 대한 정적(저항) 능력의 여러 가지 비율(R_m / F)을 나타내는 곡선군으로 구성되어 있다. **그림 4.27**에는 각 곡선에서 변위 연성비 μ가 구조물의 고유 주기에 대한 펄스 기간의 비율(t_d / T)에 대하여 그래프로 나타나 있다. 변위 연성비 μ는 탄성 처짐에 대한 최대 처짐의 비율(Y_m / Y_e)이다. 또한 이 그림은 하중작용시간에 대한 최대 응답시간의 비율(t_m / t_d)을 보여준다.

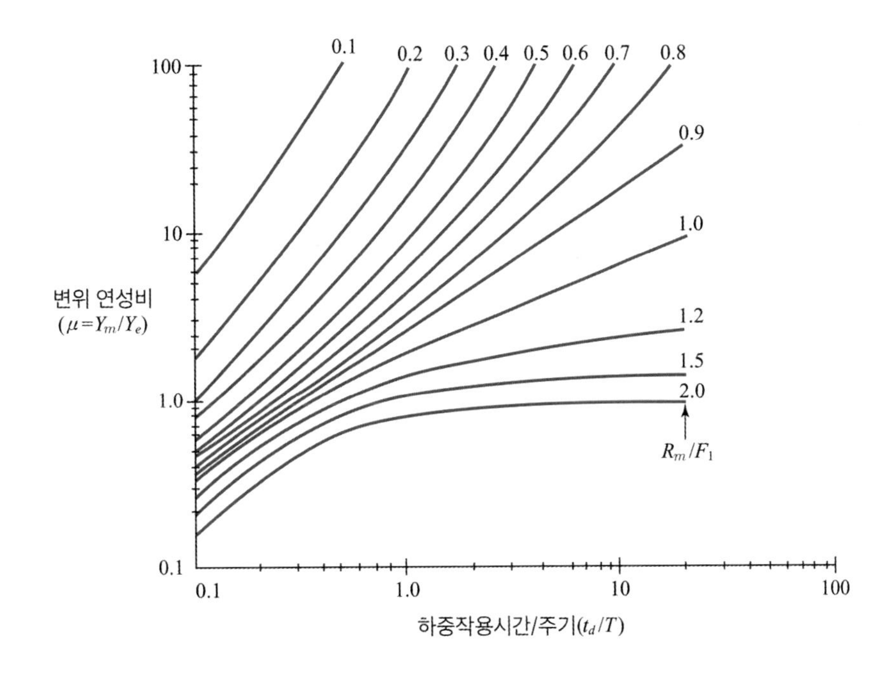

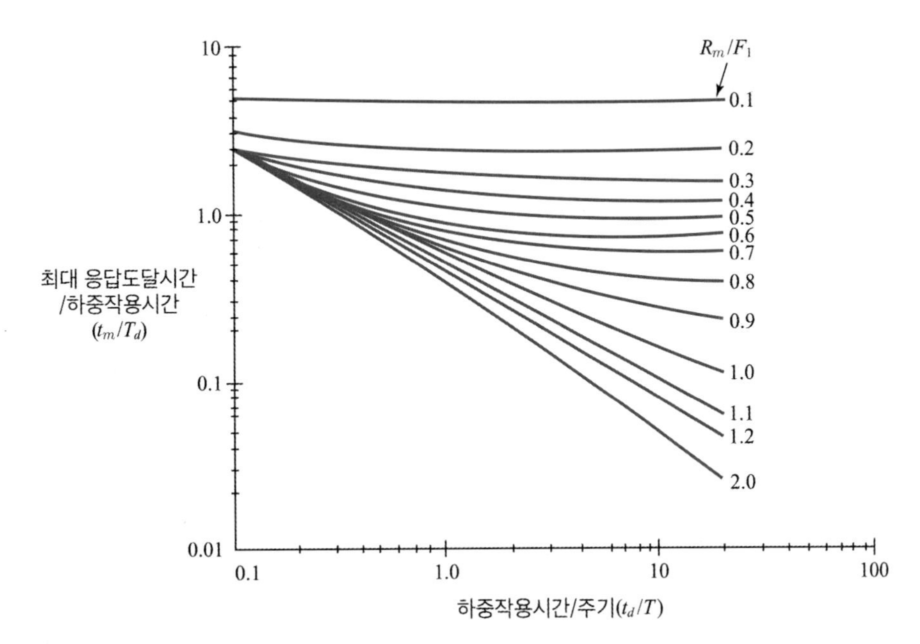

그림 4.27 초기 상승형 삼각형 파동하중을 받고 있는 탄성-소성 비감쇠 단자유도계의 최대 응답

3) 충격하중에 대한 응답

만일 고유 주기에 대한 파동하중 작용기간의 비율(t_d / T)이 **그림 4.27**에 나타난 값보다 작다면 하중은 충격하중으로 고려될 수 있고, 최대 정적(저항) 능력은 다음 식으로 구할 수 있다.

$$R_m = i\omega / \sqrt{2\mu - 1} \tag{4.17}$$

여기서, i: 하중-시간 이력의 충격량

ω: 고유 원주파수

μ: 변위 연성비 = 최대 처짐/탄성 처짐(Y_m / Y_e)

식 (4.17)로부터 변위 연성비 μ는 다음과 같이 표현된다.

$$\mu = \frac{1}{2}\left(\frac{i^2\omega^2}{R_m^2 + 1}\right) \tag{4.18}$$

식 (4.17)은 반복 설계 공식임에 유의해야 한다. 또한 고유 원주파수 ω를 계산하기 위해서는 구조적 특성들을 가정해야 한다. 또한 이러한 구조적 특성들을 이용하여 정적 능력 R_m을 결정할 수 있다. 따라서 구조물의 고유 주파수와 정적 능력이 합리적으로 식 (4.17)을 만족하도록 반복법을 구조물에 적용해야 한다.

4) 순간적이고 일정한 하중에 대한 응답

만일 비율 t_d / T가 **그림 4.27**에 주어진 것보다 크다면 하중은 순간적으로 작용하는 일정한 하중인 F_1으로 고려될 수 있다. 그 응답은 식 (4.19)와 (4.20)으로 정의된다.

$$R_m = F_1\left(\frac{1}{1 - 1/2\mu}\right) \tag{4.19}$$

$$\mu = \frac{1}{2(1 - F_1 / R_m)} \tag{4.20}$$

4.3.2 고유 주기

그림 4.23에서 질량을 밑으로 당겼다가 놓으면 그 질량은 처음의 평형 위치에서 상하로 진동할 것이다. 매 순환마다 소요되는 시간은 일정하며, 이를 고유 주기(natural period) T라 한다. 고유 주파수(natural frequency) f는 고유 주기의 역수($1/T$)이며, 고유 원주파수(natural angular frequency) ω는 통상 rad/s로 다음과 같이 표현된다.

$$\omega = 2\pi f = 2\pi / T \tag{4.21}$$

보, 슬래브 등과 같은 구조물은 무한한 자유도를 가지므로 고유 주파수도 무한개가 된다. 그리고 각 고유 주파수마다 그에 따르는 특성 형상(modal shape)이 존재한다. 구조물에서 가정된 처짐의 어떠한 모양도 특성 형상의 선형 결합으로 서술될 수 있다. 그러나 대부분의 경우 구조물의 변형에 대한 주된 기여는 오직 한 개의 모드에 의해 형성된다고 본다. 따라서 구조물은 그의 변형과 관련된 하나의 주파수를 갖는 단자유도계로 간략화할 수 있다.

1) 고유 주기에 대한 일반식

주어진 시스템의 주기는 다음 식으로 계산할 수 있다.

$$T = 2\pi\sqrt{\frac{K_{LM} M_s}{k_f}} \tag{4.22}$$

여기서, K_{LM} : 하중 - 질량계수

M_s : 구조물의 질량 또는 단위폭당 질량

k_f : 구조물의 강성도

몇 가지 일반적인 구조 요소에 관한 K_{LM}의 값과 k_f에 대한 식이 **표 4.19~4.21**에 주어졌다.

표 4.19~4.21에 변형률의 범위가 탄성, 소성, 탄성-소성인 경우에 대한 상수가 주어졌다. 대부분의 해석에서는 유효 스프링 계수를 사용하는 탄성-소성 범위의 값을 사용하는 것을 추천한다. 만일 이러한 값이 주어지지 않거나 탄성 해석이 이루어져야 한다면 탄성 범위의 값이 사용되어야 할 것이다. 보와 일방향 슬래브의 주기는 식 (4.22)를 사용하여 구할 수 있다.

표 4.19 단순보 및 일방향 단순 슬래브의 전환계수

재하도	변형 범위	하중 계수 K_L	하중-질량계수 K_{LM}		최대 저항 R_m	스프링 상수 k_f	동적 반력 V
			집중 질량[1]	등분포 질량			
$P=pL$, L, V	탄성	0.64		0.78	$8M_P/L$	$384EI/5L^3$	$0.39R+0.11P$
	소성	0.50		0.66	$8M_P/L$	0	$0.38R_m+0.12P$
P, $L/2$, $L/2$, V	탄성	1	1.0	0.49	$4M_P/L$	$48EI/L^3$	$0.78R-0.28P$
	소성	1	1.0	0.33	$4M_P/L$	0	$0.75R_m-0.25P$
$P/2$, $P/2$, $L/3$, $L/3$, $L/3$, V	탄성	0.87	0.87	0.60	$6M_P/L$	$56.4EI/L^3$	$0.525R-0.25P$
	소성	1	1.0	0.56	$6M_P/L$	0	$0.52R_m-0.02P$

1) 등간격인 집중질량은 각 집중하중에 합쳐 있다고 봄

표 4.20 고정보 및 일방향 고정 슬래브의 전환계수

재하도	변형 범위	하중 계수 K_L	하중-질량계수 K_{LM}		최대 저항[1] R_m	스프링 상수 k_f	동적 반력 V
			집중 질량	등분포 질량			
$P=pL$, L, V	탄성	0.53		0.77	$12M_{Ps}/L$	$385EI/L^3$	$0.36R+0.14P$
	탄성-소성	0.64		0.78	$8(M_{Ps}+M_{Pm})/L$	$385EI/5L^3$ [k_E[2] $=370EI/L^3$]	$0.39R+0.11P$
	소성	0.50		0.66	$8(M_{Ps}+M_{Pm})/L$	0	$0.38R_m+0.12P$
P, $L/2$, $L/2$, V	탄성	1	1.0	0.37	$4(M_{Ps}+M_{Pm})/L$	$192EI/L^3$	$0.71R-0.21P$
	소성	1	1.0	0.33	$4(M_{Ps}+M_{Pm})/L$	0	$0.75R_m-0.25P$

1) M_{Ps} : 지점에서 극한 모멘트 능력, M_{Pm} : 지간 중앙에서 극한 모멘트 능력

2) k_E: 유효 스프링 상수

표 4.21 단순 및 고정 지지된 보와 일방향 슬래브의 전환계수

재하도	변형 범위	하중계수 K_L	하중-질량계수 K_{LM} 집중 질량[1]	하중-질량계수 K_{LM} 등분포 질량	최대 저항[2] R_m	스프링 상수 k_f	동적 반력 V
$P=pL$, L, V_1, V_2	탄성	0.58		0.78	$8M_{Ps}/L$	$185EI/L^3$	$V_1=.26R+.12P$ $V_2=.43R+.19P$
	탄성-소성	0.64		0.78	$4(M_{Ps}+2M_{Pm})/L$	$384EI/5L^3$ $[k_E{}^{3)}=160EI/L^3]$	$V=.39R+.11P$ $\pm M_{Ps}/L$
	소성	0.50		0.66	$4(M_{Ps}+2M_{Pm})/L$	0	$V=.38R_m+.12P$ $\pm M_{Ps}/L$
P, $L/2$, $L/2$, V_1, V_2	탄성	1.0	1.0	0.43	$16M_{Ps}/3L$	$107EI/L^3$	$V_1=.25R+.07P$ $V_2=.54R+.14P$
	탄성-소성	1.0	1.0	0.49	$2(M_{Ps}+2M_{Pm})/L$	$48EI/L^3$ $(k_E=160EI/L^3)$	$V=.78R-.28P$ $\pm M_{Ps}/L$
	소성	1.0	1.0	0.33	$2(M_{Ps}+2M_{Pm})/L$	0	$V=.75R_m-.25P$ $\pm M_{Ps}/L$
$P/2$, $P/2$, $L/3$, $L/3$, $L/3$, V_1, V_2	탄성	0.81	0.83	0.55	$6M_{Ps}/L$	$132EI/L^3$	$V_1=.17R+.17P$ $V_2=.33R+.33P$
	탄성-소성	1.0	0.87	0.60	$2(M_{Ps}+3M_{Pm})/L$	$56EI/L^3$ $(k_E=122EI/L^3)$	$V=.52R-.025P$ $\pm M_{Ps}/L$
	소성	1.0	1.0	0.56	$2(M_{Ps}+3M_{Pm})/L$	0	$V=.52R_m-.02P$ $\pm M_{Ps}/L$

1) 등간격인 집중질량은 각 집중하중에 합쳐 있다고 봄
2) M_{Ps} : 지점에서 극한 모멘트 능력, M_{Pm} : 지간 중앙에서 극한 모멘트 능력
3) k_E: 유효 스프링 상수

2) 이방향 슬래브

이방향 슬래브(Two-Way Slab)의 주기는 **표 4.22~4.25**에 주어진 값을 사용하여 일방향 슬래브에서와 같은 방법으로 계산될 수 있다. 이방향 슬래브에 대한 유효 스프링 상수는 주어지지 않았으나, 저항곡선의 탄성-소성 부분 아래의 면적과 같은 값이 되도록 하면 된다. **그림 4.28**에 이방향 슬래브에 대해서 **표 4.22~4.25**에 사용된 기호들을 정의하였으며, 경계조건의 예시를 도식하였다.

M_{Pfa}, M_{Pfb} = 각각 변 a, b에 평행한 단면 중앙에서의 총 양(+)극한모멘트

M_{Psa}, M_{Psb} = 각각 변 a, b에서의 총 음(-)극한모멘트

$M^{\circ}{}_{Psa}$, $M^{\circ}{}_{Psb}$ = 각각 변 a, b에서 단위길이당 음(-)극한모멘트

$M_{Pfsa} = M_{Pfa} + M_{Psa}$ 및 $M_{Pfsb} = M_{Pfb} + M_{Psb}$

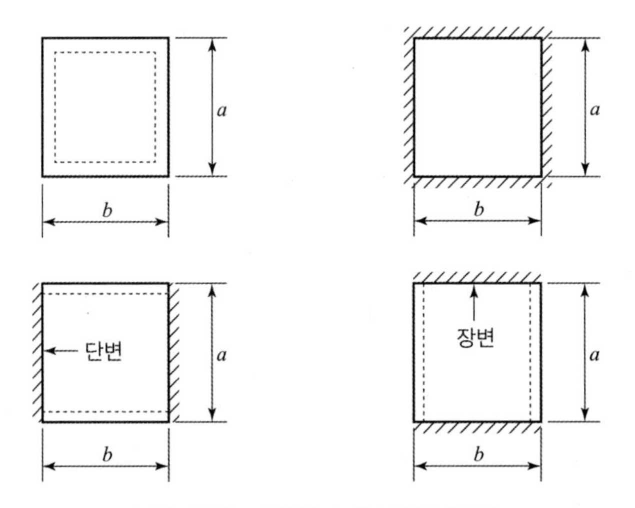

그림 4.28 이방향 슬래브의 경계조건

3) 상자형 구조물

지간-두께의 비 및 기하학적 비율이 다양한 상자형 구조물의 고유 주파수를 결정하기 위하여 실험자료로 뒷받침된 유한요소법이 사용되었다. 대상 구조물은 상자의 높이와 너비의 비가 같고, 지붕과 바닥 및 벽체의 두께가 동일하며, 인장 및 압축 철근비는 모두 1%가 사용되었다. 이러한 해석결과는 지간 대 유효깊이의 비(L/d_f)가 4인 경우에 지붕의 주기는 단순 지지 슬래브의 주기와 거의 같았으며, L/d_f 가 10인 지붕의 주기는 고정 슬래브의 경우와 유사하게 나타났다. 대부분의 방호구조물은 위와 같은 범위의 L/d_f 를 가지며, 주파수는 다음 식으로 나타난다.

$$f = \frac{\sqrt{p}}{C_s}\left(\frac{d_f}{L_s}\right)\left(\frac{1}{L_s}\right)\left(\frac{L_s^2 + B_L^2}{B_L^2}\right) \tag{4.23}$$

여기서, p : 인장철근비

C_s : 상수(s/cm)

L_s : 단지간(cm)

B_L : 장지간(cm)

여러 가지 L_s/d_f 비율에 대한 상수 C_s 가 **그림 4.29**에 표정되어 있다.

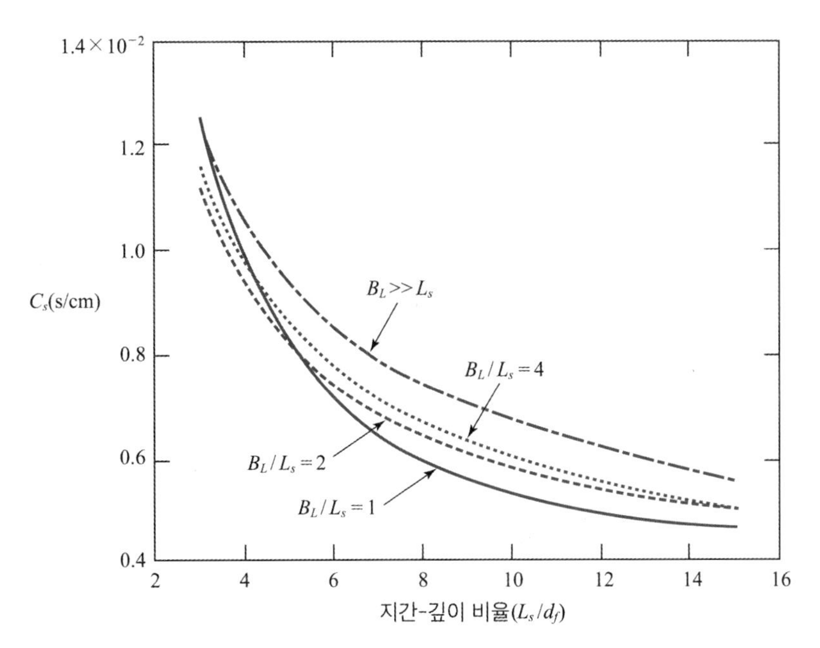

그림 4.29 상자형 구조물의 지간-깊이 비율에 대한 상수 C_s

표 4.22 등분포하중을 받는 이방향 단순 슬래브의 전환계수(푸아송비 $\nu = 0.3$ 인 경우)

변형 범위	a/b	하중계수 K_L	하중-질량계수 K_{LM}	최대 저항	스프링 상수 k_f	동적 반력	
						V_A 1)	V_B 2)
탄성	1.0	0.45	0.68	$12(M_{Pfa} + M_{Pfb})/a$	$252EI_a/a^2$	$.07P^{3)} + .18R$	$.07P + .18R$
	0.9	0.47	0.70	$(12M_{Pfa} + 11M_{Pfb})/a$	$230EI_a/a^2$	$.06P + .16R$	$.08P + .20R$
	0.8	0.49	0.71	$(12M_{Pfa} + 10.3M_{Pfb})/a$	$212EI_a/a^2$	$.06P + .14R$	$.08P + .22R$
	0.7	0.51	0.73	$(12M_{Pfa} + 9.8M_{Pfb})/a$	$201EI_a/a^2$	$.05P + .13R$	$.08P + .24R$
	0.6	0.53	0.74	$(12M_{Pfa} + 9.3M_{Pfb})/a$	$197EI_a/a^2$	$.04P + .11R$	$.09P + .26R$
	0.5	0.55	0.75	$(12M_{Pfa} + 9M_{Pfb})/a$	$201EI_a/a^2$	$.04P + .09R$	$.09P + .28R$
소성	1.0	0.33	0.51	$12(M_{Pfa} + M_{Pfb})/a$	0	$.09P + .16R_m$	$.09P + .16R_m$
	0.9	0.35	0.51	$(12M_{Pfa} + 11M_{Pfb})/a$	0	$.08P + .15R_m$	$.09P + .18R_m$
	0.8	0.37	0.54	$(12M_{Pfa} + 10.3M_{Pfb})/a$	0	$.07P + .13R_m$	$.01P + .20R_m$
	0.7	0.38	0.58	$(12M_{Pfa} + 9.8M_{Pfb})/a$	0	$.06P + .12R_m$	$.10P + .22R_m$
	0.6	0.40	0.58	$(12M_{Pfa} + 9.3M_{Pfb})/a$	0	$.05P + .10R_m$	$.01P + .25R_m$
	0.5	0.42	0.59	$(12M_{Pfa} + 9M_{Pfb})/a$	0	$.04P + .08R_m$	$.11P + .27R_m$

1) V_A : 단변에서의 총 동적 반력
2) V_B: 장변에서의 총 동적 반력
3) P : 슬래브에 작용하는 총 하중

표 4.23 등분포하중을 받는 이방향 고정 슬래브의 전환계수(푸아송비 $\nu = 0.3$인 경우)

변형 범위	a/b	하중계수 K_L	하중-질량계수 K_{LM}	최대 저항	스프링 상수 k_f	동적 반력	
						V_A	V_B
탄성	1.0	0.33	0.63	$29.2M^{*}_{Psb}$	$810EI_a/a^2$	$.10P+.15R$	$.10P+.15R$
	0.9	0.34	0.68	$27.4M^{*}_{Psb}$	$743EI_a/a^2$	$.09P+.14R$	$.10P+.17R$
	0.8	0.36	0.69	$26.4M^{*}_{Psb}$	$705EI_a/a^2$	$.08P+.12R$	$.11P+.19R$
	0.7	0.38	0.71	$26.2M^{*}_{Psb}$	$692EI_a/a^2$	$.07P+.11R$	$.11P+.21R$
	0.6	0.41	0.71	$27.3M^{*}_{Psb}$	$724EI_a/a^2$	$.06P+.09R$	$.12P+.23R$
	0.5	0.43	0.72	$30.2M^{*}_{Psb}$	$806EI_a/a^2$	$.06P+.08R$	$.12P+.25R$
탄성-소성	1.0	0.46	0.67	$(12M_{Pfsa}+12M_{Pfsb})/a$	$252EI_a/a^2$	$.07P+.18R$	$.07P+.18R$
	0.9	0.47	0.70	$(12M_{Pfsa}+11M_{Pfsb})/a$	$230EI_a/a^2$	$.06P+.16R$	$.08P+.20R$
	0.8	0.49	0.71	$(12M_{Pfsa}+10.3M_{Pfsb})/a$	$212EI_a/a^2$	$.06P+.14R$	$.08P+.22R$
	0.7	0.51	0.73	$(12M_{Pfsa}+9.8M_{Pfsb})/a$	$201EI_a/a^2$	$.05P+.13R$	$.08P+.24R$
	0.6	0.53	0.74	$(12M_{Pfsa}+9.3M_{Pfsb})/a$	$197EI_a/a^2$	$.04P+.11R$	$.09P+.26R$
	0.5	0.55	0.75	$(12M_{Pfsa}+9M_{Pfsb})/a$	$201EI_a/a^2$	$.04P+.09R$	$.09P+.28R$
소성	1.0	0.33	0.51	$(12M_{Pfsa}+12M_{Pfsb})/a$	0	$.09P+.16R_m$	$.09P+.16R_m$
	0.9	0.35	0.51	$(12M_{Pfsa}+11M_{Pfsb})/a$	0	$.08P+.15R_m$	$.09P+.18R_m$
	0.8	0.37	0.54	$(12M_{Pfsa}+10.3M_{Pfsb})/a$	0	$.07P+.13R_m$	$.10P+.20R_m$
	0.7	0.38	0.58	$(12M_{Pfsa}+9.8M_{Pfsb})/a$	0	$.06P+.12R_m$	$.10P+.22R_m$
	0.6	0.40	0.58	$(12M_{Pfsa}+9.3M_{Pfsb})/a$	0	$.05P+.10R_m$	$.10P+.25R_m$
	0.5	0.42	0.59	$(12M_{Pfsa}+9M_{Pfsb})/a$	0	$.04P+.08R_m$	$.11P+.27R_m$

표 4.24 단변 고정-장변 단순 지지된 이방향 슬래브의 전환계수(푸아송비 $\nu = 0.3$인 경우)

변형 범위	a/b	하중계수 K_L	하중-질량계수 K_{LM}	최대 저항	스프링 상수 k_f	동적 반력	
						V_A	V_B
탄성	1.0	0.39	0.67	$20.4M^{*}_{Psa}$	$575EI_a/a^2$	$.09P+.16R$	$.07P+.18R$
	0.9	0.41	0.68	$10.2M^{*}_{Psa}+11M_{Pfb}/a$	$476EI_a/a^2$	$.08P+.14R$	$.08P+.20R$
	0.8	0.44	0.68	$10.2M^{*}_{Psa}+10.3M_{Pfb}/a$	$396EI_a/a^2$	$.08P+.12R$	$.08P+.22R$
	0.7	0.46	0.72	$9.3M^{*}_{Psb}+9.7M_{Pfb}/a$	$328EI_a/a^2$	$.07P+.11R$	$.08P+.24R$
	0.6	0.48	0.73	$8.5M^{*}_{Psb}+9.3M_{Pfb}/a$	$283EI_a/a^2$	$.06P+.09R$	$.09P+.26R$
	0.5	0.51	0.73	$7.4M^{*}_{Psb}+9M_{Pfb}/a$	$243EI_a/a^2$	$.05P+.08R$	$.09P+.28R$

(계속)

변형 범위	a/b	하중계수 K_L	하중-질량계수 K_{LM}	최대 저항	스프링 상수 k_f	동적 반력	
						V_A	V_B
탄성 – 소성	1.0	0.46	0.67	$(12M_{Pfsa}+12M_{Pfb})/a$	$271EI_a/a^2$	$.07P+.18R$	$.07P+.18R$
	0.9	0.47	0.70	$(12M_{Pfsa}+12M_{Pfb})/a$	$248EI_a/a^2$	$.06P+.16R$	$.08P+.20R$
	0.8	0.49	0.71	$(12M_{Pfsa}+10.3M_{Pfb})/a$	$228EI_a/a^2$	$.06P+.14R$	$.08P+.22R$
	0.7	0.51	0.72	$(12M_{Pfsa}+9.7M_{Pfb})/a$	$216EI_a/a^2$	$.05P+.13R$	$.08P+.24R$
	0.6	0.53	0.70	$(12M_{Pfsa}+9.3M_{Pfb})/a$	$212EI_a/a^2$	$.04P+.11R$	$.09P+.26R$
	0.5	0.55	0.74	$(12M_{Pfsa}+9M_{Pfb})/a$	$216EI_a/a^2$	$.04P+.09R$	$.09P+.28R$
소성	1.0	0.33	0.51	$(12M_{Pfsa}+12M_{Pfb})/a$	0	$.09P+.16R_m$	$.09P+.16R_m$
	0.9	0.35	0.51	$(12M_{Pfsa}+11M_{Pfb})/a$	0	$.08P+.15R_m$	$.09P+.18R_m$
	0.8	0.37	0.54	$(12M_{Pfsa}+10.3M_{Pfb})/a$	0	$.07P+.13R_m$	$.10P+.20R_m$
	0.7	0.38	0.58	$(12M_{Pfsa}+9.7M_{Pfb})/a$	0	$.06P+.12R_m$	$.10P+.22R_m$
	0.6	0.40	0.58	$(12M_{Pfsa}+9.3M_{Pfb})/a$	0	$.05P+.10R_m$	$.10P+.25R_m$
	0.5	0.42	0.59	$(12M_{Pfsa}+9M_{Pfb})/a$	0	$.04P+.08R_m$	$.11P+.27R_m$

표 4.25 장변 고정-단변 단순 지지된 이방향 슬래브의 전환계수(푸아송비 $\nu=0.3$인 경우)

변형 범위	a/b	하중계수 K_L	하중-질량계수 K_{LM}	최대 저항	스프링 상수 k_f	동적 반력	
						V_A	V_B
탄성	1.0	0.39	0.67	$20.4M^*_{Psb}$	$575EI_a/a^2$	$.07P+.18R$	$.09P+.16R$
	0.9	0.40	0.70	$19.5M^*_{Psb}$	$600EI_a/a^2$	$.06P+.16R$	$.10P+.18R$
	0.8	0.42	0.69	$19.5M^*_{Psb}$	$610EI_a/a^2$	$.06P+.14R$	$.11P+.19R$
	0.7	0.43	0.71	$20.2M^*_{Psb}$	$662EI_a/a^2$	$.05P+.13R$	$.11P+.21R$
	0.6	0.45	0.73	$21.2M^*_{Psb}$	$731EI_a/a^2$	$.04P+.11R$	$.12P+.23R$
	0.5	0.47	0.72	$22.2M^*_{Psb}$	$850EI_a/a^2$	$.04P+.09R$	$.12P+.25R$
탄성 – 소성	1.0	0.46	0.67	$(12M_{Pfa}+12M_{Pfsb})/a$	$271EI_a/a^2$	$.07P+.18R$	$.07P+.18R$
	0.9	0.47	0.70	$(12M_{Pfa}+11M_{Pfsb})/a$	$248EI_a/a^2$	$.06P+.16R$	$.08P+.20R$
	0.8	0.49	0.71	$(12M_{Pfa}+10.3M_{Pfsb})/a$	$228EI_a/a^2$	$.06P+.14R$	$.08P+.22R$
	0.7	0.51	0.73	$(12M_{Pfa}+9.8M_{Pfsb})/a$	$216EI_a/a^2$	$.05P+.13R$	$.06P+.24R$
	0.6	0.53	0.74	$(12M_{Pfa}+9.3M_{Pfsb})/a$	$212EI_a/a^2$	$.04P+.11R$	$.09P+.26R$
	0.5	0.55	0.74	$(12M_{Pfa}+9M_{Pfsb})/a$	$216EI_a/a^2$	$.04P+.09R$	$.09P+.28R$

(계속)

변형 범위	a/b	하중계수 K_L	하중-질량계수 K_{LM}	최대 저항	스프링 상수 k_f	동적 반력	
						V_A	V_B
소성	1.0	0.33	0.51	$(12M_{Pfa}+12M_{Pfsb})/a$	0	$.09P+.16R_m$	$.09P+.16R_m$
	0.9	0.35	0.51	$(12M_{Pfa}+11M_{Pfsb})/a$	0	$.08P+.15R_m$	$.09P+.18R_m$
	0.8	0.37	0.54	$(12M_{Pfa}+10.3M_{Pfsb})/a$	0	$.07P+.13R_m$	$.10P+.20R_m$
	0.7	0.36	0.58	$(12M_{Pfa}+9.8M_{Pfsb})/a$	0	$.06P+.12R_m$	$.10P+.22R_m$
	0.6	0.40	0.58	$(12M_{Pfa}+9.3M_{Pfsb})/a$	0	$.05P+.10R_m$	$.10P+.25R_m$
	0.5	0.42	0.59	$(12M_{Pfa}+9M_{Pfsb})/a$	0	$.04P+.08R_m$	$.11P+.27R_m$

4) 골조구조

그림 4.30과 같은 골조구조에 대하여 변환계수들이 구해질 수 있다. 질량 m_1 과 m_2 는 지붕과 측벽에 등분포하며, 동적하중으로는 **그림 4.30(a)**에 나타낸 바와 같이 지붕에 작용하는 집중하중 $F(t)$와 벽체와 작용하는 등분포하중 $p(t)$가 있다. 골조구조는 **그림 4.30(b)**와 같이 직선으로 유지되면서 수평으로 변형되는 것으로 가정한다. 변환된 시스템의 처짐은 골조구조 상부의 처짐과 같게 취하며, 등가 시스템의 질량과 등가 힘은 각각 다음 식으로 주어진다.

$$M_{eq} = m_1 L + \frac{2m_2 h}{3} \tag{4.24}$$

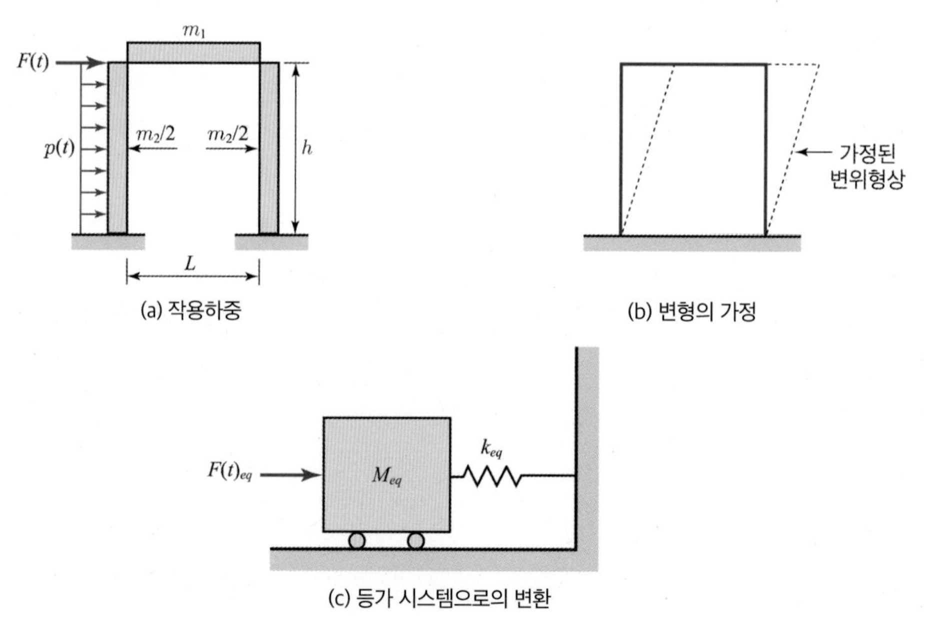

그림 4.30 등가 단자유도계를 적용한 골조구조의 해석

$$F_{eq} = F(t) + p(t)\frac{h}{2} \qquad (4.25)$$

등가 강성도 k_{eq}는 골조구조의 상부에 작용하는 수평력에 대한 그 구조의 실제 강성도와 같으며, 지붕의 수평 단위 처짐을 유발하는 데 필요한 집중력이다.

실제 및 등가 시스템의 최대 저항은 단지 골조구조에 의해 지탱되는 최대 수평력이다. 좀 더 일반적인 경우로 거더가 기둥에 비하여 강성도가 크다면, 다음과 같다.

$$R_m = R_{meq} = \frac{4M_{uc}}{h} \qquad (4.26)$$

여기서 M_{uc}는 각 기둥의 극한 휨모멘트이다. **그림 4.30(c)**에 보여준 등가 시스템의 특성이 설정된 다음에는 구조의 처짐을 구하고, 이러한 처짐으로부터 응력을 구하기 위하여 단자유도 해석을 한다. 다층구조는 일반적으로 바닥 높이에 해당 벽체 면적에 기초한 하중과 질량을 집중시킴으로써 충분히 정확하게 해석할 수 있다.

5) 고유 주파수에 대한 흙 피복두께의 영향

실험에 의하면 흙 피복두께는 슬래브와 아치의 고유 주기에 대하여 아주 작은 영향을 준다는 것이 밝혀졌다. 흙이 주기에 미치는 영향이라면 단지 질량을 추가시켜서 구조물의 주기를 증가시키는 것이다. 흙 피복두께는 폭풍하중에 대하여 주기에 영향을 주지 않는다고 하는 것이 안전 측에 속한다.

4.3.3 동적 반력

보, 일방향 슬래브, 이방향 슬래브에 대한 동적 반력(dynamic reaction force)은 **표 4.19~4.25**에 주어졌다. 동적 반력에 관한 해석에서 작용하중(F)과 저항력(R)은 시간의 함수이다. R과 F의 최댓값이 사용된다면 동적 반력의 값은 상한값을 나타내며, 이는 많은 경우에 안전 측에 속한다.

4.3.4 구조물의 충격

방호구조물의 설계에서 주요 관심사는 구조적 파괴를 방지하는 것이다. 그러나 사령부와 통제소 등의 시설 내에 있는 정교한 전자 장비는 구조물의 파괴에서 요구되는 것보다 훨씬 낮은 충격 수준에서 손상될 수 있으며, 이런 경우에는 임무를 완수하지 못한다. 핵무기로부터 발생되는 장기간의 지면운동은 구조물의 운동을 예상하도록 자유장 지면운동을 수정하는 과정이 잘 규명되어 있지만, 재래식 무기에 의하여 발생되는 단기간의 지면운동은 구조물의 충격 환경을 예상하기 위한 과정이 아직 명확하게 규명되어 있지 않다.

1) 직사각형 지하구조물

(1) 측면 폭발하중인 경우

구조물을 횡단하는 지면 충격의 감쇠는 다음에 주어지는 단순화된 방법이 고려된다. 구조물의 가속도, 속도, 변위에 대한 계산값은 구조물 중심에서 수평 방향에 대한 것이다. 실험에 의하면 측면 폭발인 경우 수직 방향의 가속도, 속도, 변위는 수평값의 약 20%에 달함을 알 수 있다. 또한 수평운동은 구조물의 전 층에 걸쳐 아주 균일한 반면, 앞쪽 단부에서의 수직운동은 지간 중앙의 두 배가 된다.

구조물의 가속도, 속도, 변위는 자유장의 값을 수정하여 예측할 수 있다. **그림 4.31**과 같은 구조물의 가속도는 구조물 지간 전체에 걸친 자유장 가속도의 평균값을 사용하여 예측할 수 있다. 직사각형 지하구조물을 가로지르는 평균 자유장 가속도, 속도, 변위는 식 (4.27)~(4.29)로 나타낸다.

$$A_{avg} = \frac{50 f c W^{n/3} (0.3967)^n (R_1^{-n} - R_2^{-n})}{n(R_2 - R_1)} \tag{4.27}$$

$$V_{avg} = \frac{48.768 f W^{n/3} (0.3967)^n [R_1^{(-n+1)} - R_2^{(-n+1)}]}{(n-1)(R_2 - R_1)} \tag{4.28}$$

$$d_{avg} = \frac{152.4 f W^{n/3} (0.3967)^n [R_1^{(-n+2)} - R_2^{(-n+2)}]}{c(n-2)(R_2 - R_1)} \tag{4.29}$$

여기서, A_{avg}: 평균 자유장 가속도(g)

V_{avg}: 평균 자유장 속도(m/s)

d_{avg}: 평균 자유장 변위(m)

f: 결합계수[식 (4.23) 참조]

c: 지진속도(m/s)

W: 작약무게(kg)

n: 감소계수

R_1, R_2: 거리(m)(**그림 4.31** 참조)

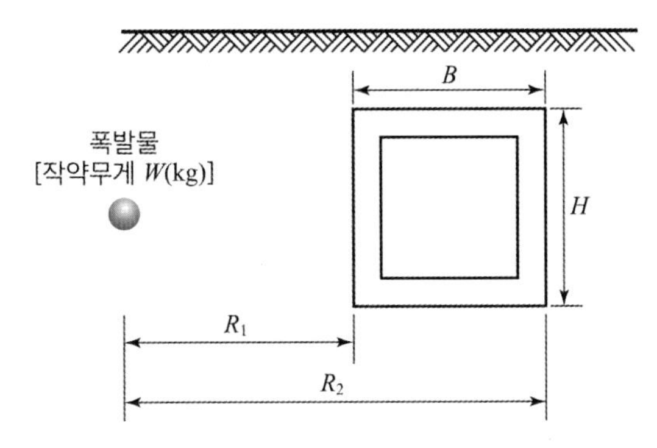

그림 4.31 직사각형 지하구조물에 대한 측면 폭발하중

가속도와 속도의 평균 자유장 값은 실제 구조물의 값보다 과도하게 예측한 것이다. **그림 4.32**에 보여준 정보는 이러한 값을 감소시키기 위하여 사용될 수 있다. 감소계수(RF) n은 실제 하중 분포로부터 얻은 최대 압력 종거에 대한 등가 등분포하중의 압력 종거의 비율로 결정된다. 등가 등분포하중은 높이 H와 길이 L인 벽체에 대하여 결정된 것이다.

구조물의 가속도는 식 (4.27)의 평균 가속도에 **그림 4.32**의 감소계수를 곱하여 얻을 수 있다. 실험 자료에 의하면 이 방법은 직사각형 지하구조물에 대하여 안전한 것으로 밝혀졌다. 속도는 식 (4.28)과 감소계수를 사용하여 예측할 수 있으며, 실험 자료에 의하면 이 방법은 실험값에 근접한

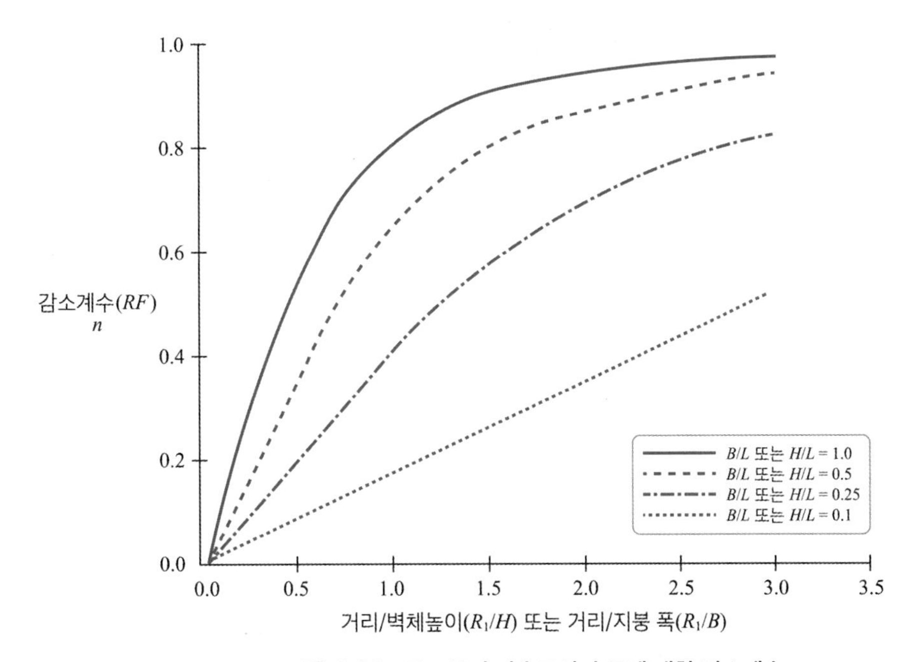

그림 4.32 구조물의 가속도와 속도에 대한 감소계수

결과를 낳는다는 것을 알 수 있다. 구조물의 변위는 감소계수를 사용하지 않고, 식 (4.29)를 사용하여 예측할 수 있다.

(2) 상부 폭발하중인 경우

측면 폭발에 사용된 동일한 식이 이 경우에도 적용되며, R_1 과 R_2 는 **그림 4.33**에 주어졌다. 이렇게 구한 값은 지붕의 너비 B 와 길이 L 을 사용하여 **그림 4.32**로부터 얻은 감소계수를 곱해주어야 한다.

(3) 구조물 충격 스펙트럼

일단 구조물의 가속도, 속도, 변위의 최댓값이 결정되면, 이는 대략적인 구조물의 충격 스펙트럼을 전개하는 데 사용될 수 있다.

단순한 스프링-질량 진자와 구조물 바닥 사이의 최대 상대 변위를 D 라 하자. 진자의 고유 원주파수를 ω (rad/s)라 할 때, 최대 상대 변위 D 와 의사(擬似)속도(pseudo-velocity) V, 의사가속도(pseudo-acceleration) A 사이의 관계는 다음과 같다.

$$V = \omega D \tag{4.30}$$

$$A = \omega V = \omega^2 D \tag{4.31}$$

의사속도 V 는 중간 주파수 또는 고주파수 시스템에서는 최대 상대속도와 거의 동일하지만, 저주파수 시스템에서는 최대 상대속도와 상당히 다를 수 있다. 가속도 A 는 비감쇠 시스템에서는 최대 가속도와 일치하고, 중간 정도의 감쇠장치가 있는 시스템에서도 최대 가속도와 크게 다르지 않다.

위에서 구한 D, V, A 의 값은 바닥운동에 대한 각각의 최댓값보다 크다. D, V, A 에 대한 안전 측의 값은 바닥운동의 값에 적절한 증폭계수를 곱하여 구할 수 있다. 모형 구조물에 대한 고성능 폭발실험으로부터 얻은 제한된 자료에 의하면, 5%의 임계 감쇠계에 대하여 변위, 속도, 가속도에 대한 평균 증폭계수는 각각 1.2, 1.5, 1.6으로 나타났다. 약한 감쇠계(임계감쇠의 5~10%)에서는

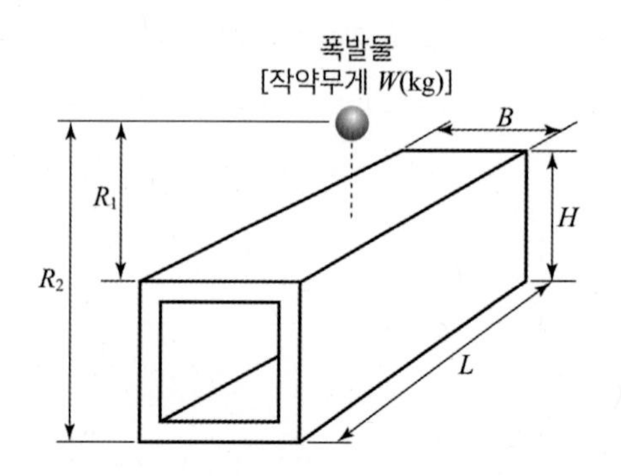

그림 4.33 직사각형 지하구조물에 대한 상부 폭발하중

상대 변위, 의사속도, 의사가속도에 대하여 각각 1.0, 1.5, 2.0을 지진에 의한 지면운동에 대한 상대 증폭계수로 사용한다. 따라서 임계감쇠의 5~10% 정도인 감쇠에 대한 대략적인 구조물의 설계 충격 스펙트럼을 개발하기 위하여 상대적인 변위, 의사속도, 가속도에 대한 상대 증폭계수로 1.2, 1.5, 2.0이 추천된다.

2) 지하구조물에 접촉 폭발

뒤채움 흙의 전색 효과 때문에 접촉 폭발에 노출된 지하구조물의 충격 수준은 아주 높을 수 있으므로, 가능하다면 이러한 경우는 피하도록 해야 한다. 지표면과 같은 높이로 된 철근콘크리트 방벽층 또는 암석 조각으로 구성된 방벽층은 무기가 뒤채움 흙을 관통한 후 구조물에 접근하여 폭발하는 것을 방지할 수 있다.

4.4 방호설계 예

4.4.1 지휘소 설계

1) 개요

지휘소는 방호적 관점에서 보면 분산의 원칙에 따라 상호 연락체제를 갖춘 독립 구조물 내에 위치하는 것이 좋다. 그러나 실제적으로는 한 건물 안에서 모든 작전을 통합하고 통제하는 것이 편리할 때도 있다. 지휘소 구조물을 지상으로 할 것인지 지하구조물로 할 것인지는 방호도, 현지 지형의 특성, 작업량, 소요경비 등을 다각적으로 검토하여 합리적인 설계가 되도록 결정해야 한다. 반지하구조물 형태도 은폐가 용이하고, 중포(重砲)의 공격에 양호한 방호를 제공하며, 다른 주요 시설물들과 교통호로 연결이 쉽기 때문에 지휘소 구조물로 고려할 수 있다.

지휘소의 방호도는 제대별(梯隊別)로 다르게 선정할 수도 있겠으나, 일반적으로 **그림 4.2**에 제시된 구조물의 저항 요소들이 외부 공격에 대해 방호되도록 다음 조건을 만족시켜야 한다.

- GP 2000 또는 SAP 2000의 폭탄이 지붕 슬래브에 대한 직접 폭격으로부터 방호되어야 한다. 폭탄의 제원은 **표 4.14**에 주어져 있다.
- GP 2000 폭탄이 지반에 관입 후 벽체에 접촉 폭발하는 경우에도 방호되어야 한다.
- GP 2000 또는 SAP 2000의 폭탄이 지반에 관입 후 바닥 아랫면에 근접 및 접촉 폭발하는 경우에도 방호되어야 한다.

• 지붕 슬래브나 벽체는 16인치 함포 사격에 대해서도 방호가 가능해야 한다.
• 지휘소는 화생방 공격에 대하여 부대원의 집단 방호가 가능해야 한다.

2) 철근콘크리트 지휘소의 방호설계 예

철근콘크리트 구조로 된 지휘소를 지하에 2층으로 건설하기 위한 설계 예를 다루어보자. 설계의 주된 부분은 지붕 슬래브, 외벽 및 바닥의 두께를 결정하는 일이다. 각 층의 천장 높이는 280 cm로 하고, 층 사이의 슬래브 두께는 35 cm로 한다. 사용 콘크리트의 설계기준강도는 f_{ck} = 280 kg/cm^{2}이며, 적정량의 철근이 배근되어 있다고 가정하고, 다른 설계 조건은 구조물의 각 부위별로 주어질 것이다.

(1) 지붕 슬래브 설계

예제 4.8

SAP 2000 폭탄의 직접 폭격을 방호할 수 있는 지붕 슬래브를 설계하고, 16인치 철갑탄 함포 사격에 방호가 가능한지를 검토하라. [단, 지붕 위의 복토(覆土)는 무시하며, 폭탄의 제원은 다음 표와 같다.]

구분	SAP 2000 폭탄	16″ AP포탄
폭탄무게 W(kg)	925	952
작약무게 w(kg)	250	26.3
폭탄직경 D(cm)	47.5	40.6
충격속도 v(m/s)	330	500
충격각 θ	14°	33° 36′

풀이 (1) 폭탄의 관입길이: 식 (3.47)로 계산한다.

$$X = \frac{1{,}740\ PD^{0.215}\ V^{1.5}}{\sqrt{f_{ck}}} + 0.5\,d \text{ 에서}$$

$$P = \frac{\text{폭탄무게}}{\text{최대 단면적}} = \frac{925}{\pi \times 47.5^2/4} = 0.522\ \text{kg/cm}^2$$

$$D^{0.215} = 47.5^{0.215} = 2.29$$

$$V = \frac{330}{305} = 1.08$$

$$\therefore\ V^{1.5} = 1.08^{1.5} = 1.12$$

그리고

$$\sqrt{f_{ck}} = \sqrt{280} = 16.73$$

$$\therefore X = \frac{1{,}740 \times 0.522 \times 2.29 \times 1.12}{16.73} + 0.5 \times 47.5$$

$$= 139.24 + 23.75 \fallingdotseq 163 \text{ cm}$$

따라서 관통도는 다음과 같다.

$$\frac{X}{D} = \frac{163}{47.5} = 3.43 \text{ caliber}$$

(2) 충격각을 고려한 관통도의 보정

그림 3.33의 곡선 A로부터 충격각 14° 의 보정계수는 0.82이므로

$$\frac{X'}{D} = 0.82 \times \frac{X}{D} = 0.82 \times 3.43 = 2.81$$

즉, 보정된 관입길이는 $X' = 2.81 \times 47.5 = 133.5$ cm이다. 만일 폭탄의 구경이 40 cm 이내라면 **그림 3.34**의 계산 도표를 이용하여 근사적으로 구할 수도 있다.

(3) 폭발에 의한 추가 관입길이 X_e : 식 (4.3)으로 계산한다.

$$\frac{X_e}{D} = 1.04 \times 10^{10} \times \left(\frac{w}{D^3}\right)^4$$

$$= 1.04 \times 10^{10} \times \left(\frac{250}{47.5^3}\right)^4 = 0.31 \text{ caliber}$$

$$\therefore X_e = 0.31 \times 47.5 = 14.7 \fallingdotseq 15 \text{ cm}$$

(4) 총 관통도: $(X' + X_e)/D = 2.81 + 0.31 = 3.12$

(5) 파쇄에 대한 소요 철근콘크리트 두께 결정

그림 4.7에서 관통도 3.12에 대한 파쇄한계두께(t/D)는 6.3 caliber이다. 파쇄방지판을 설치하지 않는 경우에는 관입 공식에 대한 오차와 안전 등을 고려하여 일반적으로 두께를 15% 증가시킨다. 따라서 지붕 슬래브의 소요방호두께는

$$t = 6.3d \times 1.15$$
$$= 6.3 \times 47.5 \times 1.15 = 344.1 \fallingdotseq 345 \text{ cm}$$

만일 파쇄방지판이 설치된다면 지붕 슬래브의 소요방호두께는 다음과 같다.

$$t = 6.3d$$
$$= 6.3 \times 47.5 = 299.3 \fallingdotseq 300 \text{ cm}$$

(6) 16인치 AP탄의 함포 사격에 대한 검토

그림 3.31에 의하면 충격속도 v가 500 m/s일 때 도탄한계각도는 27° 이다. 물론 이 그림에 사용된 포탄과 현재 고려하고 있는 AP탄은 종류가 다르긴 하지만, AP탄의 실제 충격각이 33° 36으로 도탄한계각도를 초과하므로 도탄이 발생한다. 실제로 충격 경사각이 큰 함포 사격의 경우에는 지붕에 대한 직접적인 관통 효과가 없으므로 설계 시 함포 사격은 고려하지 않아도 된다.

(2) 외벽 설계

예제 4.9

GP 2000이 지표면을 지나서 측벽에 접촉 폭발하는 경우에 대하여 외벽을 설계하라. 또한 16인치 철갑탄의 함포 사격에 대한 안전 여부를 판단하고, 불안전한 경우에는 흙에 의한 추가적인 방호를 얻기 위한 소요복토(覆土)두께를 산출하라. (단, 사질토로 토질상수는 $K=$ 8,000이며, 폭탄의 제원은 다음 표와 같다. 16인치 철갑탄의 함포 사격 시 사거리는 13,700 m이며, 그림 4.34에 사거리에 대한 충격속도와 낙하각의 관계가 주어졌다. 철근의 피복두께는 10 cm로 한다.)

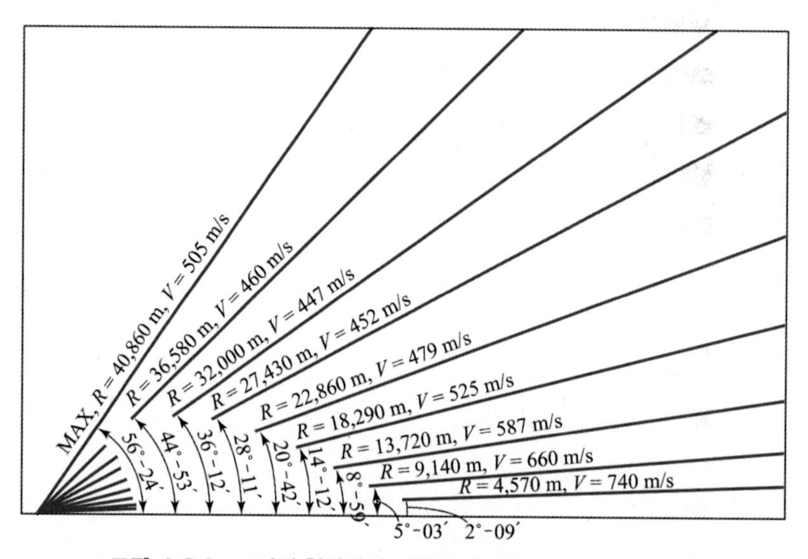

그림 4.34 16인치 철갑탄의 사거리, 충격속도, 낙하각의 관계

구분	GP 2000 폭탄	16″ AP포탄
폭탄무게 W(kg)	948	952
작약무게 w(kg)	502	26.3
폭탄직경 D(cm)	58.4	40.6

풀이 1. 일반용 폭탄에 대한 외벽 방호두께 결정

접촉 폭발인 경우 벽체 외부로부터 폭탄 중심까지의 거리는

$$r = D/2 = 58.4/2 = 29.2 \text{ cm} = 0.292 \text{ m}$$

그림 4.21에서 토질상수 $K=8{,}000$에 대한 보정계수 $F=1.15$

그리고 벽체의 순높이 $L=2.8$ m이고, $w^{1/3}=(502)^{1/3}=7.948$ 이므로 식 (4.9)를 사용하여

$$C_r = \frac{1.588\, r}{w^{1/3}\sqrt{L/w^{1/3}}\; F} = \frac{1.588 \times 0.292}{7.948 \times \sqrt{2.8/7.948} \times 1.15} = 0.085 \fallingdotseq 0.1$$

그림 4.20에서 C_r의 최솟값인 0.1에 대한 $C_d = 1.4$를 얻는다. 따라서 식 (4.10)을 사용하여 벽체의 유효깊이 d를 구할 수 있다.

$$d = \frac{C_d w^{1/3}}{2.5} = \frac{1.4 \times 7.948}{2.5} = 4.451\ \text{m} \fallingdotseq 450\ \text{cm}$$

철근의 피복두께는 10 cm이므로 외벽의 소요두께 t는 다음과 같다.

$$t = d + 10 = 450 + 10 = 460\ \text{cm}$$

2. 함포 사격에 대한 방호설계

그림 4.34에서 16″ 함포의 사거리 13,700 m에 대한 충격속도 V는 587 m/s이며, 지면에 수직인 벽체에 대한 충격각은 낙하각과 같으므로 8° 59′이다. 소요복토두께는 다음과 같은 절차를 거쳐 구한다.

(1) 콘크리트 벽체에 대한 16″ AP탄의 관입길이 계산

$$P = \frac{\text{폭탄무게}}{\text{최대 단면적}} = \frac{952}{\pi \times 40.6^2/4} = 0.735\ \text{kg/cm}^2$$

$$D^{0.215} = 40.6^{0.215} = 2.217$$

$$V^{1.5} = \left(\frac{587}{305}\right)^{1.5} = 2.67$$

$$\sqrt{f_{ck}} = \sqrt{280} = 16.73$$

$$\therefore\ X = \frac{1{,}740 \times 0.735 \times 2.217 \times 2.67}{16.73} + 0.5 \times 40.6$$

$$= 452.5 + 20.3 \fallingdotseq 473\ \text{cm}$$

관입길이 계산 시 입사각에 대한 보정이 필요하다고 볼 수 있다. 그러나 포탄이 흙에 관입되어 진행되는 동안 J형 관입이 이루어지기 쉬우며, 따라서 입사각의 방향이 바뀔 수 있으므로 안전한 설계를 위해 지중구조물의 경우에는 **그림 3.33**의 입사각에 대한 보정계수를 적용하지 않는다. 관통도는

$$\frac{X}{d} = \frac{473}{40.6} = 11.65\ \text{caliber}$$

폭발에 의한 추가 관입길이 X_e에 대한 관통도는

$$\frac{X_e}{D} = 1.04 \times 10^{10} \times \left(\frac{26.3}{40.6^3}\right)^4 = 2.48 \times 10^{-4}\ \text{caliber} \fallingdotseq 0$$

즉, 작약의 폭발에 의한 추가 관입길이는 무시할 수 있다. 앞의 1.에서 구한 벽체두께 460 cm는 16인치 AP탄의 관입길이 473 m(관통도 11.65)에 대한 방호에 불충분하다. **그림 4.7**에서 관통도 11.65에 대하여 방호설계 시 기준이 되는 파쇄한계두께는 구할 수 없으나, 이에 대응하는 관통한계두께는 15.8 caliber임을 알 수 있다. 따라서 두께 460 cm에 해당하는 관통한계두께를 결정하여 16인치 AP탄에 대한 파쇄한계두께를 구할 수 있다.

(2) 16″AP탄의 관통도 11.65에 대한 파쇄한계두께

앞의 1.에서 구한 소요벽두께 460 cm에는 안전율 15%가 반영된 것으로 보아, 파쇄한계두께는 다음과 같다.

$$\frac{460}{40.6} \times \frac{1}{1.15} = 9.85 \text{ caliber}$$

그림 4.7로부터 파쇄한계두께가 9.85 caliber일 때, 관통한계두께는 8.4 caliber이다. 따라서 관통도 11.65에 대한 파쇄한계두께는 다음과 같다.

$$15.8 \times \frac{9.85}{8.4} = 18.53 \text{ caliber}$$

(3) 방호비율 결정

따라서 두께 460 cm인 벽체가 16인치 AP탄의 파쇄에 저항할 수 있는 비율은 $\frac{9.85}{18.53} \times 100 =$ 53.2%가 된다. 나머지 46.8%는 복토에 의해 방호되어야 한다.

(4) 16인치 AP탄의 사질토 지반 관입길이(L) 결정

탄두 끝의 모양을 보통각으로 가정할 때, **그림 4.19**에서 충격속도 587 m/s에 대한 $\frac{2.5\,L}{W^{1/3}}$은 약 3.45가 되므로

$$L = \frac{3.45 \times W^{1/3}}{2.5} = \frac{3.45 \times 952^{1/3}}{2.5} = 13.58 \text{ m}$$

(5) 소요복토두께 산정

콘크리트와 흙에 대한 폭탄의 관입길이는 다를지라도 주어진 벽체두께(460 cm)가 제공하는 방호비율은 두 재료에서 모두 같다. 즉, 지반 관입길이(L)의 53.2%는 콘크리트가 방호하고, 나머지 46.8%는 흙이 방호할 것이다.

$\therefore$ 소요복토두께 $= 13.58 \times 0.468 = 6.36$ m

여기에 안전율 20%를 고려하여 실제 복토는 다음과 같이 한다.

$6.36 \times 1.2 = 7.63 \fallingdotseq 7.7$ m

(3) 바닥 슬래브 설계

바닥 슬래브를 설계할 때는 투하된 폭탄이 J형 경로를 따라 지반에 관입하여 바닥 밑면까지 도달하는지 여부를 판단하여 다음과 같이 설계한다.

- 폭탄이 바닥 밑면에 도달하지 않는다면 접촉 폭발을 고려할 필요가 없으므로 식 (4.13)을 사용하여 최소 두께로 바닥을 설계한다.

• 폭탄의 지반 관입길이가 바닥 슬래브의 밑면보다 깊을 경우에는 접촉 폭발의 가능성이 있으므로 파쇄 방지를 위한 소요두께는 외벽의 설계와 동일하게 하거나, 외벽의 하부를 지반 관입길이보다 깊게 시공하여 연장부(延長部, heel)를 설치하고, 바닥은 최소 두께로 할 수 있다.

예제 4.10

GP 2000 폭탄이 지반에 관입하여 바닥 밑면에서 접촉 폭발하는 경우에 대한 바닥 슬래브를 설계하라. (단, 폭탄의 충격속도는 400 m/s이고, 지반은 사질토이며, 탄두 끝 모양은 보통각이다.)

풀이 **1. 지반 관입길이 결정**

사질토에 대하여 충격속도 $V = 400 \text{ m/s}$, 탄두 끝 모양이 보통각인 폭탄이 관입할 때 **그림 4.19**로부터 $2.5L / W^{1/3}$의 값 2.8을 얻을 수 있다. 따라서 무게 $W = 948 \text{ kg}$ (2,000 lb)인 폭탄의 관입길이는

$$L = 2.8 \times \frac{W^{1/3}}{2.5} = 2.8 \times \frac{948^{1/3}}{2.5} = 11.0 \text{ m}$$

여기에 안전율 20%를 고려하면 다음과 같다.

$$L = 11 \times 1.2 = 13.2 \text{ m}$$

2. 바닥 슬래브의 최소 두께

식 (4.13)을 사용하여 바닥의 두께를 결정할 수 있다. 즉, 작약무게 502 kg인 GP 2000 폭탄의 방호에 대한 바닥두께는 다음과 같다.

$$t_f = 31.74\, w^{1/3} = 31.74\, (502)^{1/3} = 252 \text{ cm}$$

3. 폭탄의 지반 관입 후 바닥 밑면 도달 여부 판단

지붕 위의 최소 복토두께를 60 cm로 가정하고, 주어진 설계 조건과 앞서 결정된 지붕 슬래브의 두께 345 cm를 고려하면, 지하 2층 바닥 슬래브의 상부 표면은 **그림 4.35**에서와 같이 지표면 10 m 아래에 위치한다. 따라서 바닥을 최소 두께로 시공한다면 그 밑면은 지표면으로부터 12.52 m 아래가 된다. 1.에서 구한 지반 관입길이 13.2 m는 일반적으로 J형 경로를 이루지만 직선으로 간주할 수 있다. 따라서 관입길이가 12.52 m를 초과하므로 폭탄이 바닥 슬래브 밑면에서 접촉 폭발할 수 있다.

4. 바닥 슬래브 두께 결정

(1) 외벽 하부에 연장부(heel)를 설치하지 않을 경우

바닥 슬래브 밑에서 접촉 폭발하는 경우이므로 파쇄 방지를 위한 소요두께는 외벽 설계 시와 같이 460 cm가 된다. 그러나 이 경우 바닥 슬래브의 밑면은 10 + 4.6 = 14.6 m로 관입길이 13.2 m를 초과하므로 이론상으로는 바닥두께를 13.2 − 10 = 3.2 m로 할 수 있다.

(2) 외벽 하부에 연장부를 설치할 경우

폭탄이 바닥 슬래브 밑으로 휘어져 관입되는 것을 방지하기 위하여 외벽 하부에 연장부를 설치하는 경우, 그 높이는 바닥 슬래브 상부로부터 13.2 − 10 = 3.2 m가 되며, 바닥판의 두께는 최소두께인 252 cm가 된다.

위의 (1), (2)를 비교해 볼 때 바닥의 면적에 따라 다르기는 하겠지만, 연장부를 설치하지 않고 바닥두께를 460 cm로 하기보다는 바닥 슬래브 상부로부터 벽체를 따라 320 cm 깊이 아래로 연장부를 설치하고 바닥두께를 252 cm로 줄이는 것이 좀 더 경제적인 설계가 될 것이다.
지금까지는 폭발 위치에 따른 무기 효과를 중심으로 하여 지붕 슬래브, 외벽 및 바닥 슬래브의 방호두께를 계산하였다. 방호두께가 결정되면 그 구조물의 고정하중과 같은 정적하중에 대한 검토가 있어야 하고, 포탄이나 폭탄의 충격력에 대해서도 해석해야 한다. 그러나 방호두께가 국지적인 파쇄한계에 근거하여 산정되었다면 충격하중에 대하여 설계를 다시 할 필요는 없다.

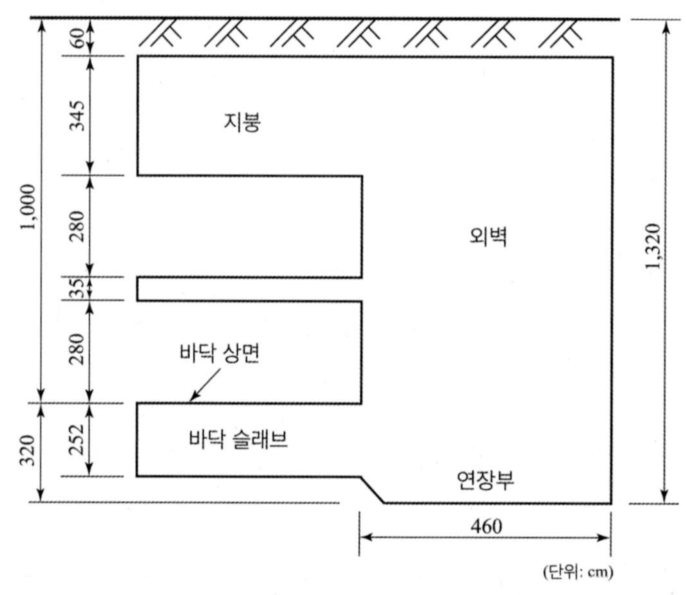

그림 4.35 지하 2층 지휘소 단면의 치수

(4) 철근 배근

철근콘크리트 방호구조물에서도 일반 구조물과 마찬가지로 과소 철근설계가 되도록 사용 철근량을 제한한다. 지붕 슬래브와 외벽에 대한 철근비는 다음의 추천값을 사용하고, 바닥 슬래브는 접촉폭발의 위험이 없다면 고정하중에 대한 최소의 인장철근을 배근한다.

지붕 슬래브와 외벽에 대한 철근비($\rho = A_s / bd$)

외부층: 각 방향 0.075% — 총 0.15%

중간층: 각 방향 0.10% —— 총 0.20%

내부층: 각 방향 0.15% —— 총 0.30%

전단철근: 약 0.20%

여기서 A_s 는 철근 단면적, b 는 단위폭(1 m), d 는 유효깊이로, 슬래브 두께에서 피복두께(5 cm 정도)를 뺀 값이다.

(5) 지휘소의 설비

지휘소 구조물은 방호시설의 기본 요구사항에서 논의된 설비 세목에 합당하도록 설비를 갖추어야 하며, 추가적으로 다음 사항들도 고려되어야 한다.

❶ 통신시설

원활한 지휘를 위한 통신시설은 지휘소 구조물에서 가장 필수적인 요소 중 하나이다. 통신선은 최소한 두 개의 간선이 서로 다른 통로를 거쳐 구조물 내로 진입되도록 하여 비상시에 대비해야 한다. 일반적으로 통신선은 천장 속에 배치하며, 필요시 신속하게 교체하거나 앞으로 예상되는 더 많은 통신선의 인입에 대비할 수 있도록 예비 배선 파이프를 마련해야 한다.

❷ 냉난방시설

지휘소 건물은 냉난방시설을 갖추어야 하며, 난방장치는 가능하면 전기제품으로 하는 것이 바람직하다. 온수 및 스팀 설비를 사용할 경우에 가열기는 가스 방호된 지역의 외부에 배치해야 한다.

❸ 조명

작전상황실, 통신실, 회의실 등에서 조명도는 책상 높이에서 30럭스(lux) 이상이어야 하며, 모든 곳에서 바닥 높이의 조명도는 10럭스보다 밝은 조명을 얻도록 계획해야 한다. 일반적으로 형광등 시설을 사용하는 것이 좋으며, 필요시에는 간접조명도 할 수 있다.

❹ 급수설비

구조물 내부에는 적절한 크기의 물 저장용 탱크를 보다 높은 장소에 설치하여 유사시에 자연유하식(自然流下式)으로 물을 공급할 수 있도록 해야 한다. 지하수를 양수하기 위한 펌프도 구조물 내에 설치하여 유사시를 대비해야 하며, 펌프의 작동은 전기식보다는 수동식으로 하는 것이 좋다. 외부와 연결되는 급수 또는 연료용 배관시설은 엄폐된 교통호 등에 설치하여 방호를 받을 수 있어야 한다.

4.4.2 동적 해석 및 설계 과정

방호구조물의 정확한 동적 해석 및 설계는 대단히 복잡하며, 많은 시간과 노력이 요구되므로 일반적으로 등가인 정적하중이 작용하는 것으로 다루어 다음과 같은 과정을 밟아서 수행한다.

① 동적하중을 결정한다.

② 하중의 작용 지속시간과 구조물의 주기를 구한 후, 동하중계수를 결정한다.

③ 동적하중에 동하중계수를 곱하여 등가 정하중을 구한다.

④ 등가 정하중을 사용하여 모멘트, 전단력 등의 부재력을 구한다.

⑤ 가상 탄성허용응력을 구한 후, 계산된 부재의 응력과 비교하여 기존 구조물에 대한 해석을 하거나 일반적인 설계 절차에 따라 부재를 선정한다.

1) 동적하중 결정

4장에서 방호구조물에 작용하는 동적하중은 충격하중과 폭풍충격으로 나누었으며, 분석에 필요한 공식을 열거하면 다음과 같다.

(1) 충격하중

관입길이[식 (3.47)]: $X = \dfrac{1{,}740\,PD^{0.215}\,V^{1.5}}{\sqrt{f_{ck}}} + 0.5\,D\ (\mathrm{cm})$ (4.32)

충격하중[식 (3.22)]: $F_i = \dfrac{WV^2}{2gX}\ (\mathrm{kg})$ (4.33)

지속시간[식 (3.23)]: $t_i = \dfrac{2X}{V}\ (\mathrm{s})$ (4.34)

(2) 폭풍충격

❶ 대기 중 근접 폭발

최대 압력[식 (3.2)]: $P_{so} = \dfrac{18.08}{z^3} - \dfrac{1.16}{z^2} + \dfrac{1.1}{z}\ (\mathrm{kg/cm^2})$ (4.35)

충격량[GP탄의 경우, 식 (3.25a)]: $I = 1.96\times10^{-3}\,\dfrac{w^{2/3}}{r}\ (\mathrm{kg\cdot s/cm^2})$ (4.36)

지속시간[식 (3.26)]: $t_b = \dfrac{2\,I}{P_b}\ (\mathrm{s})$ (4.37)

반사 압력[식 (3.27)]: $P_r = 2P_b\left(\frac{7.2 + 4P_b}{7.2 + P_b}\right)$ (kg/cm^2) (4.38)

평균 압력[식 (3.28)]: $P_f = \frac{2P_b + P_r}{2}$ (kg/cm^2) (4.39)

❷ **대기 중 접촉 폭발**

총 충격량[식 (3.29)]: $I_t = w\left[183 - \frac{191}{1.10 + \sqrt{\frac{ab}{h^2}}}\right]$ (kg·s) (4.40)

최고 압력[식 (3.30)]: $P_b = 10\,f_{ck}$ (kg/cm^2) (4.41)

하중 작용 반경[식 (3.31)]: $R = 2.178\sqrt[3]{\frac{w}{f_{ck}}}$ (m) (4.42)

등가 원통하중[식 (3.32)]: $W_b = P_b \times \pi R^2 = 1.49 \times 10^6\ w^{2/3} f_{ck}^{1/3}$ (kg) (4.43)

지속시간: $t_b = \frac{I_t}{W_b}$ (s) (4.44)

❸ **지하 폭발**

최고 압력[식 (3.45)]: $P_b = \frac{30}{z^3}\left(\frac{K}{4{,}060}\right)^{1/3}$ (kg/cm^2) (4.45)

지속시간[식 (3.46)]: $t_b = 0.0033\,w^{0.1} r^{1/3} K^{1/6}$ (s) (4.46)

2) 동하중계수 결정

동적하중은 여기에 동하중계수(DLF)를 곱하여 정적하중으로 취급할 수 있다. DLF는 다음과 같은 공식을 사용하여 계산할 수도 있고, 구조물의 주기에 대한 동하중 지속시간의 비율을 안다면 그림 4.25 또는 그림 4.26을 사용하여 직접 얻을 수도 있다.

(1) 공식에 의한 DLF

❶ **직사각형 파동하중**

$$DLF = 1 - \cos\omega t = 1 - \cos 2\pi\frac{t}{T} \quad (t < t_d\text{인 경우}) \tag{4.47a}$$

$$DLF = \cos\omega(t - t_d) - \cos\omega t$$

$$= \cos 2\pi\left(\frac{t}{T} - \frac{t_d}{T}\right) - \cos 2\pi\frac{t}{T} \quad (t \geq t_d\text{인 경우}) \tag{4.47b}$$

❷ 삼각형 파동하중

$$DLF = 1 - \cos\omega t + \frac{\sin\omega t}{\omega t_d} - \frac{t}{t_d} \quad (t < t_d \text{인 경우}) \tag{4.48a}$$

$$DLF = \frac{1}{\omega t_d}[\sin\omega t - \sin\omega(t - t_d)] - \cos\omega t \quad (t \geq t_d \text{인 경우}) \tag{4.48b}$$

(2) 도표에 의한 DLF

폭발이 대기 중에서 일어날 때는 **그림 4.25**에서, 그리고 지하 폭발 시에는 **그림 4.26**에서 t_d / T에 대한 최대 DLF의 값을 종축에서 읽을 수 있다. 여기서 하중지속시간 t_d 는 대기 중 폭발에는 식 (3.23)의 t_i 또는 식 (3.26)에서의 t_b 값과 같고, 지하 폭발에는 식 (3.46)의 t_b 값과 같다.

$$\text{주기[식 (4.22)]}\ T = 2\pi\sqrt{\frac{K_{LM} M_s}{k_f}} \tag{4.49}$$

3) 등가 정하중 계산

충격하중: $P_{eq} = DLF \times F_i$ (4.50a)

대기 중 근접 폭발 폭풍충격: $P_{eq} = DLF \times P_f$ (4.50b)

대기 중 접촉 폭발 폭풍충격: $P_{eq} = DLF \times W_b$ (4.50c)

지하 폭발 폭풍충격: $P_{eq} = DLF \times P_b$ (4.50d)

4) 하중의 조합

동적하중이 방호구조물에 작용할 때, 충격하중과 폭풍충격의 최댓값이 동시에 가해질 경우는 아주 희박하므로 동적하중과 정적하중의 합성 효과는 다음과 같이 계산하여 적용한다.

$$\text{총 응력} = (\text{두 동적하중의 큰 값에 의한 응력}) + \frac{1}{2}(\text{두 동적하중의 작은 값에 의한 응력}) + (\text{정적하중에 의한 응력})$$

5) 가상 탄성허용응력

철근콘크리트보에 대하여 충격하중의 크기와 충격속도를 여러 가지로 다르게 하여 충격실험을 수행한 결과, 가상적인 탄성강도는 정적하중 조건에서의 극한 강도보다 약 10배 정도 크다는 것을 알 수 있었다. 이를 좀 더 구체적으로 살펴보자.

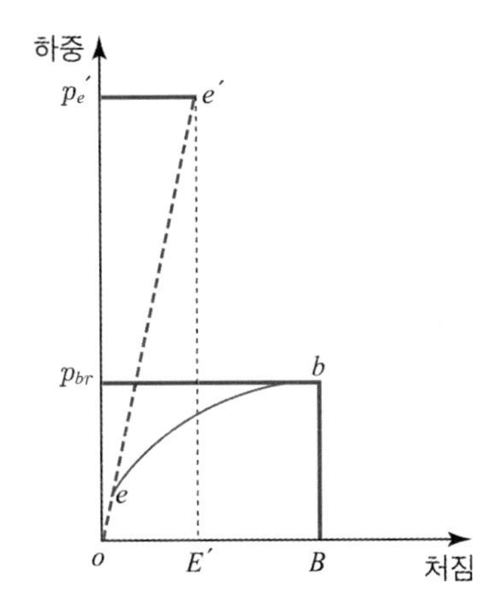

그림 4.36 하중-처짐곡선

그림 4.36은 전형적인 하중-처짐곡선을 나타낸다. 여기서 $o-e$ 구간은 탄성구역, $e-b$ 구간은 소성구역이 되며, 점 b는 재료의 파괴점을 의미한다. 탄성 · 소성 에너지를 나타내는 곡선 $o-e-b$ 아래의 면적과 동일한 면적이 되도록 직선 $o-e$를 연장하여 삼각형 $oe'E'$을 구성할 수 있으며, 이 면적은 탄성 · 소성에너지와 같으므로 가상 등가 탄성에너지라 부른다. 실험에 의하면 이때 가상 탄성하중 P_e'은 실제 파괴하중 P_{br}의 약 10배가 된다. 따라서 방호구조물의 동적 해석 및 설계는 등가 정하중을 구하여 일반적인 탄성 해석을 한 후, 다음과 같은 가상 탄성허용응력과 비교 및 검토해야 한다.

$$\text{가상 탄성허용응력} = \frac{10 \times \text{극한강도} \times \text{피해계수}}{\text{안전계수}} = \text{허용응력계수} \times \text{극한강도}$$

즉, 각 응력별 가상 탄성허용응력은 다음과 같이 쓸 수 있다.

$$\text{철근의 인장응력: } \sigma_{sa}' = \alpha f_y \tag{4.51a}$$

$$\text{콘크리트의 압축응력: } \sigma_{ca}' = \alpha f_{ck} \tag{4.51b}$$

$$\text{콘크리트의 전단응력: } \tau_{ca}' = \beta \tau_{cu} \tag{4.51c}$$

$$\text{철근과 콘크리트의 부착응력: } \tau_{oa}' = \beta \tau_{ou} \tag{4.51d}$$

여기서, α, β: 허용응력계수(**표 4.26** 참조)

$\tau_{cu} = 0.08 f_{ck}$: 극한전단응력

$\tau_{ou} = 0.20 f_{ck}$: 극한부착응력

표 4.26 허용응력계수

피해도	피해계수	인장 및 압축응력		전단 및 부착응력	
		안전계수	α	안전계수	β
피해 없음	1.0	4.5	2.22	6.0	1.67
경미한 피해	1.0	3.0	3.33	4.0	2.50
중간 정도 피해	3.0	3.0	10.00	4.0	7.50
심각한 피해	4.0	3.0	13.33	4.0	10.00
10 cm 균열	5.0	3.0	16.67	4.0	12.50

탄성 해석 시의 허용전단응력은 콘크리트 극한강도의 2%를, 허용부착응력은 5%를 취했으며, 극한전단 및 부착응력은 탄성 해석 시 허용응력의 4배와 같다고 보았다. 위와 같은 가상 탄성허용응력은 철근콘크리트 설계에 실제로 사용되고 있는 허용응력과는 무관하며, 단지 충격탄성이론에 입각한 해석 및 설계를 가능하게 하는 일종의 지표이다.

4.4.3 방호구조물의 동적 해석 및 설계 예

1) 지붕 슬래브의 동적 해석

예제 4.11

단면이 그림 4.37에 주어진 바와 같이, 두께 350 cm인 철근콘크리트 지붕 슬래브에 GP 2000 폭탄이 15°의 충격각(θ) 및 305 m/s의 충격속도(v)로 타격될 때 동적 해석을 하고자 한다. 슬래브의 지간길이는 11 m이며, 단순 지지된 일방향 슬래브로 간주하고, 단위폭(1 m)에 대하여 해석하라. 필요한 제원들은 다음과 같다.

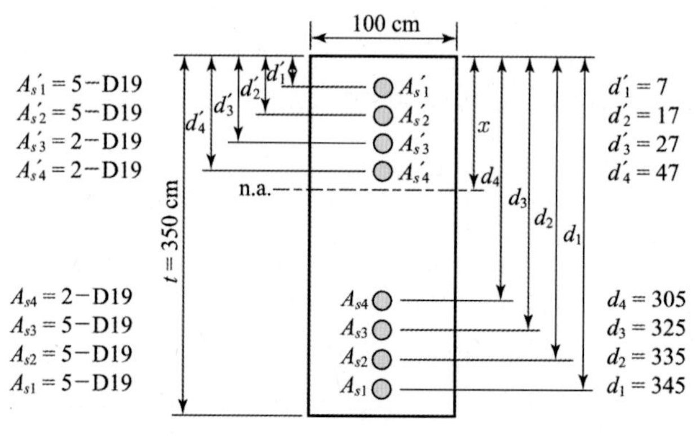

그림 4.37 지붕 슬래브 단면

폭탄 제원	재료 특성
폭탄무게$(W) = 948$ kg 작약무게$(W) = 502$ kg 폭탄직경$(D) = 58.42$ cm 폭탄길이$(l) = 178$ cm 단면압력$(P) = 0.352$ kg/cm^2	$f_{ck} = 280$ kg/cm^2 $f_y = 3{,}600$ kg/cm^2 $E_c = 2.1 \times 10^5$ kg/cm^2 탄성계수비 $n = 9$

풀이 1. 충격하중

(1) 관입길이: 식 (3.47)로 계산한다.

$$V = v/305 = 1$$

$$X = (1{,}740)(0.352)(58.42)^{0.215}(1)^{1.5}/\sqrt{280} + 0.5(58.42)$$

$$= 87.8 + 29.2 = 117.0 \text{ cm}$$

(2) 최종 관입길이: 충격 경사각이 15° 일 때 **그림 3.33**으로부터 보정계수는 0.805이므로, 최종 관입길이는 다음과 같다.

$$X = 117 \times 0.805 = 94.2 \text{ cm}$$

(3) 충격하중: 식 (3.26)으로 계산한다.

$$F = \frac{948(305)^2}{2 \times 9.8 \times 0.942} = 4{,}776{,}400 \text{ kg} = 4{,}776.4 \text{ t}$$

이 하중이 지간 중앙에 집중하중으로 작용한다고 볼 수도 있으나, 슬래브의 두께(350 cm)를 반경으로 하는 원 안에 등분포하중으로 작용하는 것으로 보면, 단위면적당 하중강도 P_i는 다음과 같다.

$$P_i = \frac{4{,}776{,}400}{\pi(350)^2} = 12.4 \text{ kg/cm}^2$$

(4) 충격하중의 지속시간: 식 (3.23)으로 계산한다.

$$t_i = 2 \times 0.942/305 = 0.0062 \text{ s}$$

2. 폭풍충격

대기 중 접촉 폭발에 해당하는 경우이므로, 식 (3.30)~(3.32)를 적용한다.

최고 압력: $P_b = 10 f_{ck} = 2{,}800 \text{ kg/cm}^2$

하중작용 반경: $R = 2.178 \sqrt[3]{\frac{502}{280}} = 2.65 \text{ m}$

등가원통하중: $W_b = P_b \pi R^2 = (2{,}800)\pi(265)^2$

$$= 6.177 \times 10^8 \text{ kg} = 617{,}700 \text{ t}$$

이 하중은 $R = 2.65$ m에 슬래브 두께 3.5 m를 합한 값인 6.15 m를 반경으로 하는 원 안에 등분포하는 것으로 가정할 수 있다. 따라서 단위면적당 폭풍하중 P_b' 은

$$P_b' = \frac{6.177 \times 10^8}{\pi\,(615)^2} = 519.8\ \mathrm{kg/cm^2}$$

총 충격량 I_t 는 폭탄의 단면적이 $ab = \pi D^2/4 = \pi\,(58.42)^2/4 = 2{,}680.5\ \mathrm{cm^2}$이고, 길이가 178 cm이므로 다음과 같다.

$$I_t = 502\left[183 - \frac{191}{1.1 + \sqrt{\frac{2{,}680.5}{(178)^2}}}\right] = 22{,}929\ \mathrm{kg \cdot s}$$

$$\text{하중 지속시간 } t_b = \frac{I_t}{W_b} = \frac{22{,}929}{6.177 \times 10^8} = 3.71 \times 10^{-5}\ \mathrm{s}$$

3. 단면의 환산 단면 2차 모멘트 계산

철근 D19 한 개의 단면적은 2.865 $\mathrm{cm^2}$이므로

$$A_{s1} = A_{s2} = A_{s3} = A_{s1}' = A_{s2}' = 14.325\ \mathrm{cm^2}$$

$$A_{s4} = A_{s3}' = A_{s4}' = 5.73\ \mathrm{cm^2}$$

인장철근의 평균 유효높이 d_{avg} 는

$$d_{\mathrm{avg}} = \frac{\Sigma A_{si} d_i}{\Sigma A_{si}} = \frac{14.325\,(325 + 335 + 345) + 5.73 \times 305}{3 \times 14.325 + 5.73} = 331.47\ \mathrm{cm}$$

압축 연단으로부터 압축철근의 평균 높이 d_{avg}' 은

$$d_{\mathrm{avg}}' = \frac{\Sigma A_{si}' d_i'}{\Sigma A_{si}'} = \frac{14.325\,(7 + 17) + 5.73\,(27 + 47)}{2 \times 14.325 + 2 \times 5.73} = 19.14\ \mathrm{cm}$$

인장철근비 ρ는

$$\rho = \frac{A_s}{b\,d_{avg}} = \frac{3 \times 14.325 + 5.73}{100 \times 331.47} = 0.00147$$

압축철근비 ρ' 는

$$\rho' = \frac{A_s'}{b\,d_{avg}} = \frac{2 \times 14.325 + 2 \times 5.73}{100 \times 331.47} = 0.00121$$

중립축비 $k = -n(\rho + 2\rho') + \sqrt{n^2(\rho + 2\rho')^2 + 2n\left(\rho + 2\rho'\frac{d'}{d}\right)}$ 에서

$$n(\rho + 2\rho') = 9\,(0.00147 + 2 \times 0.00121) = 0.03501 \text{ 이므로}$$

$$k = -0.03501 + \sqrt{(0.03501)^2 + 2 \times 9 \times \left(0.00147 + 2 \times \frac{19.14}{331.47}\right)}$$
$$= -0.03501 + 0.17378 = 0.13877$$

따라서 중립축 거리 $x = kd = 0.13877 \times 331.47 = 50.0\ \mathrm{cm}$이다.

환산 단면 2차 모멘트는 다음과 같다.

$$I_T = \frac{bx^3}{3} + 2n\sum A_{si}'(x - d_i')^2 + n\sum A_{si}(d_i - x)^2$$

$$\therefore\ I_T = \frac{100(50)^3}{3} + 2\times 9\times\left[14.325(50-7)^2 + 14.325(50-17)^2 + 5.73(50-27)^2 + 5.73(50-47)^2\right] + 9\times\left[14.325(345-50)^2 + 14.325(335-50)^2 + 14.325(325-50)^2 + 5.73(305-50)^2\right]$$
$$= 4{,}166{,}667 + 813{,}053 + 33{,}702{,}284$$
$$= 38{,}682{,}000\ \text{cm}^4 = 0.3868\ \text{m}^4$$

4. 지붕 슬래브의 주기

일방향 단순 슬래브에서 등분포하중에 대한 하중질량계수 K_{LM}은 **표 4.19**로부터 0.78이며, 스프링 상수 k_f는 $\frac{384EI}{5L^3}$이므로

$$k_f = \frac{384(2.1\times 10^9)(0.3868)}{5(10^3)} = 62.383\times 10^6\ \text{kg/m}$$

폭 1 m, 두께 3.5 m, 길이 10 m인 슬래브의 질량 M_s는

$$M_s = \frac{\text{슬래브 무게}(W_s)}{\text{중력가속도}(g)} = \frac{2.5\times 1\times 3.5\times 10}{9.8} = 8.929\ \text{t}\cdot\text{s}^2/\text{m}$$

따라서 주기는 식 (4.22)를 사용하면 다음과 같다.

$$T = 2\pi\sqrt{\frac{K_{LM}M_s}{k_f}} = 2\pi\sqrt{\frac{0.78\times 8{,}929}{62.383}} = 0.0664\ \text{s}$$

5. 동하중계수 결정

작용하중을 직사각형 파동하중으로 가정하고, **그림 4.25**를 이용한다.

충격하중에 대한 DLF는 $t_i/T = 0.0062/0.0664 = 0.0934$이므로 최대 DLF는 0.56이다. 폭풍 충격에 대한 DLF는

$$t_b/T = 3.71\times 10^{-5}/0.0664 = 0.00056$$

그림 4.25에서 t_d/T의 최소 눈금은 0.01로 주어져서 위의 0.00056에 대한 정확한 최대 DLF 값은 읽을 수 없다. 그러나 이 그림을 살펴보면 t_d/T가 0으로부터 0.01까지는 직선으로 가정할 수도 있다. 그림에서 $t_d/T = 0.01$에 대한 최대 DLF는 0.072이므로 다음과 같다.

$$\text{최대}\ DLF = 0.072\times\frac{0.00056}{0.01} = 4.03\times 10^{-3}$$

6. 고정하중 및 등가 정하중

고정하중과 충격하중은 각각 다음과 같다.

$$w_D = 2.5\times 1\times 3.5 = 8.75\ \text{t/m}$$

$$w_{ieq} = DLF_{\max}\times P_i = 0.56\times 12.4 = 6.944\ \text{kg/cm}^2 = 69.44\ \text{t/m}^2$$

따라서 단위폭(1 m)에 대하여 $w_i = 69.44$ t/m, 작용 구간은 $L' = 3.5\times 2 = 7$ m이다.

폭풍충격은 다음과 같다.

$$w_{beq} = DLF_{\max} \times P_b' = 0.00403 \times 519.8 = 2.095\ \mathrm{kg/cm^2} = 20.95\ \mathrm{t/m^2}$$

따라서 단위폭(1 m)에 대하여 $w_b = 20.95\ \mathrm{t/m}$, 작용 구간은 $6.15 \times 2 = 12.3\mathrm{m} > 10\ \mathrm{m}$, 즉 $L = 10\ \mathrm{m}$이다.

7. 부재력 계산

부재력 계산 시에 일방향 슬래브의 단부지지 조건을 동적하중은 단순지지로 하는 것이 안전 측에 속하지만, 고정하중은 연속 슬래브로 보아도 무방하다. 따라서 **그림 4.38**의 재하도를 참고하여 부재력을 다음과 같이 구할 수 있다.

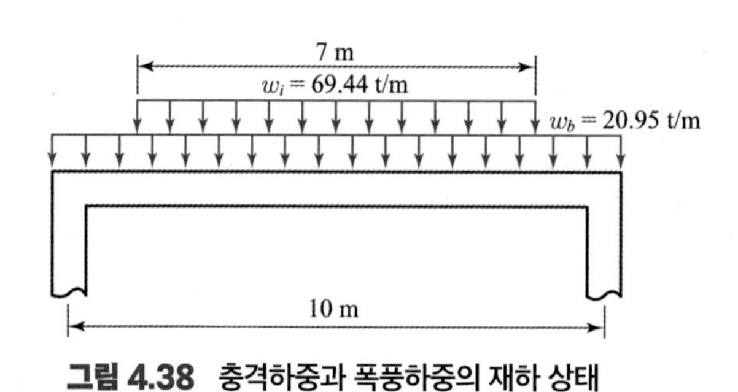

그림 4.38 충격하중과 폭풍하중의 재하 상태

(1) 최대 모멘트

충격하중: 단순보에 대하여

$$M_i = \frac{69.44 \times 7}{2} \times 5 - \frac{69.44 \times 7}{2} \times \frac{7}{4} = 789.88\ \mathrm{t \cdot m}$$

폭풍하중: 단순보에 대하여

$$M_b = \frac{w_b L^2}{8} = \frac{20.95 \times 10^2}{8} = 261.88\ \mathrm{t \cdot m}$$

고정하중: 연속보에 대하여

$$M_D = \frac{w_D L^2}{16} = \frac{8.75 \times 10^2}{16} = 54.69\ \mathrm{t \cdot m}$$

(2) 조합 모멘트

$$M_t = \pm\ M_i \pm \frac{1}{2} M_b + M_D$$

$$= \pm\ 789.88 \pm \frac{1}{2} \times 261.88 + 54.69 = \begin{Bmatrix} +\ 975.51 \\ -866.13 \end{Bmatrix}\ \mathrm{t \cdot m}$$

(3) 최대 전단력

$$V_i = \frac{w_i L'}{2} = \frac{69.44 \times 7}{2} = 243.04\ \mathrm{t}$$

$$V_b = \frac{w_b L}{2} = \frac{20.95 \times 10}{2} = 10.48\ \mathrm{t}$$

$$V_D = \frac{w_D L}{2} = \frac{8.75 \times 10}{2} = 43.75 \text{ t}$$

(4) 조합 전단력

$$V_t = \pm V_i \pm \frac{1}{2} V_b + V_D$$

$$= \pm 243.04 \pm \frac{1}{2} \times 10.48 + 43.75 = \begin{Bmatrix} +292.03 \\ -204.53 \end{Bmatrix} \text{ t}$$

8. 응력 검토

(1) 피해 없음에 대한 가상 탄성허용응력

$$f_{ca}' = \alpha f_{ck} = 2.22 \times 280 = 621.6 \text{ kg/cm}^2$$

$$f_{sa}' = \alpha f_y = 2.22 \times 3{,}600 = 7{,}992 \text{ kg/cm}^2$$

$$\tau_{ca}' = \beta \tau_{cu} = \beta (0.08 f_{ck}) = 1.67 (0.08 \times 280) = 37.41 \text{ kg/cm}^2$$

(2) 콘크리트의 압축 휨응력

$$f_c = \frac{M}{I} x = \frac{866.13}{0.3868} (0.5) = 1{,}119.6 \text{ t/m}^2 = 112.0 \text{ kg/cm}^2 < f_{ca}'$$

(3) 철근의 인장 휨응력

$$f_s = n \frac{M}{I} (d_{avg} - x) = 9 \times \frac{975.51}{0.3868} (3.3147 - 0.5)$$

$$= 63{,}888 \text{ t/m}^2 = 6{,}389 \text{ kg/cm}^2 < f_{sa}'$$

(4) 평균 전단응력

$$\tau_c = \frac{V}{b\, d_{avg}} = \frac{292{,}030}{100 \times 331.47} = 8.81 \text{ kg/cm}^2 < \tau_{ca}'$$

따라서 설계된 지붕 슬래브는 안전하다.

2) 지하 엄체호의 동적 설계

예제 4.12

그림 4.39에서와 같이 철근콘크리트 구조로 된 지하 엄체호를 설계하려고 한다. 다음에 주어진 제원들을 사용하여 GP 500(독일형) 폭탄이 측벽으로부터 10 m 떨어진 지하에서 폭발할 경우에 구조물 내부에서 경미한 피해에 방호될 수 있는 슬래브의 두께와 철근량을 구하라.

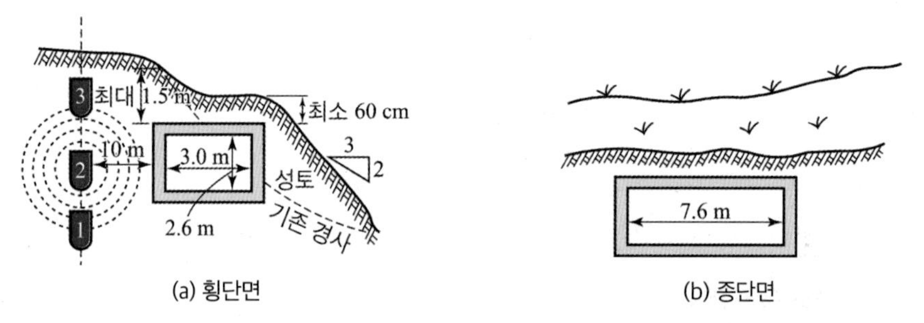

(a) 횡단면 (b) 종단면

그림 4.39 지하 엄체호

폭탄 제원	재료 특성
폭탄무게 $W = 250$ kg 작약무게 $w = 113.4$ kg	콘크리트 극한강도 $f_c' = 280$ kg/cm^2 $f_{ck} = 210$ kg/cm^2 $E_c = 2.1 \times 10^5$ kg/cm^2
철근	**토질**
$f_y = 3{,}000$ kg/cm^2 $f_{sa} = 0.5\, f_y$ 탄성계수비 $n = 9$	토질상수 $K = 8{,}000$ 보정계수 $F = 1.15$
하중 조건	
• 고정하중: 콘크리트의 단위중량은 $\gamma_c = 2.5$ t/m^3, 흙의 단위중량은 $\gamma_e = 1.6$ t/m^{3}이고, 지붕 상부에는 최소 60 cm 두께로 복토한다. • 활하중: 지붕 및 바닥 슬래브에 대하여 $w_L = 500$ kg/m^2 • 동하중: 측벽에서 10 m 떨어진 지하 폭발에 의한 폭풍충격	

풀이 **1. 지붕 슬래브**

(1) 하중 계산

평균 복토 두께를 1 m로 보고, 지붕 슬래브의 두께를 30 cm로 가정하면, 단위폭(1 m)에 대하여

$$w_e = 1.6\ \text{t/m}^3 \times 1\ \text{m} \times 1\ \text{m} = 1.6\ \text{t/m}$$

$$w_c = 2.5\ \text{t/m}^3 \times 0.3\ \text{m} \times 1\ \text{m} = 0.75\ \text{t/m}$$

$$\therefore \text{ 총 고정하중 } w_D = w_e + w_c = 1.6 + 0.75 = 2.35\ \text{t/m}$$

활하중은 $w_L = 0.5\ \text{t/m}^2 \times 1\ \text{m} = 0.5\ \text{t/m}$이므로 총 정적하중은 다음과 같다.

$$w_{st} = w_D + w_L = 2.35 + 0.5 = 2.85\ \text{t/m}$$

(2) 단면 결정

지붕 슬래브와 벽체의 지간길이는 대략 같으므로 서로 일체로 거동한다고 본다. 따라서 지붕 슬래브는 정적하중에 대하여 고정 슬래브로 보며, 단지간의 순지간이 3 m이므로 벽체두께를 40 cm로 가정하면 지간길이는 3.4 m가 된다.

$$\therefore M = \frac{w_{st} l^2}{12} = \frac{2.85 \times 3.4^2}{12} = 2.746 \text{ t} \cdot \text{m}$$

철근의 피복두께를 10 cm로 하면 유효높이는 $d = 30 - 10 = 20$ cm가 되며, 소요 철근량은 다음과 같다.

$$A_s = \frac{M}{f_{sa}\, j d} = \frac{2.746 \times 10^5}{1{,}500 \times \frac{7}{8} \times 20} = 10.46 \text{ cm}^2$$

따라서 단위폭에 대하여 $A_s = 4 - D19 = 11.46 \text{ cm}^2$를 사용한다.

(3) 폭풍충격 효과에 대한 검토

만일 폭탄이 **그림 4.39**에 표시된 위치 1에서 폭발한다면 폭풍파가 지붕 슬래브를 상부로 밀어 올리는 효과를 일으킨다. 이러한 처짐의 영향은 고정하중에 100%의 충격 효과를 준다고 가정할 수 있다. 따라서 동적하중은 총 고정하중에 2를 곱한다.

$$w_{dy} = 2 w_D = 2 \times 2.35 = 4.7 \text{ t/m}$$

동적하중 작용 시 지붕은 단순 슬래브로 보아 모멘트는

$$M = \frac{w_{dy} l^2}{8} = \frac{4.7 \times 3.4^2}{8} = 6.792 \text{ t} \cdot \text{m}$$

정적하중 작용 시 철근의 응력이 허용응력에 도달했다고 보면, 동적하중 작용 시의 철근의 인장응력은

$$f_s = 1{,}500 \times \frac{6.792}{2.746} = 3{,}710 \text{ kg/cm}^2$$

경미한 피해에 대한 가상 탄성허용응력은 다음과 같다.

$$f_{sa}' = 3.33 f_y = 3.33 \times 3{,}000 = 9{,}990 \text{ kg/cm}^2$$

따라서 $f_s < f_{sa}'$이므로, 고정하중과 활하중만으로 설계한 지붕 슬래브 단면은 폭풍충격에 대하여 안전하다.

2. 벽체 슬래브

(1) 하중 계산

벽체에 작용하는 주하중(主荷重)은 흙을 통해 전달되는 압력파인 폭풍충격하중이다. 벽체 자중에 의한 고정하중이나 활하중은 벽체 설계 시 무시할 수 있으며, 토압 역시 폭풍충격에 비하여 상대적으로 작기 때문에 전 지간에 걸쳐 균일하게 작용한다고 가정하여 대략 0.2 kg/cm²를 취한다.
그림 4.39에서와 같이 거리 $r = 10$ m인 위치 2에서 폭발할 때, 최고 압력과 그 지속시간은 각각 식 (3.45)와 (3.46)으로 구할 수 있다.

$$z^3 = \frac{r^3}{w} = \frac{10^3}{113.4} = 8.818$$

$$P_b = \frac{30}{z^3}\left(\frac{K}{4{,}060}\right)^{1/3} = \frac{30}{8{,}818}\left(\frac{8{,}000}{4{,}060}\right)^{1/3} = 4.27 \text{ kg/cm}^2$$

$$t_b = 0.0033 w^{0.1} r^{1/3} K^{1/6}$$
$$= 0.0033 \times 113.4^{0.1} \times 10^{1/3} \times 8{,}000^{1/6} = 0.051 \text{ s}$$

(2) 벽체의 단면 선정

그림 4.20을 이용하여 벽체의 유효높이 d를 구하기 위해 먼저 식 (4.9)로 C_r을 계산하자. $w^{1/3} = 113.4^{1/3} = 4.84$이므로

$$C_r = \frac{1.588\, r}{w^{1/3}\sqrt{L/w^{1/3}}\; F} = \frac{1.588 \times 10}{4.84 \times \sqrt{2.6/4.84} \times 1.15} = 3.89$$

그림 4.20에서 $C_r = 3.89$를 사용하여 경미한 피해 곡선 ①에 대한 C_d 값을 읽으면 0.21이므로

$$d = \frac{C_d\, w^{1/3}}{2.5} = \frac{0.21 \times 4.84}{2.5} = 0.407 \text{ m}$$

따라서 벽체 단면의 유효높이는 $d = 40$ cm, 두께는 $t = 45$ cm로 가정한다.

그림 4.20으로부터 $\dfrac{L}{d} = \dfrac{2.6}{0.4} = 6.5$에 대한 최적 철근비는 $\rho = 0.0047$이다.

소요철근량 $A_s = \rho b d = 0.0047 \times 100 \times 40 = 18.8 \text{ cm}^2$

사용철근량 $A_s = 5 - D22 = 19.35 \text{ cm}^2$

(3) 단면 2차 모멘트 계산

실제 철근비 $\rho = \dfrac{A_s}{bd} = \dfrac{19.35}{100 \times 40} = 0.00484$

$np = 9 \times 0.00484 = 0.04356$이므로, 중립축비 k는 다음과 같다.

$$k = -n\rho + \sqrt{(n\rho)^2 + 2n\rho}$$
$$= -0.04356 + \sqrt{0.04356^2 + 2 \times 0.04356} = 0.255$$

따라서 중립축 거리 $x = kd = 0.255 \times 40 = 10.2$ cm이다.
단면 2차 모멘트는 다음과 같다.

$$I = \frac{bx^3}{3} + nA_s(d-x)^2$$
$$= \frac{100\,(10.2)^2}{3} + 9 \times 19.35\,(40 - 10.2)^2 = 190{,}026 \text{ cm}^4 = 0.0019 \text{ m}^4$$

(4) 벽체의 주기

예제 4.11에서와 마찬가지로 일방향 단순 슬래브의 하중질량계수 K_{LM}은 표 4.19로부터 0.78이며, 지간길이는

L =순지간(L_c) + 수평 슬래브의 두께 = 2.6 + 0.3 = 2.9 m

스프링 상수 k_f는

$$k_f = \frac{384EI}{5L^3} = \frac{384\,(2.1 \times 10^9)\,(0.0019)}{5\,(2.9)^3} = 12.56 \times 10^6 \text{ kg/m}$$

폭 1 m, 두께 0.45 m, 길이 2.9 m인 슬래브의 질량 M_s 는

$$M_s = \frac{\text{슬래브 무게}(W_s)}{\text{중력가속도}(g)} = \frac{2.5 \times 1 \times 0.45 \times 2.9}{9.8} = 0.333 \text{ t} \cdot \text{s}^2/\text{m}$$

따라서 주기는 식 (4.22)를 사용하여 다음과 같다.

$$T = 2\pi \sqrt{\frac{K_{LM} M_s}{K_f}} = 2\pi \sqrt{\frac{0.78 \times 333}{12.56 \times 10^6}} = 0.0286 \text{ s}$$

(5) 동하중계수 및 등가 정하중

지하 폭발 시 최대 동하중계수는 $\frac{t_b}{T} = \frac{0.051}{0.0286} = 1.78$ 에 대하여 **그림 4.26**으로부터 $DLF_{\max}$ 는 1.34이다.

따라서 등가 정하중은 다음과 같다.

$$w_{beq} = DLF_{\max} \times P_b = 1.34 \times 4.27 = 5.72 \text{ kg/cm}^2$$

(6) 부재력 계산

하중 조합 w_t = 토압 + 등가 정하중 = 0.2 + 5.72 = 5.92 kg/cm^2, 즉 단위폭당 59.2 t/m의 동적하중이 작용하는 경우이므로 부재력 계산 시 벽체는 단순 슬래브로 취급할 수 있다. 따라서 최대 모멘트와 최대 전단력은 각각 다음과 같다.

$$M = \frac{w_t L^2}{8} = \frac{59.2\,(2.9)^2}{8} = 62.23 \text{ t} \cdot \text{m}$$

$$V = \frac{w_t L_c}{2} = \frac{59.2 \times 2.6}{2} = 76.96 \text{ t}$$

(7) 응력 검토

경미한 피해에 대한 가상 탄성허용응력은 다음과 같다.

$$f_{ca}{}' = \alpha\, f_c{}' = 3.33 \times 280 = 932.4 \text{ kg/cm}^2$$

$$f_{sa}{}' = \alpha\, f_y = 3.33 \times 3{,}000 = 9{,}990 \text{ kg/cm}^2$$

$$\tau_{ca}{}' = \beta\, \tau_{cu} = \beta\,(0.08 f_{ck}) = 2.5\,(0.08 \times 210) = 42.0 \text{ kg/cm}^2$$

$$\tau_{oa}{}' = \beta\, \tau_{ou} = \beta\,(0.2 f_{ck}) = 2.5\,(0.2 \times 210) = 105.0 \text{ kg/cm}^2$$

콘크리트의 압축 휨응력은

$$f_c = \frac{M}{I} x = \frac{62.23 \times 10^5}{1.9 \times 10^5}(10.2) = 334.1 \text{ kg/cm}^2 < f_{ca}{}'$$

철근의 인장 휨응력은

$$f_s = n \frac{M}{I}(d - x) = 9 \times \frac{62.23 \times 10^5}{1.9 \times 10^5}(40 - 10.2) = 8{,}784.3 \text{ kg/cm}^2 < f_{sa}{}'$$

콘크리트의 전단응력은

$$\tau_c = \frac{V}{b\,j\,d} = \frac{76{,}960}{100\,(40 - 10.2)} = 25.8 \text{ kg/cm}^2 < \tau_{ca}{}'$$

철근과 콘크리트의 부착응력, 철근 둘레의 합계 $U = 5 \times 7 = 35$ cm이므로 다음과 같다.

$$\tau_o = \frac{V}{Ujd} = \frac{76{,}960}{35\,(40-10.2)} = 73.8\ \mathrm{kg/cm^2} < {\tau_{ca}}'$$

따라서 설계된 벽체는 안전하다.

3. 바닥 슬래브

(1) 하중 계산

고정하중인 지붕 상부 흙의 중량은 $1.6 \times 1 \times 3.9 \times 8.5 = 53.04$ t이다.

구조물 중량은 다음과 같다.

지붕: $2.5 \times 0.3 \times 3.9 \times 8.5 = 24.863$ t

벽체: $2.5 \times 0.45 \times 2.6 \times (2 \times 3.9 + 2 \times 7.6) = 67.275$ t

바닥 : 24.863 t (지붕과 동일하게 가정함)

따라서 총 고정하중 $W_D = 170.041$ t이다.

활하중은 다음과 같다.

지붕: $0.5 \times 3.9 \times 8.5 = 16.575$ t

바닥: $0.5 \times 3.0 \times 7.6 = 11.4$ t

따라서 총 활하중 $W_L = 27.975$ t이다.

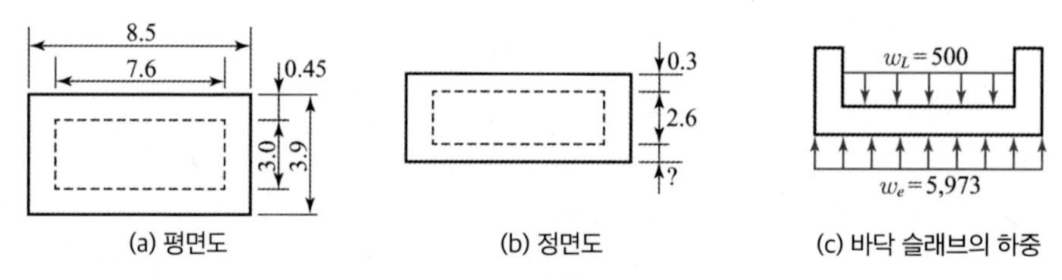

그림 4.40 엄호체의 치수 및 하중

바닥 슬래브의 하중인 총 정적하중은 $W_{st} = W_D + W_L = 198.016$ t이다.

따라서 고정하중에 의해 바닥 밑면에 작용하는 토질압력은 다음과 같다.

$$w_e = \frac{198{,}016}{3.9 \times 8.5} = 5{,}973\ \mathrm{kg/m^2}$$

바닥 슬래브에 실제로 작용하는 정적하중은 이 값에서 바닥에 작용하는 활하중과 바닥의 자중을 감해야 한다. 즉,

$$w_f = 5{,}973 - 500 - 750 = 4{,}773\ \mathrm{kg/m^2}$$

(2) 단면 결정

정적하중만이 작용하는 경우이므로 바닥을 고정 슬래브로 볼 수 있으며, 단위폭당 최대모멘트는 단지간에 대하여 다음과 같다.

$$M = \frac{w_f L^2}{12} = \frac{4{,}773\,(3.45)^2}{12} = 4{,}734\ \mathrm{kg \cdot m}$$

$$\text{소요철근량: } A_s = \frac{M}{\sigma_{sa}\, j d} = \frac{473{,}400}{1{,}500\ (7/8)\ (20)} = 18.04\ \mathrm{cm}^2$$

$$\text{사용철근량: } A_s = 5 - D22 = 19.35\ \mathrm{cm}^2$$

(3) 폭풍충격에 대한 검토

만일 폭탄이 **그림 4.39**에 있는 위치 3에서 폭발한다면 바닥 슬래브에서도 지붕의 경우와 마찬가지로 충격 효과를 고정하중의 100%로 가정할 수 있다. 바닥 슬래브에 작용하는 고정하중은 총 고정하중에 의한 바닥 밑면의 토압에서 바닥 자체의 고정하중($2.5\ \mathrm{t/m^3} \times 0.3\ \mathrm{m}$)을 감해서 구한다.

$$w_D = \frac{170{,}041}{3.9 \times 8.5} - 750 = 4{,}379\ \mathrm{kg/cm^2}$$

$$\therefore\ w_{dy} = 2\, w_D = 2 \times 4{,}379 = 8{,}758\ \mathrm{kg/cm^2}$$

동적하중인 경우이므로 단순 슬래브에서 최대 모멘트를 구한다.

$$M = \frac{w_{dy} L^2}{8} = \frac{8{,}758\,(3.45)^2}{8} = 13{,}030\ \mathrm{kg \cdot m}$$

철근의 인장응력은 다음과 같다.

$$f_s = 1{,}500 \times \frac{13{,}030}{4{,}734} = 4{,}129\ \mathrm{kg/cm^2} < f_{sa}{}' = 9{,}990\ \mathrm{kg/cm^2}$$

따라서 안전하다.

3) 지상 엄체호의 동적 해석

예제 4.13

앞에서 설계된 지하 엄체호와 동일한 구조물을 지상에 건설하려고 한다. 구조물의 측벽에서 7.6 m 떨어진 곳에서 GP 500 폭탄의 폭발에 대해 경미한 피해에 방호될 수 있는지의 여부를 판단하라. 폭탄 제원 및 재료 특성은 지하 엄체호에서와 같다.

풀이 1. 폭풍충격하중 계산

$$z = \frac{r}{w^{1/3}} = \frac{7.6}{(113.4)^{1/3}} = 1.57$$

최고 압력은 식 (3.2)로 계산하면

$$P_b = \frac{18.08}{z^3} - \frac{1.16}{z^2} + \frac{1.1}{z}$$
$$= \frac{18.08}{1.57^3} - \frac{1.16}{1.57^2} + \frac{1.1}{1.57} = 4.90 \text{ kg/cm}^2$$

충격량은 식 (3.25)로 계산하면

$$I = 1.96 \times 10^{-3} \frac{w^{2/3}}{r} = 1.96 \times 10^{-3} \frac{(113.4)^{2/3}}{7.6}$$
$$= 6.04 \times 10^{-3} \text{ kg} \cdot \text{s/cm}^2$$

지속시간은 식 (3.26)으로 계산하면

$$t_b = \frac{2I}{P_b} = \frac{2 \times 6.04 \times 10^{-3}}{4.9} = 0.00247 \text{ s}$$

반사압력은 식 (3.27)로 계산하면

$$P_r = 2P_b\left(\frac{7.2 + 4P_b}{7.2 + P_b}\right) = 2 \times 4.9 \times \left(\frac{7.2 + 4 \times 4.9}{7.2 + 4.9}\right) = 21.71 \text{ kg/cm}^2$$

따라서 평균 압력은 식 (3.28)로 계산하면 다음과 같다.

$$P_f = \frac{2P_b + P_r}{2} = \frac{2 \times 4.9 + 21.71}{2} = 15.76 \text{ kg/cm}^2$$

2. 동하중계수와 등가 정하중

벽 슬래브의 주기는 예제 4.12에서 $T = 0.0286$ 초이므로

$$\frac{t_b}{T} = \frac{0.00247}{0.0286} = 0.086$$

이 값에 대한 동하중계수는 **그림 4.25**를 사용하여 $DLF_{max} = 0.55$ 를 얻을 수 있다. 따라서 등가 정하중은 다음과 같다.

$$w_b = DLF_{max} \times P_f = 0.55 \times 15.76 = 8.668 \text{ kg/cm}^2 = 86.68 \text{ t/m}^2$$

3. 응력 해석

단위폭에 대한 값은 다음과 같다.

최대 모멘트 $M = \frac{w_b L^2}{8} = \frac{86.68 \times (2.9)^2}{8} = 91.12 \text{ t·m}$

최대 전단력 $V = \frac{w_b L_c}{2} = \frac{86.68 \times 2.6}{2} = 112.68 \text{ t}$

예제 4.12에서 $I = 1.9 \times 10^5 \text{ cm}^4$, $d = 40$ cm, $x = 10.2$ cm이므로

$$f_c = \frac{M}{I}x = \frac{91.12 \times 10^5}{1.9 \times 10^5} \times 10.2$$
$$= 489 \text{ kg/cm}^2 < f_{ca}' = 932.4 \quad \therefore \text{ O.K.}$$

$$f_s = n\frac{M}{I}(d-x) = 9 \times \frac{91.12 \times 10^5}{1.9 \times 10^5}(40 - 10.2)$$

$$= 12{,}862 \text{ kg/cm}^2 > f_{sa}' = 9{,}900 \text{ kg/cm}^2 \quad \therefore \text{ N.G.}$$

$$\tau_c = \frac{V}{bjd} = \frac{112{,}680}{100(40 - 10.2)}$$

$$= 37.8 \text{ kg/cm}^2 < \tau_{ca}' = 42 \text{ kg/cm}^2 \; \therefore \text{ O.K.}$$

$$\tau_o = \frac{V}{Ujd} = \frac{112{,}680}{35(40 - 10.2)}$$

$$= 108 \text{ kg/cm}^2 < \tau_{oa}' = 105 \text{ kg/cm}^2 \; \therefore \text{ N.G.}$$

위의 결과를 보면 콘크리트의 압축응력과 전단응력에는 안전하고 부착응력도 어느 정도 만족하나, 철근의 인장응력을 만족시키지 못한다. 따라서 새로운 단면을 선정할 필요가 있다. 예를 들면 예제 4.12에서 $M = 62.23$ t·m에 대한 소요철근량이 18.8 cm^{2}였으므로, 91.12 t·m에 대한 소요철근량은 다음과 같다.

$$A_s = 18.8 \times \frac{91.12}{62.23} = 27.53 \text{ cm}^2$$

따라서 철근량이 $A_s = 5 - D29 = 32.12$ cm^{2}로 증가한다.

CHAPTER 5

화생방 방호시설 설계

5.1 화생방 무기

화생전 무기는 고대로부터 원시적인 방법으로 사용되어 오다가 폰티악 전쟁(Pontiac's Rebellion)(1763년) 당시에는 영국군이 인디언에게 천연두를 사용한 기록이 있으며, 제1차 세계대전 중인 1915년에 독일이 연합군에게 염소가스를 사용한 것이 현대 화학전의 시초로 사료된다. 그 후에도 몇 차례의 국지전쟁에서 화학무기가 사용되었으며, 화학무기가 갖고 있는 제조의 용이성, 상대적인 비용의 저렴함, 광범위한 무기의 효과 등을 고려했을 때 미래전에서도 이러한 화학무기가 필연적으로 사용될 것으로 보인다.

핵무기는 핵분열 또는 핵융합 등 핵반응 시 방출되는 에너지를 이용한 열복사선, 폭풍, 방사선 등의 효과로 인원 살상, 물자 파괴, 방사능 오염 등을 일으키는 대량 살상무기이다. 핵무기 이외에도 선택적 파괴, 살상, 방사능 오염을 특징으로 하는 방사능무기는 방사성 물질을 살포하여 인원, 장비, 시설, 지역을 오염시킬 수 있다.

이러한 화생방전 무기는 다음과 같이 재래식 무기와 구분되는 몇 가지 공통된 특성이 있다.

- 대량 살상이 가능하며, 넓은 지역에 피해를 줄 수 있다.
- 작용제의 종류, 투발 수단, 폭발고도에 따라 오염 지속시간의 부분적인 통제가 가능하다.
- 재래식 무기와 혼합 운용함으로써 살상 효과를 증대시킬 수 있다.
- 방어부대에 미치는 심리적 효과가 크며, 부대 소산이나 위장 등 피해 감소를 위한 추가적인 방호대책을 방어부대에 강요한다.

5.1.1 화학무기

1) 화학무기의 효과

화학작용제는 인체에 침입하여 그 효과가 발생된다. 다시 말해 오염된 공기를 흡입함으로써, 눈, 피부, 의복에 접촉됨으로써, 오염된 음식물이나 음료수를 먹음으로써, 또는 오염된 물건에 접촉됨으로써 인원이 살상되고 무능화 등의 피해를 입는다. 화학작용제가 생체기관에 미치는 효과는 국지적 효과와 일반 효과로 나눌 수 있다. 국지적 효과란 피부, 호흡기관의 점막, 호흡기 계통, 소화기관 등 직접적으로 작용제가 접촉된 기관에 발생하는 효과를 말하며, 일반 효과는 작용제가 혈관으로 들어가 몸 전체에 퍼져서 일어나는 효과로 작용제가 누적됨에 따라 국지적 효과는 일반 효과로 전환된다.

화학작용제는 야포, 방사포, 미사일, 항공기 등의 투발 수단에 의해 다양하게 운용될 수 있으며,

다음과 같은 목적을 위하여 사용된다.

- 인원을 살상함
- 보호장비의 착용을 강요하여 전투력을 감소시킴
- 오염지역을 형성하여 기동력을 제한하고, 특정 지역의 사용을 제한함
- 지속성 작용제를 사용하여 군수 지원 기능을 약화시킴

2) 화학작용제의 종류 및 특징

화학작용제는 지속 기간에 따라 수 시간에서 수일 또는 수 주일간 유해한 효과가 계속되는 지속성 화학작용제와, 개방된 지역에서는 수분 동안 머무르고 정체된 공기 중일지라도 십여 분에서 한두 시간 지속되는 비지속성 화학작용제로 나눌 수 있다. 또한 화학작용제는 인체에 미치는 효과에 따라 자극성 작용제와 독성 화학작용제로 구분하며, 자극성 작용제에는 구토 및 최루 작용제가 있고, 독성 화학작용제에는 수포, 신경, 혈액, 질식 작용제가 있다. 이들의 특성을 요약하면 표 5.1과 같다.

3) 화학작용제 오염지역의 형성

오염된 위험지역의 크기와 특성은 화학작용제의 양, 투발 수단, 기상 조건, 지형의 특성 등에 따라 다르다. 신경작용제를 약 7톤 적재한 항공기는 250 km^{2}의 지역에 치사농도를 줄 수 있으며, 1드럼(200 L) 정도의 살포장비를 가진 항공기가 480 km/h의 속도로 저공 비행할 때에는 240~320 m 길이의 띠 모양의 지역을 오염시킬 수 있다. 이때 오염지역의 너비는 풍향과 풍속에 따라 달라진다.

표 5.1 화학작용제의 특성

종류	신체적 영향	효과/지속성	사용 목적
구토/최루	• 눈물과 재채기, 구토 유발 30분 후 회복 • 비살상용, 폭동 진압에 사용 • 방독면 및 보호장비의 착용 강요	즉각 /비지속성	일시적으로 적을 무력화
수포	• 피부에 수포 발생, 호흡 곤란 • 폐를 손상시켜 사망에 이름	지연 /지속성	적 인원 무력화, 적의 장비 및 지역 사용 제한
신경	• 피부와 호흡기를 통해 체내 침투 • 근육 경련과 신체 마비 증상 • 호흡 곤란으로 사망에 이름 • G계열보다 V계열의 독성이 훨씬 강함	즉각 /비지속성(G), 지속성(V)	살상 및 무력화
혈액	• 호흡기로 흡입되어 폐 활동 약화, 혈액순환장애, 호흡 곤란과 심장부정맥으로 사망에 이름	즉각 /비지속성	즉각 살상 및 완전 무력화
질식	• 폐에 손상을 주어 호흡 곤란으로 질식 또는 사망에 이름(육지 익사)	즉각, 지연 /비지속성	비보호된 적을 무력화

온도가 낮으면 작용제의 증발이 억제되어 오염도가 증가하고, 풍속이 증가하면 오염된 공기가 분산되고 증발을 촉진시키며, 강우는 오염된 물질을 씻어내고 오염도를 낮춘다. 건물의 밀집도, 계곡, 도랑 등 지형의 기복은 오염된 공기를 정체시켜 오염기간을 증대시킨다.

5.1.2 생물학 무기

생물학 무기는 사람과 동물에 질병을 유발시키거나 피해를 주기 위해 군사적으로 사용되는 미생물 및 독소를 말한다. 미생물에는 곰팡이, 세균(박테리아), 바이러스, 리케차 등이 있으며, 대부분은 태양광선이나 외부 조건에 의해 수 시간 내에 사멸하지만, 소량의 미생물일지라도 호흡기 계통으로 침투하면 쉽게 질병을 일으킬 수 있다. 독소는 미생물과는 달리 생존 주기와 활동력이 없는 유독성 물질로, 동식물 병원균의 신진대사 과정에서 추출되며, 대량 생산이 가능하고, 통제가 용이하며, 잠복기가 없기 때문에 효과가 신속하다.

1) 생물학 작용제의 효과

생물학 작용제의 효과는 감기와 같은 단기간의 무능화 효과에서부터 페스트와 같이 죽음에 이르는 질병까지 다양하며, 그 정도는 작용제의 특성, 받는 양, 신체 침입경로, 신체의 저항도, 치료의 신속성과 방식 등에 따라 다르게 나타난다. 표 5.2에는 대표적인 생물학 작용제의 종류와 인체에 미치는 영향을 나타내었다.

표 5.2 생물학 작용제의 특성

병원체	병원균(발생병)	신체적 영향
박테리아	페스트 콜레라 탄저병 야토병	발열, 오한, 각혈 설사, 탈수, 혈압 강하 폐렴, 패혈증 발열, 폐렴
바이러스	뇌염 유행성출혈열 황열 VEE	두통, 구토 고열, 혈뇨, 저혈압 고열, 두통, 신체 쇠약 발열, 두통, 혼수상태, 마비
리케차	발진티푸스 Q열	발열, 발진, 근육통 고열, 두통, 가슴 통증, 심장내막염

2) 생물학 작용제의 살포방법

생물학 작용제를 살포하는 기본 방법은 에어로졸과 질병 매개체의 사용 이렇게 두 가지로 구분된다.

(1) 에어로졸

에어로졸(aerosol)은 액성 또는 건성 작용제의 혼합물을 지면 부근의 대기 중에 살포하는 것으로, 공기의 흐름에 따라 확산되어 수천 km^2까지 넓은 지역을 감염시킬 수 있다. 에어로졸의 살포 수단으로는 항공기나 미사일에 의하여 운반되는 소형 폭탄, 살포통, 에어로졸 발생기 등이 있다.

(2) 매개체

감염된 곤충이나 설치류 등을 용기에 넣어 미사일이나 항공기로 표적 지역에 투발한다. 인체, 가축, 주위의 사물들을 감염시키는 생물학 무기는 공격 시뿐만 아니라 그 후에도 장기간 효과가 있으며, 특히 오래 사는 동물을 매개체로 하면 수년간 지속될 수도 있다.

5.2 화학 · 생물학 작용제로부터 방호

화학 및 생물학 작용제에 노출되는 개인은 초기에는 보호의와 방독면 착용으로 보호를 받을 수 있으나, 대상 지역이 상당 기간 고농도의 작용제로 오염될 경우에는 이를 무한정 착용하고 있을 수만은 없다. 따라서 생리적 욕구를 해결하고 계속적인 임무를 수행하기 위하여 화생방 오염으로부터 내부 인원을 집단으로 보호할 수 있는 방호시설을 설치해야 한다.

화생방 방호시설에는 외부 공기를 완전히 차단시키는 비통풍형(밀폐식) 방호시설과, 실내의 공기압력을 외부보다 높게 유지하면서 흡입되는 공기를 정화시켜 사용하는 통풍형 방호시설이 있다.

화생방 방호시설 계획 시 고려해야 할 사항은 다음과 같다.

- 접근이 용이하여 신속히 대피할 수 있는 곳이어야 한다.
- 재래식 무기의 폭발 효과로부터도 보호받을 수 있어야 한다.
- 작용제가 정체되거나 누적되지 않도록 통풍이 잘되는 곳이어야 한다.
- 배수가 양호하고 지반이 견고한 곳이어야 한다.
- 은폐가 양호하여 적 관측으로부터 노출되지 않는 곳이어야 한다.

5.2.1 화생방 방호시설

1) 설계 시 고려사항

화생방 방호시설의 설계는 통풍형과 비통풍형에 따라 다르지만, 일반적으로 통풍형 방호시설에 준하여 설계한다. 화생방 방호시설 설계 시 고려해야 할 사항은 다음과 같이 요약된다.

- 공기가 통할 수 있는 곳을 최소화해야 한다. 따라서 창문 등을 설치하지 않아야 하며, 출입문도 꼭 필요한 곳에만 둔다.
- 시공 조인트나 문틈 사이 등 누기(漏氣)가 발생하여 작용제가 침투하지 못하도록 공기가 샐 수 있는 틈새를 철저히 막아야 한다.
- 외부와 통하는 관로는 폐쇄하거나 개폐장치를 설치하여 작용제가 침투하지 못하도록 해야 한다. 통풍구, 굴뚝, 수도관, 하수관 등이 그 예이다.
- 포탄이나 폭탄으로부터 방호될 수 있어야 한다. 직접 타격에 의한 탄(彈)의 관입을 저지할 수 있는 것이 가장 좋지만, 만약 그렇게까지 할 수 없다면 주변 폭발에 의해 구조물이 손상되어 작용제가 내부로 침투되지 않아야 한다.
- 입구에는 방풍벽을 설치하고, 반드시 별도의 비상구를 갖추어야 한다.
- 전등, 음료수 시설, 응급 치료 키트 또는 장비, 세면 및 화장실 등을 갖춰야 한다.
- 외부와의 통신시설을 마련한다.
- 통풍형인 경우에는 방호시설 내의 공기압력을 일정 수준 이상으로 계속 유지해야 한다.
- 인원이 들어가기 전에 개인 제독을 할 수 있는 시설을 갖춰야 한다.

2) 통풍형 방호시설

통풍형 방호시설은 내부가 대기압보다 약간 높은 압력(양압)을 유지함으로써 공기 흐름이 반드시 내부에서 외부로 향하도록 해야 한다. 양압(overpressure)이란 대기압보다 높은 공기압과 대기압과의 차를 말한다. 공기는 높은 기압에서 낮은 기압 쪽으로 흐르기 때문에 건물 내부에 양압이 형성되면 건물 바깥의 외기가 건물 안으로 들어올 수 없다. 화생방 방호시설은 이 같은 원리를 이용하여 방호시설 내부에 양압을 인공적으로 형성함으로써 화생방 작용제에 의해 오염된 공기가 건물 안으로 침투하지 못하도록 한다. 양압은 현재 나라마다 상이한 기준을 적용하고 있으며, 같은 나라에서도 시대에 따라 적용 기준이 달라진다. 전형적인 양압 수준은 무해구역의 경우 250 Pa, 액체오염지역은 125 Pa이 적합하다.

그리고 화생방 방호시설은 사람의 호흡 및 활동으로 인해 실내 공기가 오염되는 것을 막고 적정

온습도를 유지하여 사람이 지내기에 쾌적한 환경이 유지될 수 있도록 환기시설이 설계되어야 한다. 환기시스템 설계의 기초가 되는 총 환기량은 수용 인원수, 인원의 활동 내용, 양압, 내부 용적, 설비의 요구 내구 수준, 경제성 등을 종합적으로 고려하여 결정해야 하는데, 일반적으로 시설 내에서 1인당 환기량은 평시 혹은 재래전 시에는 최소 25 cmh(cubic meter per hour) 이상, 화생방전 시에는 최소 17 cmh 이상을 적용한다.

또한 외부의 오염된 공기가 역류하지 않도록 밸브장치를 사용하여 화생방 작용제의 침투를 방지하며, 작용제를 여과시킬 수 있는 공기정화장치가 있어야 한다.

통풍형 방호시설이 갖추어야 할 기본적인 구조 요소들은 다음과 같다.

(1) 출입구

고성능 폭탄의 폭풍 및 파편으로부터 방호될 수 있도록 'ㄹ'자형으로 만들거나 출입구 앞에 방호벽을 설치해야 한다.

(2) 공기폐쇄실

화생방 작용제의 침투에 대한 차단 역할을 할 수 있도록 공기폐쇄실을 설치한다. 이곳에는 오염된 피복과 장비를 수거하기 위하여 오염 피복함을 설치하여 운영한다.

(3) 샤워실 및 화장실

오염된 인원의 샤워를 위한 시설을 갖추고, 화장실 등과 같은 편의 시설을 둔다. 여기에는 방독면용 벽걸이가 있어야 한다.

(4) 응급치료실

부상환자 치료 및 응급처치를 위한 공간이며, 샤워실과 응급치료실 사이에는 가스차단문을 설치한다. 이곳에도 급수 및 위생설비를 갖추어 수술 등에 대비해야 한다.

(5) 피복지급실

새로운 피복을 지급하고 착용하게 한다.

(6) 무해구역

무해구역(toxic free area)이란 방호시설 내의 근무자가 개인보호장구 없이 안전하게 임무를 수행할 수 있는 지역으로, 정화된 공기가 공급되는 공간이다.

(7) 비상구

주 보호시설로부터 나오는 정상 출구 이외에 유사시 사용할 수 있도록 비상구를 설치해야 한다. 비상구의 출입문은 방폭문으로 설치해야 하며, 문은 바깥쪽으로 열리도록 해야 한다. 비상탈출문의 방폭문은 인원이 빠져나오는 데 불편을 주지 않을 정도로 가능한 한 그 크기가 작은 것이 좋다. 방호시설이 지하에 있는 경우, 지붕슬래브를 뚫고 비상구를 설치하는 것이 아니라 적당한 길이의 터널형 통로를 만든 다음 터널의 끝에 수직 방향으로 탈출구를 연결한다. 사람이 빠져나오는 탈출구는 지표면보다 최소한 1.2 m 높게 두어 지표면에 깔려 있는 작용제가 유입되는 것을 방지한다. 또한 수직탈출구의 바닥을 수평터널 바닥보다 더 낮게 하여 만일의 피폭 시 발생하는 파쇄물들이 이곳으로 떨어져 쌓임으로써 수평터널을 막아 인원이 빠져나가는 데 지장을 주는 일이 없어야 한다.

(8) 기계실

기계실은 청정기계실과 오염기계실로 구분한다. 청정기계실은 가스입자여과기나 공조(空調)시스템이 설치되는 곳으로, 작용제의 오염이 있어서는 안 되는 곳이다. 오염기계실은 비상발전기 등이 설치되는 곳으로, 청정기계실 수준의 공기 상태가 요구되지는 않는다. 일반적으로 청정기계실은 무해구역에서 출입할 수 있는 반면, 오염기계실은 외부에서 출입할 수 있도록 설계되어야 한다. 또한 청정기계실은 인원이 보호장구 없이 작업할 수 있도록 양압이 유지되어야 하는 반면, 오염기계실은 양압을 유지할 필요가 없다.

(9) 기타

통신시설, 급수, 조명, 경보 및 탐지시설 등을 설치하여 운용한다.

3) 비통풍형 방호시설

지속적인 화생방전 상황에서 보호장구 없이 일정 기간 활동하기 위해서는 정화공기가 공급되는 통풍형 방호시설이 절대적으로 필요하다. 그러나 화학 공격이 일시적일 경우 실내에 있는 공기만으로 여러 시간은 보호장구 없이 생존이 가능하며, 이러한 경우의 대피시설을 비통풍형 방호시설이라고 한다. 이때 가장 중요한 것은 오염공기가 내부로 침투하지 못하도록 건물은 완전히 밀폐되어야 한다는 것이다. 출입문의 틈새, 건물 외부와 통하는 각종 관로의 틈새와 같이 누기의 가능성이 있는 부분들을 테이프나 실링재 등을 사용하여 철저히 막아야 한다.

대기 중에는 약 21%의 산소가 포함되어 있으며, 방호시설 내에는 최소한 14%의 산소를 유지해야 활동에 지장이 없다. 휴식 중인 사람은 1인당 1시간에 0.0227 m^3의 산소를 소비하고, 0.017 m^3

의 탄산가스를 방출하며, 방호시설 내 공기가 3% 이상의 탄산가스를 포함하게 되면 호흡에 곤란을 준다. 따라서 이를 기준으로 하여 비통풍형 방호시설에서는 대피 인원수에 대한 소요 공간과 체류 시간을 산정할 수 있으며, 통풍형 방호시설에서는 흡입하는 공기의 소요량을 판단할 수 있다.

5.2.2 화생 제독

화생 제독이란 오염된 인원, 장비 및 물자에 존재하는 화생작용제의 효과를 중화 또는 제거하는 일련의 기술을 말한다. 오염된 인원이나 장비의 이동은 가급적 억제시켜 오염이 확산되는 것을 방지해야 한다. 외부에서 오염된 인원이 방호시설로 들어올 때는 반드시 오염을 제거해야 한다. 제독은 오염된 인원에 대하여 신속히 실행해야 하며, 장비 및 물자는 중요도에 따라 우선순위를 정해 실행한다. 만일 방호시설 내에 완전한 오염제거장치가 구비되지 못한 경우나 인원이 주위를 위험하게 할 정도로 심하게 오염된 경우에는 그들을 출입시키지 말고 구호소로 보내야 한다.

주요 화생방 방호시설에서 실시하는 오염 제독의 절차를 순서별로 기술하면 다음과 같다.

① 탐지기를 사용하여 오염 정도를 확인한다. 먼저 지역제독제(Super Tropical Bleach, STB)와 흙으로 혼합된 통에 발을 넣고 문질러 오염된 전투화를 제독한 후 전실로 입장한다. 전실은 일명 장비저장실(equipment storage area)로 불리며, 오염통제구역의 첫 번째 방이다.

② 전실로 들어와 문 앞에 있는 금속격자망 위에서 전투화에 묻은 흙을 털고 소총, 헬멧, 탄띠 등을 지정된 장소에 위치시킨 후, 두 번째 방인 액체오염지역(liquid hazard area)으로 입장한다.

③ 방독면 등의 보호장구를 착용한 상태에서 개인제독처리키트를 사용하여 보호의, 방독면, 보호두건, 전투화 덮개, 보호장갑의 오염을 제독한 후 보호두건, 전투화 덮개, 보호장갑, 전투복을 벗어 비닐 주머니에 담아 잘 묶은 다음, 지정된 통에 넣는다. 그리고 방독면과 내의를 착용한 채로 세 번째 방인 기체오염지역(vapor hazard area)으로 입장한다.

④ 내의를 벗어 주머니에 담아 잘 묶은 다음, 폐기통에 넣는다. 손은 개인제독처리키트로 제독한 후, 개인제독처리키트는 보조요원이 제공하는 주머니에 담아 마찬가지로 폐기통에 넣는다. 그리고 방독면을 쓴 상태에서 물로 머리카락을 씻는다. 이때 비눗물은 방독면 정화통의 여과기를 손상시킬 수 있으므로 비누를 사용하지 않는다. 손을 씻은 후 방독면을 주머니에 담아 보관대에 두고, 알몸으로 물 샤워 및 비눗물 샤워를 실시한 후, 네 번째 방인 공기폐쇄실(air lock)로 입장한다.

⑤ 공기폐쇄실에서 최소 2분 이상 에어 샤워를 한 다음, 무해구역으로 입장한다.

⑥ 보조요원으로부터 오염 여부를 최종적으로 확인받은 후, 피복지급대에서 새 옷을 받아 착용한다. 부상자는 응급치료실에서 치료를 받는다.

생물학 작용제 공격에 대한 기본적인 방호는 보호두건이 부착된 방독면을 착용하면 가능하며, 좀 더 구체적인 대인 생물학 작용제에 대한 보호방책은 다음과 같다.

- 보호장비: 방독면과 보호두건을 착용하면 에어로졸 형태의 생물학 작용제에 대한 보호가 가능하고, 피복과 장갑으로 노출된 피부를 덮으면 모기와 같은 곤충 매개물로부터 보호가 가능하다.
- 면역접종: 계획에 따라 실시되는 면역접종은 특수한 질병에 대한 인체의 저항력을 증가시켜 준다.
- 제독: 피부에 묻은 생물학 작용제는 비눗물로 씻어내어 제거할 수 있다. 피복도 비눗물로 씻어 햇빛에 말리면 대부분의 생물학 작용제는 사멸된다. 구충제를 사용하면 곤충 매개물로부터 감염되는 기회를 감소시킬 수 있다.
- 음식물 및 음료수: 인가된 음식물과 음료수를 섭취해야 하며, 음식물은 익히고 음료수는 끓여서 먹음으로써 대부분의 생물학 작용제를 사멸시킬 수 있다.
- 위생 조치: 위생 조치를 취하고, 전염을 막기 위해 격리된 건물이나 지역에서 벗어나 있으면 감염률이 감소한다.

CHAPTER 6

핵 · EMP 방호시설 설계

6.1 핵무기

6.1.1 개요

핵무기는 폭풍, 열복사선, 핵방사선의 3대 효과에 의하여 사상자를 발생시키고 투발지역을 초토화하여 모든 기능을 무력화시키는 가장 강력한 무기이다. 핵방사선은 초기 핵방사선, 잔류 핵방사선, 전자기파의 세 가지로 구분되며, 핵폭발 시 방출되는 에너지의 구성비는 **표 6.1**과 같이 핵무기의 반응 방식에 따라 다르다. 이 3대 효과의 범위와 상대적인 중요성은 무기의 형태 및 위력, 폭발고도, 폭발 지점으로부터의 거리, 표적의 견고도 등에 따라 달라진다. 핵무기의 위력은 같은 파괴력을 갖는 TNT의 무게로 표시한다.

핵무기를 투발하는 수단은 크게 지상포, 미사일, 항공기의 세 종류로 나눌 수 있다. 투발 수단은 표적의 크기, 사거리, 무기 위력, 기대 효과, 투발자의 안전도 등을 고려하여 결정한다.

1) 핵폭발 형태

핵폭발의 형태는 폭발고도에 따라 공중 폭발, 표면 폭발, 표면하 폭발의 세 가지로 구분되며, 이 구분은 피해의 종류와 범위를 결정하는 중요한 요소이다.

(1) 공중 폭발

화구가 지면에 접촉되지 않으면서 폭발하는 형태로, 저공 폭발과 고공 폭발로 구분된다. 저공 폭발 시에는 폭풍과 충격, 열복사선 및 초기 핵방사선의 효과가 증대되며, 고공 폭발 시에 생성되는 방사능 물질은 고공으로 올라가고 지상 물질과는 접촉되지 않으므로 낙진은 군사적으로 무시된다. 핵폭발 시 나오는 중성자는 지상 원점 주위의 지면에 감응 방사선 지역을 형성한다.

(2) 표면 폭발

화구가 지표면에 접촉된 핵폭발로, 버섯 모양의 원자운을 형성한다. 폭발 지점의 토양은 고온에 의해 증발되어 원자운에 포함된다. 폭풍, 열복사선 및 초기 핵방사선의 효과는 공중 폭발 때보다 작으

표 6.1 핵폭발 시 방출되는 에너지의 구성 비율

반응 방식	폭풍	열복사선	핵방사선
분열	50%	35%	15%
분열·융합	30%	20%	50%

나, 폭발 지점에 고도의 방사능 오염지역을 형성하고, 방사능 낙진은 수백 평방 km를 덮게 된다.

(3) 표면하 폭발

표면하 폭발에서 폭풍, 열복사선 및 초기 핵방사선의 효과는 크게 감소하나, 충격파가 지면에 전달되어 시설물을 파괴시키고, 극히 위험한 잔류 핵방사선이 폭발구 내부와 주위에 발생하고, 많은 양의 낙진을 형성한다. 일반적으로 지하 표적 및 건축물에 피해를 주고, 장벽 및 장애물 설치를 위해 폭발구를 형성할 때 사용된다.

2) 핵무기 효과

핵무기의 효과는 초기 효과와 잔류 효과로 구분한다. 초기 효과는 핵폭발 1분 이내에 발생하고, 주로 폭풍, 열복사선 및 초기 핵방사선에 의한 효과이며, 부수적으로 발생하는 전자기파는 전자 장비에 극심한 피해를 줄 수도 있다. 잔류 효과는 핵폭발 1분 이후에 발생하는 효과로, 낙진과 감응 방사선이 있으며, 이들은 장기간 오염지역을 형성하므로 군사작전에 큰 영향을 미친다. 폭발 위치에 따른 핵무기의 상대적인 효과를 표 6.2에 요약하여 비교할 수 있도록 하였으며, 좀 더 구체적인 핵무기의 효과는 다음 절에서 다룬다.

표 6.2 폭발 위치에 따른 핵무기 효과의 상대적 비교

효과 \ 폭발 위치	고공	저공	표면	표면하	
				얕은 층	깊은 층
섬광	아주 강함, 섬광 실명	보통	저공 폭발보다 약하지만 감지 가능	표면 폭발보다 약함	무시 또는 없음
열	보통, 고도 증가에 따라 감소	상당한 거리까지 강력, 노출 피부 화상	저공 폭발보다 약하지만 중대함	표면 폭발보다 약함	무시 또는 없음
초기 핵방사선	무시	강력하지만 열 효과보다 단거리에서 위험 소멸	저공 폭발보다 약함	표면 폭발보다 약함	무시 또는 없음
충격	무시	아주 저공 폭발을 제외하고는 무시	폭발구 반경의 3배 이내에서는 피해 유발	폭발구 반경의 3배 이내에서는 피해 유발	심대함(특히 폭발점 주위)
폭풍	지상에 약간, 고도 증가에 따라 감소	열 효과와 유사한 거리까지 상당한 효과, 건물에 큰 피해	단거리에서는 저공 폭발보다 강력, 그 이상의 거리에서는 상당히 감소	표면 폭발보다 약함	무시 또는 없음
초기 낙진	없음	무시	상당히 많고, 넓은 지역으로 확산	폭발깊이가 얕을 때는 상당히 많음	없음

6.1.2 폭풍 효과

1) 폭풍파

핵폭발 시 형성된 화구(火球)는 신속히 팽창하여 화구 면에는 고도로 압축된 공기층이 형성된다. 화구가 최대 크기의 약 반 정도에 도달하면 팽창속도는 줄어들고, 화구로부터 폭풍파가 분리되어 초음속으로 외부로 확산된다.

핵폭발에 의한 폭풍파는 재래식 무기와 비교할 때 그 위력이 비교할 수 없을 정도로 대단히 크다. 그러나 폭풍파의 특성인 충격전단의 형성, 시간에 따른 압력곡선, 폭풍파의 전파, 반사, 회절 및 감소, 마하 효과 등은 근본적으로 대기 중에서 폭발하는 재래식 폭탄의 폭풍 특성과 같다.

2) 초과 압력과 동압력

폭풍파에 의한 최대 초과 압력은 충격전단에서 발생하며, 폭풍파가 발생하기 바로 직전(20 KT인 경우, 폭발 후 약 0.015초 후에 폭풍파가 발생함)에 충격전단의 압력은 화구 내부 압력의 거의 2배가 된다.

폭풍 피해의 정도는 폭풍파에 동반되는 바람의 동압력에 크게 좌우되며, 동압력이 구조물에 미치는 영향은 구조물의 크기와 모양, 동압력의 최댓값 작용 기간에 따라 다르다. 해수면에서 특정 최대 풍속에 대한 최대 압력과 최대 동압력이 표 6.3에 주어져 있으며, 이 표에서와 같이 일반적으로 강력한 충격에는 동압력이 초과 압력보다 크며, 약한 충격에는 그 반대가 된다.

표 6.3 최대 초과 압력, 동압력, 풍속의 관계

최대 초과 압력(kg/cm^2)	최대 동압력(kg/cm^2)	최대 풍속(km/h)
14.06	23.20	3,347
10.55	15.68	2,861
7.03	8.65	2,275
5.06	5.62	1,883
3.52	2.81	1,512
2.11	1.12	1,078
1.41	0.56	756
0.70	0.14	467
0.35	0.05	257
0.14	0.01	113

폭풍파의 충격량의 크기를 좌우하는 정위상의 지속시간은 핵무기의 위력과 거리에 따라 변하며, **그림 6.1**과 **그림 6.2**에 최대 초과 압력과 무기 위력 및 정위상 지속시간의 관계를 보여주고 있다. 동압력의 지속시간은 초과 압력의 지속시간보다 약간 길지만, 같게 보아도 무방하다.

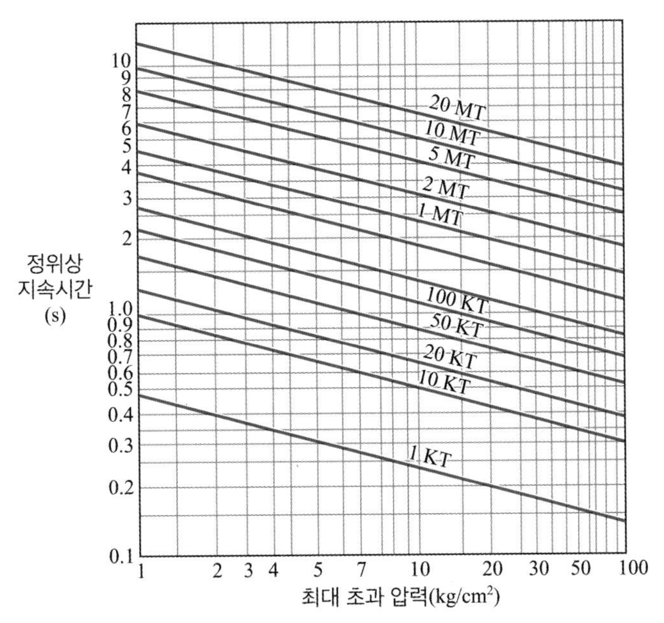

그림 6.1 공중 폭발 시 최대 초과 압력과 정위상 지속시간의 관계

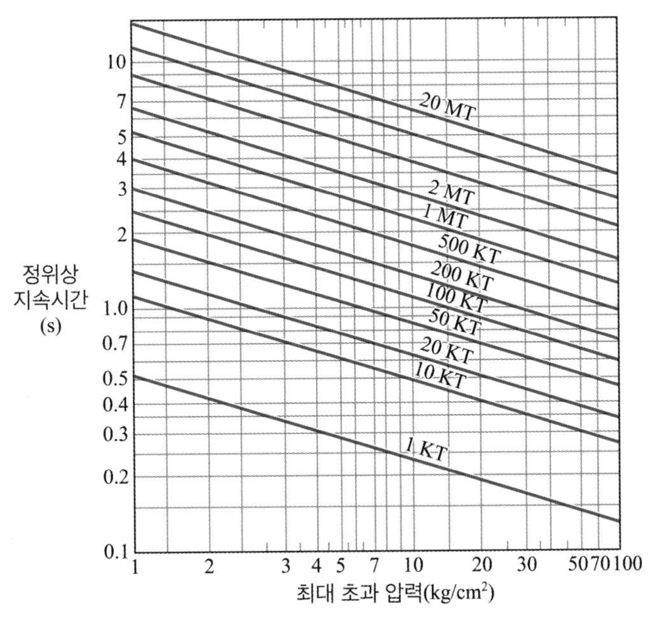

그림 6.2 표면 폭발 시 최대 초과 압력과 정위상 지속시간의 관계

3) 구조물에 작용하는 폭풍하중

핵폭발 시 발생하는 폭풍압력은 구조물에 폭풍하중으로 직접 작용하여 구조물을 파괴하거나 과도한 영구 변형을 일으켜 그 기능을 상실시키며, 간접적으로는 다른 물체를 비산시켜 피해를 줄 수도 있다.

(1) 지상구조물에 대한 영향

폭풍파의 구조물에 대한 영향은 초과 압력과 충격파에 뒤따르는 동압력의 크기에 좌우된다. 공중폭발 시 충격전단이 건물면에 부딪치면 반사파가 형성되어 초과 압력은 입사 초과 압력의 2~8배에 달하며, 그 크기는 입사파의 최대 초과 압력, 입사파의 진행 방향과 건물면이 이루는 각에 따라 다르다. 입사파의 선단이 전진하면서 반사파의 압력이 0이 될 때까지 감소하여 건물 표면의 압력이 입사파의 초과 압력만으로 되는 상태를 정상 초과 압력이라 한다. 폭풍파가 정상 초과 압력 상태가 되면 구조물 측면에는 동압력이 가해지고, 대기의 압력파는 구조물 주위로 회절하여 결과적으로 균일한 압력이 회절하중으로서 구조물의 측면과 지붕에 작용한다. 폭풍파와 반사파로 인한 건물 표면에서의 동압력은 최대 초과 압력보다 훨씬 작으나, 회절하중보다는 오래 지속된다.

표 6.4는 각종 구조물을 파괴할 수 있는 초과 압력의 크기를 보여준다. 표 6.5와 표 6.6에는 구조물의 형태별로 피해도를 정의하였으며, 이를 그림 6.3에 적용하여 각종 무기 위력에 대한 피해거리를 구할 수 있다. 이 그림은 핵무기가 최적 높이에서 폭발했을 때의 피해 한계거리를 나타낸다. 표면폭발 시 이 그림에서 구한 한계거리에 3/4을 곱해주어야 한다.

표 6.4 초과 압력에 대한 구조물의 피해 상태

구조물 형태	초과 압력(kg/cm^2)			
	완전 파괴	극심 피해	보통 피해	경미 피해
강구조 건물	0.80	0.50	0.30	0.20
저층 벽돌건물	0.45	0.35	0.25	0.15
고층 벽돌건물	0.40	0.30	0.20	0.10
목조 건물	0.30	0.22	0.12	0.07
지하 급배수관	14.97	11.95	6.96	3.02
유개맨홀	14.97	9.98	3.02	1.97
지상 통신선	0.70	-	0.35	-
지간 30~45 m 강교	2.53	1.97	1.48	0.98
지간 25 m 철근콘크리트교	1.97	1.48	1.20	0.98
아스팔트와 콘크리트 고속도로	39.93	29.95	9.98	3.02
활주로	39.93	29.95	14.97	4.01

표 6.5 구조물 형태와 피해 정도(구조물 1~5)

구조물 형태		피해 정도	
번호	구조	극심 피해	보통 피해
1	목조 건물 (1~2층)	골조 파괴에 의한 붕괴	지붕 파손, 외벽 균열, 내벽 전도
2	다층 내력벽 건물 (벽돌조, 3층 이하)	내력벽 붕괴로 구조물도 붕괴	외벽 균열, 내벽 균열 또는 전도
3	다층 내력벽 건물 (기념관, 4층 이하)	내력벽 붕괴로 구조물의 일부 또는 전체 붕괴	외벽 균열, 내벽 균열 또는 전도
4	다층 RC건물 (창문 없음, 1 MT의 마하지역에서 2.1 kg/cm^{2}에 대한 내폭풍 설계)	벽체 붕괴, 골조가 심하게 변형되어 구조물 붕괴	벽체 붕괴, 골조 변형, 출입구 붕괴, 대부분의 콘크리트 파쇄
5	다층 RC건물 (창문 협소, 3~8층)	벽체 붕괴, 골조가 심하게 변형되어 구조물 붕괴	외벽 균열, 내벽 균열 또는 전도, 골조 영구 변형, 대부분의 콘크리트 파쇄

표 6.6 구조물 형태와 피해 정도(구조물 6~15)

구조물 형태		피해 정도	
번호	구조	극심 피해	보통 피해
6	트러스 도로교 (지간 46~76 m)	브레이싱 파괴로 인한 교량 붕괴	브레이싱 일부 파괴, 교량내하력 50% 감소
7	내진 설계된 RC건물 (3~10층)	골조의 과도한 변형, 구조물 붕괴	골조 변형, 내벽 전도, 콘크리트 일부 파쇄
8	경철골 단층 구조의 산업용 건물 (경량 천장크레인 보유)	골조의 과도한 변형, 구조물 붕괴	골조 변형, 천장크레인 작동 불가
9	중철골 단층 구조의 산업용 건물 (20~50톤의 천장크레인 보유)	골조의 과도한 변형, 구조물 붕괴	골조 변형, 천장크레인 작동 불가
10	중철골 단층 구조의 산업용 건물 (60~100톤의 천장크레인 보유)	골조의 과도한 변형, 구조물 붕괴	골조 변형, 천장크레인 작동 불가
11	트러스 철도교 (지간 46~76 m)	브레이싱 파괴로 인한 교량 붕괴	브레이싱 일부 파괴, 교량내하력 50% 감소
12	다층 RC건물 (비지진저항구조, 3~8층)	골조의 과도한 변형, 구조물 붕괴	골조 변형, 내벽 전도, 콘크리트 일부 파쇄
13	도로 및 철도 트러스교 (지간 76~152 m)	브레이싱 파괴로 인한 교량 붕괴	브레이싱 일부 파괴, 교량내하력 50% 감소
14	다층 철골건물 (비지진저항구조, 3~8층)	골조의 과도한 변형, 구조물 붕괴	골조 변형, 내벽 전도, 콘크리트 일부 파쇄
15	다층 철골건물 (내진 설계됨, 3~8층)	골조의 과도한 변형, 구조물 붕괴	골조 변형, 내벽 전도, 콘크리트 일부 파쇄

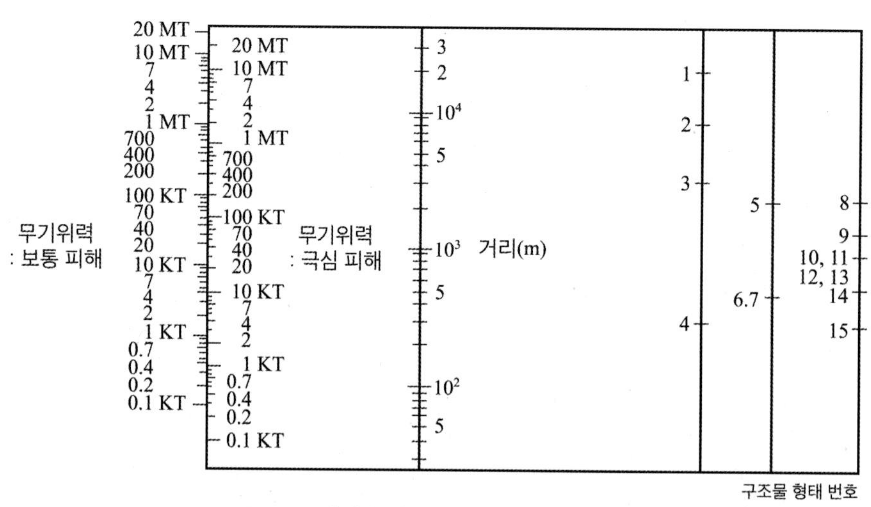

그림 6.3 최적 높이 폭발 시 구조물의 종류별 피해-거리 관계

예제 6.1

1 MT의 핵무기가 표면 폭발할 때 표 6.5에서와 같은 목조 건물(1형태)이 극심한 피해와 보통 피해를 입을 수 있는 한계거리를 각각 구하라.

풀이 그림 6.3의 오른쪽에 있는 구조물 형태 번호 1로부터 극심 피해를 나타내는 무기 위력 1 MT를 연결하는 직선이 거리를 나타내는 직선과 교차하는 점에서 극심 피해의 한계거리 8.8 km를 읽을 수 있다. 마찬가지 방법으로 보통 피해 한계거리를 구하면 10.4 km가 된다. 이 값은 최적 높이에서 폭발했을 때의 한계거리로, 표면 폭발 시에는 다음과 같다.

극심 피해 한계거리 $= 8.8 \times 3/4 = 6.6$ km

보통 피해 한계거리 $= 10.4 \times 3/4 = 7.8$ km

(2) 지하구조물에 대한 영향

지하구조물이란 지표면 아래에 완전히 묻힌 구조물을 말한다. 일반적으로 핵무기에 대처하기 위한 기본 설계 과정은 최대 폭풍하중 또는 이를 약간 상회하는 하중에 저항할 수 있는 안정된 부재를 설계하는 것이다. 지하구조물에 작용하는 하중은 토질의 특성과 폭발의 형태 및 위력에 따른 영향이 아직까지는 정확하게 알려지지 않아서 대략적으로 측정할 수 있을 뿐이다.

지하구조물에 작용하는 하중은 지면 충격으로부터 오며, 최대 초과 압력이 14 kg/cm^2 이하일 때는 지면 충격하중은 무시할 수 있다. 설계상으로 깊이 30 m까지는 지면 충격압력이 거의 소실되지 않는 것으로 본다. 지면 충격을 감소시키는 중요한 요인으로는 깊이, 흙의 종류 및 함수량, 폭풍파의 지속시간 등이 있다. 1메가톤 정도의 폭탄이 지하구조물의 상부 지표면에서 폭발할 때 구조물에 대한 극심한 피해는 150 m까지 미치지만, 지하 수백 m 깊이에 시공되는 구조물은 핵폭발에 의한 지면 충격하중은 무시하고, 덮인 흙에 의한 고정하중만을 고려하면 된다.

구조물의 일부분이 지표면 위로 노출되어 있다면 구조물 표면에 가해지는 대부분의 동압하중을 제거하도록 흙으로 충분히 덮어야 한다. 직사각형 구조물에 대한 깊이 방향의 흙의 두께는 구조물 깊이의 반 이상으로 하고, 평균적으로는 지간의 1/4 이상이 되도록 해야 한다.

(3) 인체에 대한 영향

폭풍파로 인한 초과 압력과 동압력은 인체에 직접적인 영향을 준다. 즉, 폭풍파가 인체에 도달하면 순간적으로 인체는 모든 방향에서 압력을 받아 골절, 내장의 손상, 상처 등을 입는다. 또한 폭풍파에 의해 비산하는 건물의 조각 등은 인체에 간접적으로 피해를 줄 수 있다. 표 6.7에는 인체에 미치는 폭풍파의 효과를 요약하였다.

(4) 폭발구 형성

핵무기가 표면이나 표면 근처에서 폭발할 때 폭발 에너지의 일부는 지면의 흙을 파헤쳐 폭발구가 형성된다. 폭발구의 크기는 무기 위력, 폭발깊이, 토양 특성 등에 따라 다르며, 표 6.8에 일부 제원이 주어졌다. 일반적으로 폭발구에서 나온 분출물은 절반 이상이 폭발구의 가장자리로부터 폭발구 반경의 3배 이내에 쌓이며, 나머지는 초과 압력이 0.07 kg/cm^2 되는 곳까지 비산하여 낙하한다.

표 6.7 인체에 미치는 폭풍파의 효과

피해 정도	초과 압력(kg/cm^2)	효과
경미함	0.21 이상 0.42 미만	멍, 약한 타박상, 일시적인 청각장애, 뼈를 삠
중간	0.42 이상 0.63 미만	심한 내장 타박상, 청각기능 파손, 눈 · 코에 출혈, 사지의 변형
심함	0.63 이상 1.03 미만	전체 내장장애, 눈 · 코에 심한 출혈, 사지의 심한 변형
극심함	1.03 이상	치명상

표 6.8 표면 폭발 시 최대 폭발구 제원(단위: m)

무기 위력(KT)		10	20	50	100	200	500	1,000	2,000	5,000
견고한 암반	반경	32	41	53	65	80	104	127	135	165
	깊이	11	15	19	24	58	76	93	99	121
건성 토양	반경	40	51	67	82	100	130	159	169	207
	깊이	14	19	24	30	73	95	117	124	152

6.1.3 열복사선

1) 열복사선의 특성

핵무기는 재래식 폭탄과는 달리 다량의 에너지를 열로 방출한다. 화구 표면의 온도는 수천만 도에 이르며, 자외선이나 적외선, 가시광선이 화구로부터 방사되어 빛의 속도로 진행된다. 여기서 취급하는 열복사(thermal radiation)는 핵폭발 후 1분 이내에 발생하는 것만을 포함한다.

복사량은 대기 중에서 흡수되고 분산되어 폭발 지점으로부터의 거리 제곱에 반비례하여 감소한다. 이 감소량은 또한 대기의 농도, 입자 크기 등의 대기 상태와 복사선의 파장 등에 의해서도 영향을 받는다. 즉, 입자가 별로 없는 청명한 날씨에는 분산이 적어 복사선은 직접 이동한다. 비가 오거나 안개 또는 짙은 매연 아래에서는 많은 열에너지가 흡수될 것이다. 핵무기가 짙은 구름층, 매연 또는 안개층의 상부에서 공중 폭발할 경우, 대부분의 열복사선은 상부로 분산되어 지상 표적으로 도달되는 열에너지는 현저하게 감소한다.

만일 열복사선이 분산되지 않는다면, 열복사선은 화구로부터 직선으로 방사된다. 따라서 언덕이나 콘크리트 벽체와 같이 단단하고 불투명한 물체는 열복사선에 대한 좋은 방호 효과를 제공해 준다. 그러나 유리와 같은 투명한 물체는 열복사에 대한 감소 또는 방호 효과가 거의 없다.

위에서 다룬 열복사선의 특성은 주로 핵무기가 공중 폭발할 경우에 대한 것이다. 표면 폭발 시에는 지형의 굴곡에 의한 어느 정도의 방호 효과가 있고, 부근에 낮은 층을 이루고 있는 먼지나 수증기가 열에너지를 흡수한다. 따라서 표면 폭발 시 발생하는 열에너지는 동일 거리에서 동일 위력의 핵무기가 공중 폭발할 경우의 50~70% 정도로 본다. 화구가 보이지 않는 표면하 폭발에서는 열복사선의 영향은 거의 없다. 무기 위력과 지상 원점으로부터의 거리에 따라 노출되는 열복사량은 표 6.9에서 구할 수 있다.

표 6.9 무기 위력과 열복사량에 대한 지상 원점으로부터의 거리(단위: km)

무기 위력	폭발 형태	열복사 노출량 (cal/cm^2)											
		30	25	20	18	16	14	12	10	8	6	4	2
20 KT	공중	1.1	1.2	1.3	1.3	1.4	1.5	1.7	1.8	2.0	2.4	2.8	4.0
	표면	0.7	0.8	0.8	0.9	0.9	1.0	1.1	1.2	1.3	1.4	1.7	2.7
50 KT	공중	1.8	2.0	2.2	2.3	2.5	2.7	3.0	3.2	3.5	4.2	5.0	6.5
	표면	1.0	1.1	1.2	1.3	1.4	1.5	1.6	1.7	2.0	2.2	7.0	9.0
100 KT	공중	2.7	2.8	3.1	3.3	3.6	3.9	4.2	4.6	5.0	6.0	7.0	9.0
	표면	1.5	1.6	1.9	2.0	2.1	2.2	2.4	2.7	3.0	3.4	4.2	6.0

(계속)

무기 위력	폭발 형태	열복사 노출량 (cal/cm^2)											
		30	25	20	18	16	14	12	10	8	6	4	2
200 KT	공중	3.2	3.4	3.7	4.0	4.3	4.7	5.8	6.9	8.0	9.0	10.0	11.0
	표면	1.8	2.0	2.2	2.4	2.5	2.7	2.9	3.2	3.6	4.1	5.2	7.1
500 KT	공중	5.2	5.5	5.9	6.3	6.6	7.0	8.0	9.0	11.0	13.0	15.0	17.0
	표면	2.8	3.0	3.2	3.6	3.8	4.1	4.4	4.8	5.4	6.1	8.1	10.4
1 MT	공중	7.7	8.6	8.8	9.0	10.0	11.2	13.6	14.8	15.8	16.6	18.6	20.8
	표면	4.8	4.9	5.1	5.6	6.2	6.8	7.2	7.8	8.6	10.1	14.0	16.6
2 MT	공중	9.0	9.5	9.4	10.5	11.0	12.5	15.0	18.0	20.5	23.0	26.0	29.0
	표면	5.3	5.7	5.9	6.4	7.0	7.5	8.4	8.7	10.0	11.3	14.7	18.2
5 MT	공중	13.0	13.8	14.5	15.5	16.5	17.5	20.0	23.0	26.0	29.5	33.0	37.0
	표면	7.9	8.4	8.8	9.3	10.0	11.0	11.5	12.2	14.5	17.0	19.7	24.9
10 MT	공중	20.6	21.0	22.0	24.6	26.0	28.0	29.0	30.5	33.0	37.0	41.0	51.0
	표면	12.8	13.2	14.0	15.0	16.0	17.0	18.0	19.0	23.0	27.0	29.0	37.0

2) 열복사선의 효과

핵폭발 시 폭풍은 대부분 파괴를 일으키는 반면, 방사된 열은 가연성 물질을 발화시켜서 건물과 산림 등에 화재를 발생시킨다. 1 MT의 핵무기가 공중 폭발(1,830 m 상공)할 때 발생하는 폭풍 효과와 열복사선의 효과를 비교해 보면 표 6.10과 같다. 폭풍은 발생된 화재를 더욱 신속히 확산시키며, 복사열은 사람에게 화상을 입히고 시력 장애를 일으킨다. 열복사선에 의한 피부의 화상 정도는 복사 노출량에 따라 표 6.11에서와 같이 세 종류로 분류한다. 핵폭발 시 발생하는 섬광은 태양보다 몇 배나 더 밝다. 이러한 밝은 섬광으로부터의 일시적인 시력 상실을 섬광 실명이라고 한다. 주간의 섬

표 6.10 공중 폭발하는 1 MT급 핵무기의 폭풍 효과와 열복사선 효과의 비교

지상 원점 거리 (km)	최대 초과 압력 (kg/cm^2)	열복사량 (cal/cm^2)	효과
2.9	1.41	150	다층 RC건물 붕괴, 비보호된 모든 가연성 물질 점화, 풍속 800 km/h
4.3	0.70	80	대부분의 공장 및 상업건물 붕괴, 목조 및 벽돌주택 파괴, 비보호된 모든 가연성 물질 점화, 풍속 480 km/h
6.4	0.35	35	비보강 목조 및 벽돌주택 파괴, 중량 구조 심한 손상, 비보호된 섬유 점화, 목재는 숯이 되지만 점화는 안 됨, 풍속 256 km/h
15.2	0.14	9	보통 가옥 손상, 벽체 구조 균열, 내벽 붕괴, 유리 등의 비산으로 인명 피해, 종이 및 낙엽 점화, 풍속 112 km/h
16.0	0.07	3	상업구조물에 경미한 피해, 거주자에게 보통 피해, 화구를 향한 사람의 눈 이외에는 경미한 열 손상

표 6.11 화상의 종류

구분	열복사량(cal/cm²)	특징
1도 화상	2 이상 4 미만	피부가 붉어지고 손상됨, 메스꺼움
2도 화상	4 이상 10 미만	피부에 수포 발생
3도 화상	10 이상 15 미만	피부층 완전 파괴

광 실명은 약 2분간 지속되고, 야간에는 화구를 향한 인원은 35분, 화구를 등진 인원은 15분간 섬광 실명된다.

열복사선 중 대부분의 자외선은 대기를 통과하면서 흡수되고 분산되지만, 가시광선이나 적외선보다 심한 생물학적인 피해를 준다. 열복사선이 물체에 도달하면 일부는 반사되거나 흡수되고, 나머지는 통과하기도 한다. 열복사선의 흡수는 물체의 특성과 색깔에 따라 달라서 검은색 섬유는 흰색보다 많은 입사복사선을 흡수한다.

6.1.4 핵방사선

핵방사선은 알파(α)선, 베타(β)선, 중성자, X선, 감마(γ)선 형태의 전자기파 흐름이다. 중성자는 기를 통과할 때 공기 분자와의 충돌로 에너지를 상실하면서 2차 감마선을 발생시킨다. 이 방사선은 종류에 따라 성질이 다르고, 물체를 통과하는 투과력에도 차이가 난다. 알파선은 종이 한 장으로, 베타선은 알루미늄판으로, 중성자와 X선, 감마선은 강철이나 콘크리트벽으로 차단할 수 있다.

핵방사선의 단위는 다양하여 노출단위(뢴트겐), 흡수단위(radiation absorbed dose, rad 또는 SI 단위계에서는 centi-gray, cGY), 등가선량단위(roentgen equivalent for man and mammal, rem) 등이 있으며, 군사작전에서는 cGY를 측정단위로 사용한다. 건강한 사람이 400 rad에 노출될 때 1개월 이내에 사망할 확률은 50%에 이르며, 200 rad에 노출되면 심한 방사능병에 걸릴 수 있다. 여기서 1 rad(cGY)란 흡수물질의 단위 gr당 100 erg(1 erg = 10^{-7} joule)의 에너지 흡수가 있을 때의 선량을 말한다.

1) 초기 핵방사선

핵폭발 후 1분 이내에 방출되는 핵방사선으로, 알파선 및 베타선은 비산거리가 짧고 침투력이 약하며, X선도 대기 중에서 신속히 감소되어 이들은 무시해도 좋다. 거의 모든 중성자와 감마선의 일부는 1분 이내에 도달하지만, 나머지 감마선은 분열 생성물과 폭탄 잔재의 방사능 또는 표면 폭발 시에는 지상 원점 부근의 감응 방사능 등으로 인해 상당히 지연될 수 있으며, 이런 경우에는 잔류 핵방사선으로 취급한다. 초기 핵방사선은 총 핵폭발에너지의 약 3%를 차지하여 열복사에너지의 10% 정도에 불과하지만, 중성자와 감마선은 대기 중에서 비산거리가 길고 투과력이 강력하여 생체기관에 더욱 심한 피해를 준다.

(1) 선량의 감쇠 및 차폐

감마선의 노출선량은 폭발 지점으로부터 멀어짐에 따라 넓게 확산되므로 거리의 제곱에 반비례하여 감소하고, 대기에 의한 흡수 및 분산으로도 밀도의 감소를 가져온다. **그림 6.4**는 공중 폭발 시 무기 위력별로 거리에 따른 감마선의 노출선량을 나타낸다. 표면 폭발할 경우의 노출선량은 같은 거리에서 공중 폭발 시 노출선량의 2/3로 감소한다.

모든 물질은 얼마간 핵방사선을 흡수한다. 그러나 중성자와 감마선은 투과력이 높기 때문에 인원에게 완전한 방호를 제공하기 위한 차폐물은 상당히 두꺼워야 한다. 철이나 납과 같이 밀도가 큰

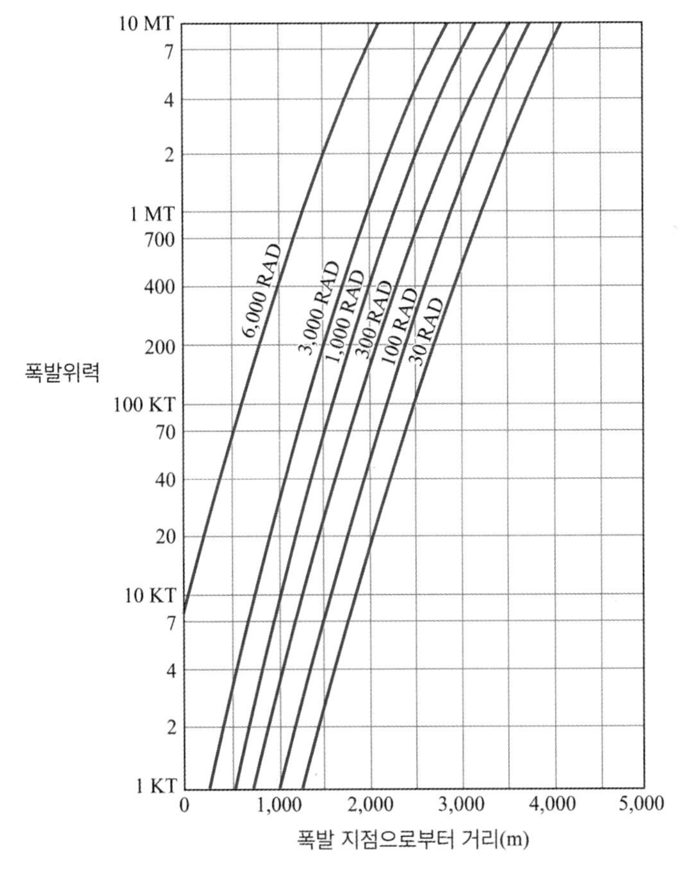

그림 6.4 감마선의 선량도표

물질은 감마선에 대한 양호한 방호를 제공하며, 물과 같이 쉽게 이용할 수 있는 밀도가 낮은 물질은 중성자에 양호한 방호를 제공한다. 수분 함량에 따라 토양도 양호한 중성자 차폐물이 될 수 있다. 일반적으로 중성자와 감마선을 완전히 방호하기 위해서는 최소 두께의 고밀도 물질과 저밀도 물질을 교대로 쌓거나 이들을 균일하게 혼합하여 사용한다. 차폐물질 내부에서 받는 선량과 외부 선량의 비를 선량전환인수(Transfer Factor, TF)라 한다. **그림 6.5**에서는 각종 재료별 두께에 대한 초기 감마선의 선량전환인수를 구할 수 있고, **표 6.12**에는 구조물에 대한 중성자와 감마선의 전환인수가 주어져 있다.

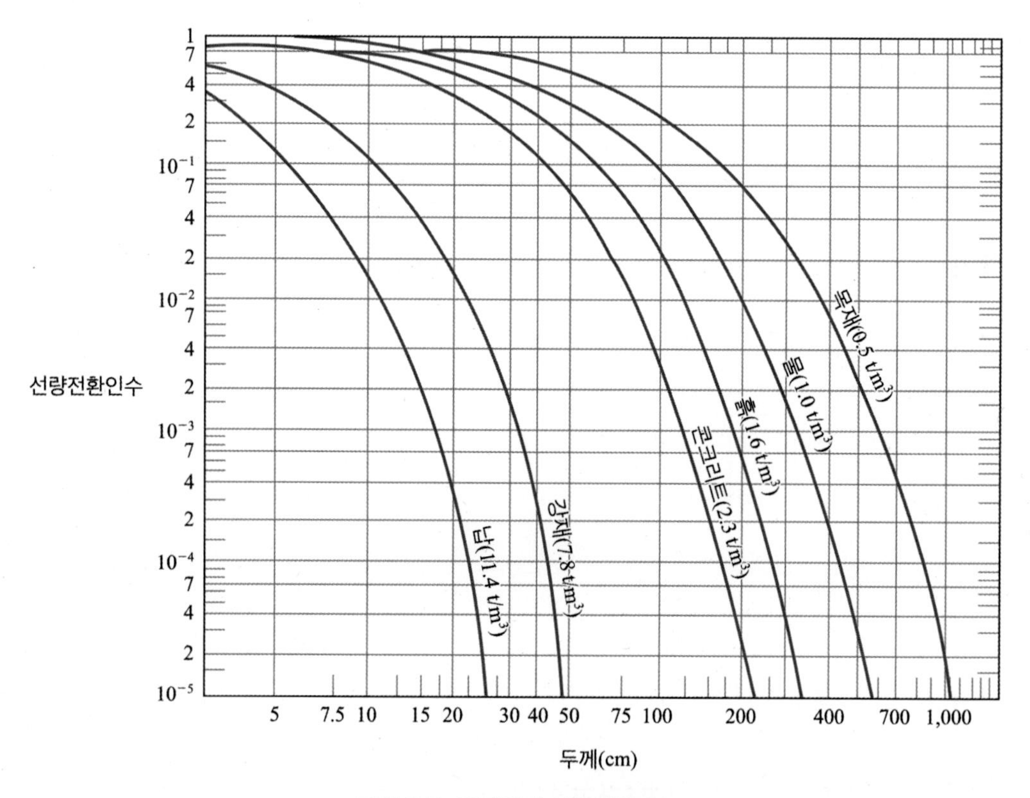

그림 6.5 감마선의 선량전환인수

표 6.12 구조물에 대한 선량전환인수

구조물 종류		감마선	중성자
목조 가옥		0.8~1.0	0.3~0.8
지하실		0.1~0.6	0.1~0.8
고층 아파트	상층부	0.8~0.9	0.9~1.0
	저층부	0.3~0.6	0.3~0.8
콘크리트 벽돌구조	벽두께 22 cm	0.1~0.2	0.3~0.5
	벽두께 30 cm	0.05~0.1	0.2~0.4
	벽두께 61 cm	0.007~0.02	0.1~0.2
90 cm 깊이의 지하		0.002~0.004	0.002~0.01

예제 6.2

초기 감마선의 노출선량이 500 rad일 때, 150 cm의 흙 방호물 뒤에서 받게 될 선량을 구하라.

풀이 그림 6.5에서 흙 150 cm에 대한 선량전환인수를 구하면 약 4.0×10^{-3}이다. 따라서 실제로 받게 될 노출선량은 다음과 같다.

$$500\times4.0\times10^{-3} = 2.0 \text{ rad}$$

예제 6.3

초기 감마선의 노출선량이 500 rad일 때, 이를 1 rad 이하로 줄일 수 있는 콘크리트의 두께를 구하라.

풀이 선량전환인수 = 1 rad / 500 rad = 2×10^{-3}

그림 6.5에서 이 선량전환인수의 수평선과 콘크리트 곡선의 교점에서 수직으로 내려와 두께를 읽으면 약 110 cm이다.

(2) 노출 인원에 대한 핵방사선의 효과

감마선은 인체에 침투하여 혈액 형성 세포에 피해를 준다. 이에 따라 노출 인원에 대한 감마선의 효과를 표 6.13에 나타냈으며, 중성자가 인원에 미치는 영향도 이와 유사하다.

표 6.13 노출 인원에 대한 핵방사선의 생물학적 효과

선량 범위 (cGY)	초기 증상	효과	
		업무 수행에 대한 영향	치사
0~70	• 일시적인 두통, 메스꺼움 • 인원의 5% 정도가 구토	• 업무 수행 지장 없음	없음
70~150	• 5~30%가 일시적인 메스꺼움과 구토	• 업무 수행 가능	없음
150~300	• 20~70%가 일시적인 메스꺼움과 구토 • 25~60%가 피로를 느낌	• 힘든 일: 4시간~회복 시까지 기능적 손상 • 쉬운 일: 6~19시간까지 기능적 손상, 6주~회복 시까지 다시 기능적 손상	• 낮은 선량: 5% 이하 사망 • 높은 선량: 10% 이상 사망
300~530	• 50~90%가 일시적인 메스꺼움과 구토 및 피로를 느낌	• 힘든 일: 3시간~사망 또는 회복 시까지 기능적 손상 • 쉬운 일: 4~40시간까지 기능적 손상, 2주~사망 또는 회복 시까지 다시 기능적 손상 • 생존자는 업무 수행 가능	• 낮은 선량: 10% 이하 사망 • 높은 선량: 50% 이상 사망
530~830	• 80~100%가 심한 메스꺼움과 구토 • 90~100%가 심한 피로와 무기력을 느낌	• 힘든 일: 2시간 후부터 기능적 손상, 3주 후부터 전투력 무능화 • 쉬운 일: 2시간~2일까지, 1~4주까지 기능적 손상, 4주 후부터 전투력 무능화	• 낮은선량: 6주에 50% 이상 사망 • 높은 선량: 3.5주에 99% 이상 사망
830~3,000	• 전원이 심한 구토, 메스꺼움, 피로, 무기력, 현기증, 두통	• 힘든 일: 45분부터 기능적 손상, 3시간 후부터 전투력 무능화 • 쉬운 일: 1~7시간까지 기능적 손상, 7시간~1일까지 전투력 무능화, 1~4일까지 기능적 손상, 이후 전투력 무능화	• 1,000 cGY: 2~3주에 100% 사망 • 3,000 cGY: 5~10일에 100% 사망
3,000~8,000	• 전원이 심한 구토, 메스꺼움, 피로, 무기력, 현기증, 두통	• 3~30분까지 전투력 무능화, 30~90분까지 기능적 손상, 이후 사망 시까지 전투력 무능화	• 4,500 cGY: 2~3일에 100% 사망
8,000 이상	• 전원이 심한 구토, 메스꺼움, 피로, 무기력, 현기증, 두통	• 3분~사망 시까지 전투력 무능화	• 8,000 cGY: 1일 이내에 100% 사망

2) 잔류 핵방사선과 낙진

(1) 잔류 핵방사선

잔류 핵방사선은 핵폭발 1분 후에 발생하는 α 입자, β 입자, 감마선으로 구성되며, 초기 핵방사선에서와 마찬가지로 α 입자와 β 입자에 의한 피해는 무시할 수 있지만, 감마선은 그 피해가 크므로 이에 대한 방호대책이 취해져야 한다. 핵분열 무기에서 방사선은 주로 분열 생성물에 의해 생기고, 핵분열 시 방출된 우라늄과 플루토늄에서도 소량의 방사선이 나온다. 분열 생성물은 중성자 반응에 의해서 생성된 약간의 방사선 동위원소를 포함한다. 잔류 핵방사선은 흙, 물, 공기, 폭발 받침부 주위의 물질과 중성자의 반응으로도 발생한다. 융합 무기는 높은 에너지를 가진 중성자를 다량으로 방출하며, 따라서 잔류 핵방사선은 주로 무기와 주위 물질에서 중성자 반응으로 생성된다.

잔류 핵방사선에 의한 지상의 방사능 위험, 즉 오염지역은 다음과 같은 원인으로 형성된다.

- 지상 원점으로부터 반경 수백 m의 상대적으로 작은 원형 지역에서 방출되는 중성자 감응 방사선
- 지상 원점으로부터 외부로 확산되어 넓은 지역에 나타나는 낙진
- 핵근파의 방사능 먼지와 토양 입자가 지상 원점 주위로 낙하[핵근파란 표면하 폭발 시 방사능 먼지와 폭발운(爆發雲)이 폭발 중심으로부터 위로 치솟아 오르는 원자운을 말한다.]
- 방사선 입자가 포함된 방사능비(일반적으로 방사능비가 발생할 확률은 낙진보다 매우 낮지만, 방사능비는 많은 방사능 물질을 함유할 수 있기 때문에 위험 수준은 낙진보다 더 높다.)

(2) 낙진

잔류 방사선의 위험은 주로 낙진으로부터 생긴다. 낙진(fallout)은 지표면의 물질이 화구에 끌려 들어가 증기화되고 방사능 물질과 혼합되어 지상으로 떨어지는 방사능 오염 먼지이다. 낙진은 초기 낙진과 지연 낙진의 두 가지로 구분한다. 초기 낙진은 핵폭발 후 24시간 이내에 지상에 두텁게 떨어져 즉각적인 피해를 준다. 지연 낙진은 24시간 이후에 넓은 지역에 걸쳐 떨어지며, 보이지 않는 미립자로 구성되어 있고, 인체에 즉각적인 위험은 주지 않으나 오랜 기간에 걸쳐 피해를 줄 수 있다.

초기 낙진은 대부분이 핵분열 생성물로 구성되며, 낙진선율(dose rate, rad/h)은 시간 경과와 함께 감소한다. 기준선율에 대한 폭발 후 임의 시간에서의 선율의 비를 **그림 6.6**에서와 같이 표정하였다. 여기서 기준선율이란 단위시간, 즉 핵폭발 후 1시간에서의 선율을 말하며, 그림과 같이 30분에서 5,000시간 사이에는 다음 식으로 표시되는 파선과 거의 일치한다.

$$R_t = R_1 t^{-1.2} \tag{6.1}$$

여기서 R_t = 폭발 후 t 시간에서의 선율, R_1 = 폭발 후 1시간에서의 선율을 말하며, 어느 시간에서의 실제 노출선율을 알면 이 그림을 사용하여 다른 시간에서의 선율을 계산할 수 있다.

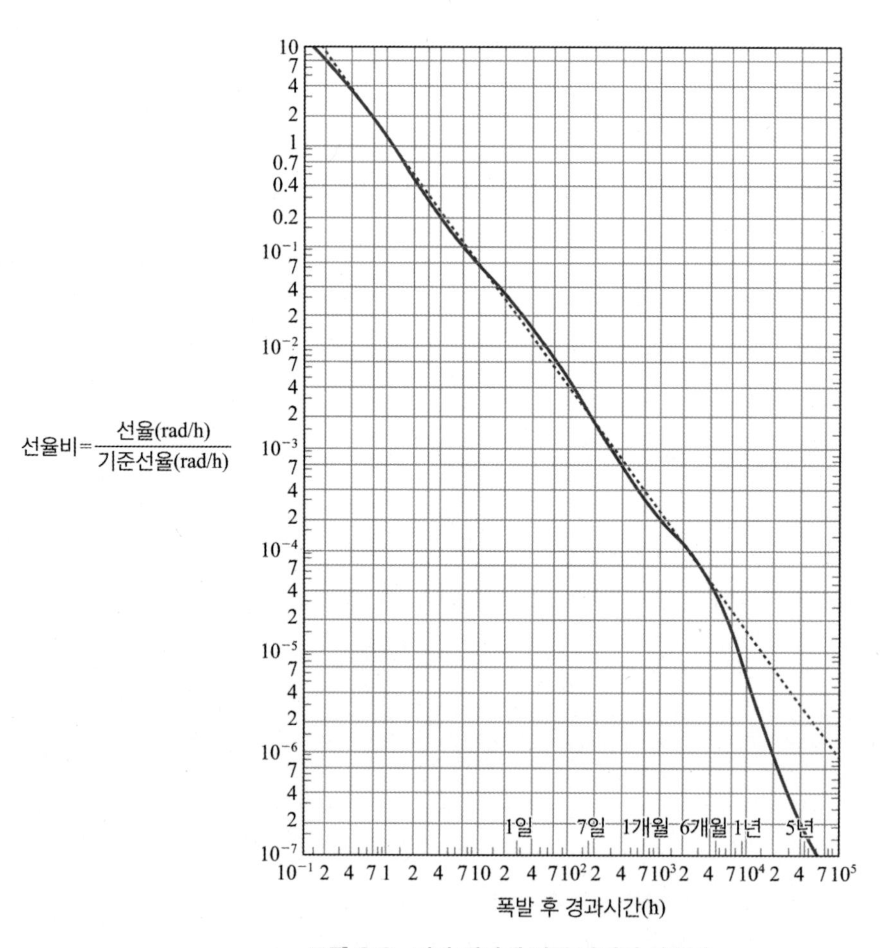

그림 6.6 기간 경과에 따른 낙진의 선율비

예제 6.4

핵폭발 2시간 후에 감마선의 선율을 측정하였더니 1.5 rad/h였다. 핵폭발 14시간 후의 선율을 구하라.

풀이 선율비 =선율(R_t) / 기준선율(R_1)의 관계를 이용한다. **그림 6.6**에서 2시간에 대한 선율비는 0.44이므로 기준선율은 다음과 같다.

$$\text{기준선율}(R_1) = \text{선율}(R_t) \,/\, \text{선율비} = 1.5 \,/\, 0.44 = 3.4\,\text{rad/h}$$

그림 6.6에서 14시간에 대한 선율비는 0.04이므로 선율은 다음과 같다.

$$\text{선율}(R_t) = \text{선율비} \times \text{기준선율} = 0.04 \times 3.4 = 0.14\,\text{rad/h}$$

특정 기간 방사선에 노출된 인원이 받는 총 선량은 그 기간의 평균 선율에 노출 시간을 곱하여 구할 수 있으나, 지수곡선으로 변하는 선율의 평균을 정확히 구하기는 어렵다. 따라서 폭발 후 시간 경과에 따른 기준선율에 대한 누적 총 선량의 비를 나타낸 **그림 6.7**을 사용하여 예제 6.5에서와 같이 구할 수 있다.

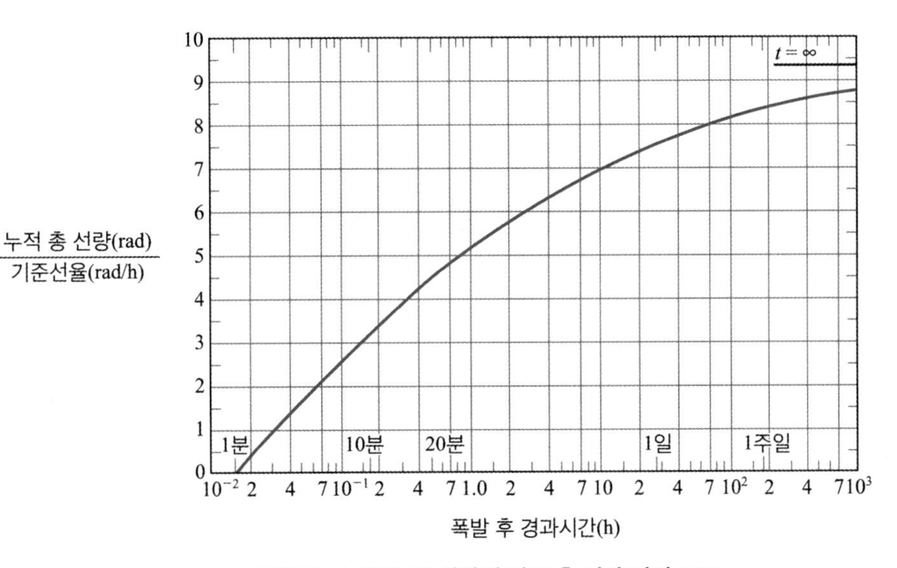

그림 6.7 폭발 후 시간에 따른 총 선량 결정 도표

예제 6.5

예제 6.4에서와 같이 핵폭발 2시간 후의 선율이 1.5 rad/h일 때, 이 시간부터 12시간 동안 감마선에 노출된 인원이 받게 될 총 선량을 구하라.

풀이 예제 6.4에서 기준선율은 3.4 rad/h이다.

그림 6.7에서 2시간에 해당하는 y축의 값(누적 총 선량/기준선율)을 읽으면 5.8이므로

누적 총 선량 = $5.8 \times 3.4 = 19.7$ rad

마찬가지로 14시간에 대한 y축의 값은 7.2이므로

누적 총 선량 = $7.2 \times 3.4 = 24.5$ rad

따라서 12시간 동안 받는 총 선량은 $24.5 - 19.7 = 4.8$ rad이다.

잔류 낙진에 의한 오염지역의 분포는 무기 위력, 폭발고도, 지표면의 특징, 기상 조건에 따라 다양하다. 예를 들어 풍속이 50 km/h이고, 0.5 rad/h의 선율로 오염된 지역의 대략적인 크기는 무기 위력이 20 KT인 경우에 너비 10 km, 길이 60 km 정도이며, 10 MT인 경우에는 너비 60 km, 길이 800 km의 넓은 오염지역을 형성한다. 오염지역은 노출선량과 선율에 의하여 구분되며, 구름의 진행 방향에 따라 **표 6.14**에서와 같이 3개 지역으로 나눌 수 있다.

표 6.14 오염지역의 구분

구분	영구노출선량 (rad)	선율(rad/h)	
		폭발 1시간 후	폭발 10시간 후
보통 위험지역	40	8	0.5
심한 위험지역	400	80	5
극심 위험지역	1,200	240	15

6.2 핵 방호

6.2.1 폭풍 효과에 대한 방호

재래식 무기의 공격에 대한 방호구조물의 설계 시에는 폭풍 효과, 파편 효과, 관입 효과 등을 고려해야 하지만, 핵무기에 있어서는 주로 폭풍에 의한 최대 초과 압력에 저항할 수 있도록 설계해야 한다. 폭풍파의 충격량은 핵무기의 위력과 폭발거리에 따라 다르므로 방호구조물의 설계도 다양하게 나타날 수 있으나, 그 구조물의 방호도를 고려하여 적절한 기준을 선정한 후 설계해야 한다. 예를 들면 초과 압력에 대한 구조물의 피해 상태(**표 6.4**)를 근거로 설계압력을 결정할 수 있을 것이다.

구조물이 폭풍파에 견디기 위해서는 강재와 같은 연신성이 있는 재료를 사용해야 한다. 콘크리트 그 자체는 취성 재료이지만, 철근콘크리트 구조물과 같이 강재를 적절히 함께 사용하면 연신성이 커지므로 폭풍파에 대한 저항력도 커진다. 철근으로 보강되지 않은 조적조 구조물은 방호구조물로서 적절하지 못하므로 피해야 한다. 지표면 가까이에 묻힌 구조물은 지표면 위로 전파되는 폭풍파의 압력을 하중으로 받을 수 있으므로 핵폭풍으로부터 보호받기 위해서는 구조물은 가능한 한 지중 깊숙이 설치하는 것이 바람직하다.

6.2.2 열복사선에 대한 방호

대부분의 열복사선은 직선으로 진행하며, 광속으로 전파되어 폭풍파보다 먼저 도달하므로 방호시설 내부에 있는 인원은 특별한 방호대책이 필요 없다. 갑자기 사방이 급격히 밝아지면 핵무기가 폭발되었다고 볼 수 있으므로 건물 내의 사람은 신속히 엎드리고, 가능하면 테이블 뒤 또는 밑이나 사전에 정해둔 적절한 곳으로 대피해야 한다.

건물, 나무, 배수로, 제방 또는 다른 어떤 형태의 구조물이든지 이들이 사람과 화구 사이를 직접 연결하는 가시선을 차단하는 위치에 존재한다면 열복사에 대한 상당한 방호 효과가 있다. 적절한 종류의 피복은 섬광 화상에 대하여 그 방호 효과가 양호하다. 색깔이 옅은 천은 짙은 천보다 복사선을 더 많이 반사하기 때문에 방호 효과가 좋으며, 동일한 색깔일 때는 천이 무거운 것일수록 방호 효과가 양호하여 모직물이 면직물보다 낫다. 또한 눈을 보호하기 위해서 어떠한 경우에도 화구 방향을 바라보지 않도록 해야 한다.

6.2.3 초기 핵방사선에 대한 방호

1) 감마선에 대한 방호

폭발 지점으로부터 방호시설에 이르는 초기 감마선은 본질적으로 직선 경로를 따른다. 이러한 방사선은 **그림 6.8**과 같은 대피호에 출입 통로를 따라 들어갈 수도 있고, 복토층을 지나 파형(波形) 철판을 통과하여 침투할 수도 있다.

먼저 **그림 6.8**에서와 같이 초기 핵방사선이 수평으로 진행할 때 출입 통로를 따라 침투하는 방사선의 변화량을 살펴보자. 방사선은 진행 방향이 90°로 바뀔 때마다 그 강도가 약 0.07배로 감소하며, 이를 방향전환인수(AF_r)로 표시한다. 그림을 보면 수직 통로의 상부와 수평 통로가 시작되는 지점에서 두 번의 90° 방향 전환이 있으므로 $AF_r = 0.07 \times 0.07 = 0.0049$가 된다.

수평 통로로 진입한 방사선은 수평 통로의 단면적이 수직 통로의 단면적보다 넓기 때문에 그 강도가 감소하는데 이를 면적 효과라 하며, 면적전환인수 AF_a로 표시한다. 면적전환인수는 관련된 두 면적의 비율로 결정하며, 여기에서는 수직 통로에서 수평 통로로 들어갈 때와 수평 통로에서 대피호로 들어갈 때 두 번의 면적 변화가 있으므로 AF_a는 다음과 같다.

$$AF_a = (\text{수직 통로 단면적}/\text{수평 통로 단면적})(\text{수평 통로 단면적}/\text{대피호 단면적})$$
$$= \text{수직 통로 단면적}/\text{대피호 단면적}$$

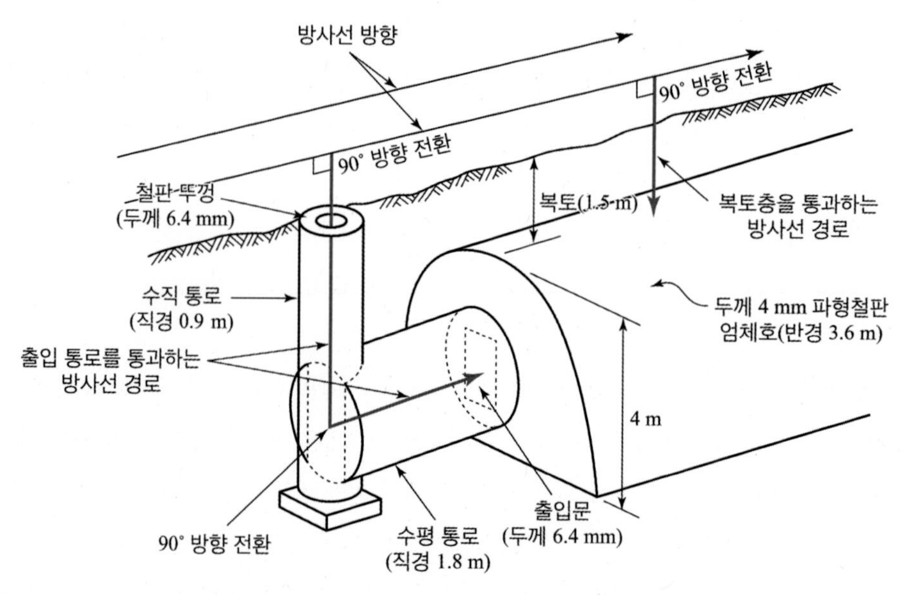

그림 6.8 파형강판 지중구조물에서의 감마선 방호

감마선은 수직 통로의 입구와 주 대피호에 있는 철제문을 통과할 때에도 감소한다. 각종 재료별 선량전환인수는 **그림 6.5**에서 구할 수 있으며, 주어진 철제문을 통과할 때의 전환인수를 AF_s라 하면 통로를 통하여 대피호로 들어오는 방사선에 대한 전체적인 전환인수 AF_t는 다음과 같이 결정된다.

$$AF_t = AF_r \times AF_a \times AF_s$$

수평 방향의 방사선이 복토층을 지나 대피호로 들어가는 경우에는 흙을 통과하기 위하여 90° 방향 전환을 한 후 1.5 m의 흙과 4 mm의 철판을 거쳐야 하기 때문에, 복토층의 전환인수를 AF_e 라 할 때 전체 전환인수는 다음과 같다.

$$AF_t = AF_r \times AF_e \times AF_s$$

2) 중성자에 대한 방호

중성자가 인체에 미치는 피해 효과는 감마선과 같으나, 이에 대한 방호는 어려워서 비록 감마선에 양호한 방호를 제공하는 재료일지라도 중성자 방호에는 만족스럽지 못할 때도 있다. 철이나 납과 같은 무거운 금속은 밀도가 높으므로 양호한 감마선 방호물이 되지만, 중성자의 경우에는 철이나 납과 같은 재료만으로는 만족스러운 방호 효과를 기대하기 어렵다.

중성자를 감소시키려면 다음과 같은 과정을 밟아야 한다. 첫째, 바륨이나 철 등이 포함된 적절한 비탄성 산란(inelastic scattering) 물질로 대단히 빠른 중성자의 속도를 보통 속도로 낮춰야 한다. 보통 속도의 중성자는 낮은 원자량을 가진 원소를 이용한 탄성 산란으로 속도를 더욱 낮춰야 한다. 물은 원자량이 적은 산소와 수소로 구성되어 있기 때문에 이 과정에 적합하다. 그다음에는 속도가 늦춰진 중성자를 흡수해야 한다. 물속에 있는 수소는 이를 흡수할 수 있으므로 어려운 문제는 아니다. 그러나 중성자를 포획하는 대부분의 반응은 감마선의 방출을 수반하게 된다. 따라서 중성자 포획 물질은 이러한 감마선의 이탈을 방지하기 위하여 충분한 양의 감마선 감소 물질을 포함해야 한다.

3) 방호 재료

일반적으로 콘크리트나 젖은 흙은 중성자와 감마선에 대해 양호한 방호물이 된다. 이 물질들에는 원자량이 큰 원소가 함유되어 있지는 않으나, 감마선을 흡수하기 위한 칼슘, 규소, 산소뿐만 아니라 중성자의 속도를 줄이고 포획하는 데 필요한 수소를 많이 함유하고 있기 때문이다. 예를 들어 두께 25 cm의 콘크리트는 중성자의 방출을 약 1/10로, 두께 50 cm의 콘크리트는 약 1/100로 감소시킬 수 있다. 젖은 흙은 콘크리트와 같은 정도의 요구를 만족시키려면 콘크리트에 비하여 약 2배의 두께가 필요하다.

무거운 원소는 중성자와 감마선에 대한 방호도를 증가시키므로 중량 콘크리트를 사용하면 핵방사선의 방호에 효과적이다. 중량 콘크리트는 갈철광과 같은 산화 철광석이나 강재의 조각을 상당한 비율로 콘크리트에 섞거나 바륨의 화합물인 중정석을 콘크리트에 혼합시켜 만들 수 있다. 통합된 중성자의 방출을 1/10로 감소시키는 데 필요한 중량 콘크리트의 두께는 약 18 cm이다. 중성자 흡수 능력을 향상시키기 위하여 붕소와 칼슘의 혼합 결정체인 회붕광(colemanite)을 콘크리트에 혼합시켜 사용할 수도 있다.

6.2.4 잔류 핵방사선에 대한 방호

잔류 핵방사선에 대한 방호 원칙은 근본적으로 초기 핵방사선의 방호 방법과 같다. 다만 잔류 핵방사선은 상당 기간 지속된다는 점에 유의해야 할 것이다. 임의 두께로 주어진 어떤 물질의 방호 정도는 낙진 분포, 오염 정도, 방호시설의 위치 등에 의해서 영향을 받는다. **표 6.15**에는 전형적인 주택의 방호 인수가 수록되어 있다. 방호 인수란 구조물 안의 지정된 위치에서 받게 되는 방사선량에 대해 옥외에서 받는 방사선량의 비이다. 이 표를 볼 때 지하실은 어떤 형의 건물에서나 낙진에 대한 방호가 상당히 효과적이라는 것을 알 수 있다. 여기서 지하실은 모든 면이 완전히 흙으로 덮여 있고 창이나 개구부가 없는 밀폐실인 경우이다.

표 6.15 주택의 위치에 따른 방호 인수

바닥면적 (m^2)	단층 벽돌조		단층 목구조		2층 벽돌조		2층 목구조	
	1층 중앙	지하실 중앙	1층 중앙	지하실 중앙	1층 중앙	지하실 중앙	1층 중앙	지하실 중앙
93	3.4	22	2.3	20	4.4	54	2.3	44
111	3.1	18	2.3	17	4.4	41	2.4	37
139	3.1	16	2.3	15	4.4	37	2.4	34
186	3.0	14	2.2	13	4.1	34	2.4	29

6.3 EMP 무기

핵폭발로 발생한 감마선이 공기 또는 다른 물질의 원자와 충돌하면 전자의 일부는 원자로부터 분리(이온화 현상)되고, 많은 감마 에너지를 받게 된다. 이러한 자유전자들이 이동하면서 아주 넓은 지

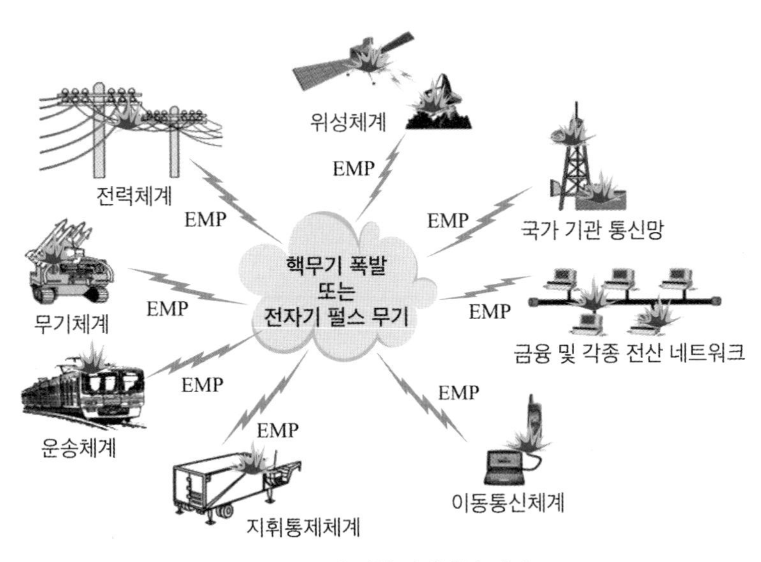

그림 6.9 EMP에 의한 피해대상 체계

역에 강력한 전자장을 형성하여 비방호된 전기·전자 계통에 극심한 피해를 줄 수 있다. 이러한 효과를 EMP(electromagnetic pulse) 효과라 하며, EMP 효과는 군 지휘통신체계인 C4I 및 민간 전화망을 마비시키고, 비방호된 컴퓨터나 텔레비전, 라디오, 항공기와 자동차의 전자제어장치 등 폭발 지점으로부터 아주 먼 거리에 있는 전자 장비들을 파괴시키거나 이들에게 기능장애를 일으킬 수 있다.

6.3.1 개요

EMP의 발생은 일반적으로 핵폭발에 의한 것이지만, 핵폭발 없이 EMP 효과만을 발생시킬 수 있는 장치에 의한 것도 있다. 대표적인 것으로 EMP폭탄(E-bomb)이 있는데, 이는 인명 살상을 최소화하면서도 매우 치명적인 피해를 입힐 수 있어 최근 각국에서 이를 개발하기 위하여 많은 노력을 기울이고 있다. 미국의 경우 1991년 걸프전 당시 EMP폭탄을 실험하는 단계에 있었고, 2003년 이라크 침공 당시에는 이라크 국영 방송국 등을 대상으로 실제 사용했다고 알려져 있으나, 자세한 개발 및 사용 내용은 극비에 부쳐져 있어 공식적으로는 확인되지 않고 있다.

EMP는 발생 근원에 따라 구분하면 핵폭발에 의한 NEMP(Nuclear EMP)와 EMP폭탄으로 구분할 수 있다. 핵폭발에 의해 발생하는 NEMP는 다시 폭발고도에 의해 구분되는데, HEMP(High-altitude EMP), Air-burst EMP, SBEMP(Surface-burst EMP) 등이 그것이다. 지표면으로부터 2 km 미만의 폭발은 지표면 폭발(Air-burst), 지표면으로부터 2~20 km에서의 폭발은 저고도 폭발, 20 km를 초과하는 폭발은 고고도 폭발로 정의되는데, 각 고도에서의 핵폭발로 인한 EMP 효과는 서로 다른 특성을 보인다.

이외에도 고고도에서의 핵폭발로 인하여 발생한 X선과 감마선이 대기권 밖이나 우주로 방사되어 우주에 떠 있는 인공위성이나 우주정거장, 우주를 비행하고 있는 대륙 간 탄도탄과 같은 미사일 등에 영향을 주어 발생하게 되는 SGEMP(System-generated EMP)가 있다.

6.3.2 EMP 무기의 위협과 범위

핵폭발에 의한 EMP 효과는 매우 강력하여 각종 네트워크, 정보통신체계 및 장비를 일시에 파괴시키거나 작동 불능상태에 빠뜨릴 수 있다. 이러한 EMP 효과는 전자기파가 통과하면서 형성되는 전기장과 자기장에 의해 지상의 시설 및 장비에 강력한 전압과 전류가 유도되기 때문이다.

이러한 EMP의 강도는 일반적으로 핵폭발 시 발생하는 EMP 첨두세기를 전계강도로 표시하는데, 이 전계강도는 EMP에 의해 형성된 전자기장의 크기를 의미하는 것으로, V/m의 단위를 가진다.

EMP의 첨두세기와 그로 인한 위력은 폭발고도와 핵무기의 위력에 따라 크게 달라지므로, 이에 대한 구체적인 분석은 상당히 복잡해진다. 일반적으로 EMP 효과는 콤프턴 효과에 의해 발생되는 만큼 핵폭발이 지표면에서 멀어질수록 EMP 효과는 뚜렷해진다. 즉, SBEMP에 비하여 HEMP가 더욱 넓은 면적에 영향을 미쳐 더 큰 위협을 줄 수 있다. 이때 HEMP가 영향을 미치는 지표면의 면적은 접선반경(tangent radius)으로 나타낼 수 있다. 접선반경을 계산하는 식은 다음과 같다.

$$R_t = R_e \cos^{-1}\left(\frac{R_e}{R_e + HOB}\right) \tag{6.2}$$

여기서, R_t: 접선반경(km) R_e: 지구반경(km)

HOB: 폭발고도(km)

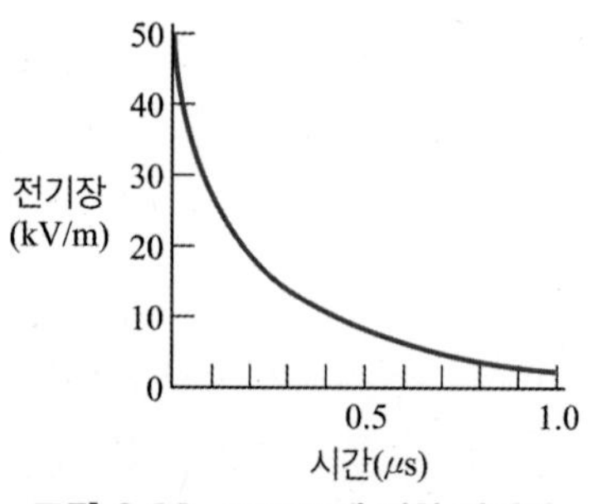

그림 6.10 HEMP에 의한 전기장

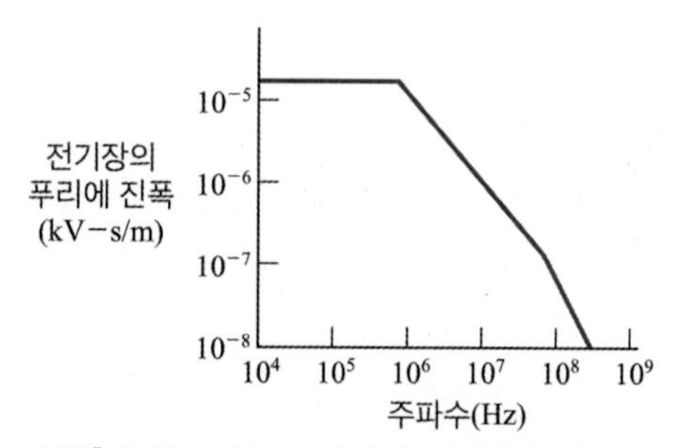

그림 6.11 HEMP 전기장의 진폭과 주파수

위 식을 이용하여 접선반경을 계산해 보면, 지표면으로부터 100 km 높이에서 핵폭발이 발생할 경우 지표면에서는 약 1,121 km의 반경 이내가 EMP 효과의 영향권 이내에 들며, 300 km 높이에서의 핵폭발일 경우 지표면에서는 반경 1,920 km, 500 km 높이에서의 핵폭발일 경우 지표면에서는 반경 2,450 km가 EMP 효과 영향권에 든다. 따라서 한반도의 반경이 500 km 정도임을 감안해 본다면, 20 km 이상의 고고도에서 핵폭발 시에는 EMP 효과로 인하여 한반도 전체가 피해 범위 안에 들게 된다.

예를 들어 북한이 20 KT의 핵폭탄을 개성 상공 20 km에서 폭발시킨다면 한국 영공을 침범하지 않고도 한반도 내의 많은 원격통신, 배전 그리드(grid), 차량이나 항공기 등의 점화장치를 파괴시킬 수 있으며, 레이더나 항공기, 미사일 등 군용장비의 전자계통에 피해를 주게 되는데, 상대적으로 전자 장비의 비중이 큰 곳에 피해가 클 것이다.

6.4 EMP 방호

6.4.1 EMP 방호 개념

효과적인 EMP 방호시설 구축을 위해서는 핵폭발 또는 EMP폭탄으로 인한 EMP 효과에 대하여 차폐, 접지, 여파 등의 방법을 통하여 방호시설 내부의 주요 장비와 시설이 정상적으로 작동할 수 있도록 보장해야 한다. 즉, EMP 효과로 인하여 유도되는 고전압과 고전류를 차단하거나 충분히 감쇠시킴으로써 방호시설 내부의 주요 장비를 보호할 수 있어야 한다.

이러한 방호는 특정한 건물 전체에 EMP 방호시설을 함으로써 가능할 수도 있겠으나, 예산 등을 고려해 봤을 때 이러한 방식으로 방호를 제공하는 것은 현실적으로 어려울 수 있다. 이럴 경우에는 특정 건물 전체에 EMP 방호시설을 하는 것보다 EMP 방호를 반드시 필요로 하는 대상과 공간을 적절히 구분하여 EMP 방호시설을 하는 것이 경제적으로 더 타당하다.

6.4.2 EMP 효과의 유입과 방호원리

EMP 효과는 몇 가지 경로를 통하여 군 방호시설 내부로 유입되어 각종 장비들에 피해를 입힌다. EMP 효과가 유입되는 경로는 일반적으로 세 가지로 볼 수 있는데, 직접적으로 건물 외벽을 통한 확산 침투이거나, 창문 또는 출입문 등의 개구부를 통한 개구부 침투이거나, 지향성 안테나 또는 전

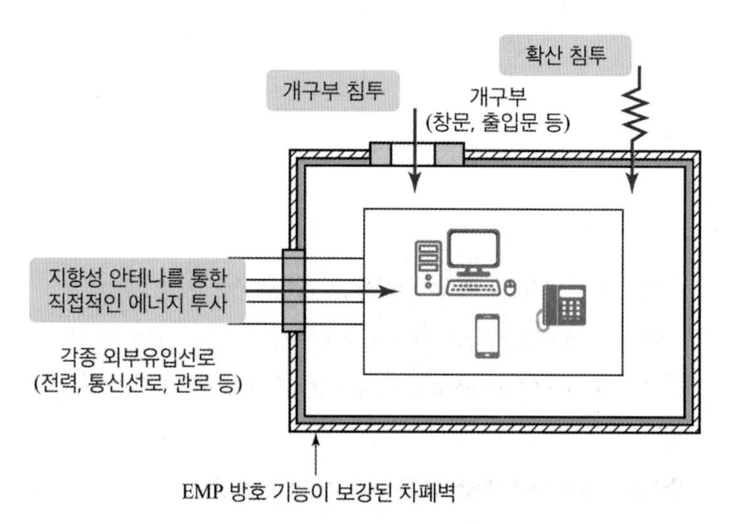

그림 6.12 EMP 효과의 유입

력선, 통신선로 및 관로 등을 통한 직접적인 에너지 투사 등이 그것이다.

이와 같이 EMP 효과의 유입 형태를 고려해 볼 때, 이로부터 대상 장비를 보호하는 기본 원리는 대상 장비가 위치한 공간에 EMP 효과가 내부로 투사되지 못하도록 완전히 차폐하는 것이다. EMP의 실체가 궁극적으로 전자기파인 만큼, 이 전자기파가 특정 공간으로 침투하지 못하도록 완벽하게 차폐하는 것이 가장 이상적인 EMP 방호이다. 그러나 상당한 크기의 일정 공간을 전자기파가 침투하지 못하도록 완벽하게 차폐한다는 것은 기술적으로 어려운 문제이기 때문에, EMP 효과를 단계적으로 차단시켜 점차적으로 감쇠시킴으로써 특정 공간 내부의 장비들이 EMP의 영향을 최소한으로 받으면서 EMP 환경에서도 정상적인 작동을 유지하도록 하는 것이 바람직하다.

여기서 EMP 효과를 감쇠시키는 정도를 차폐효율(Shielding Effectiveness, SE)이라고 하며, 이는 dB(데시벨) 단위를 이용하여 나타낸다. 차폐효율은 EMP에 의해 발생된 전기장, 자기장, 평면파 등에 대하여 각각 다른 요구 수준을 만족시켜야 한다. 다음은 EMP로 인해 유도된 전자기장의 차폐효율을 계산하는 식이다.

$$SE_M = 20\log f - 60 \quad (10^3 \le f < 10^7) \tag{6.3}$$

$$SE_M = 80 \quad (10^7 \le f < 2\times 10^7) \tag{6.4}$$

$$SE_E = 80 \quad (2\times 10^7 \le f < 10^9) \tag{6.5}$$

여기서, SE_M: 자기장 차폐효율

SE_E: 전기장 및 평면파 차폐효율

f : 주파수

$$SE_{PW} = 134.2\sqrt{1-\left(\frac{f}{1.5\times10^9}\right)^2} \quad (10^9 \le f < 1.5\times10^9) \tag{6.6}$$

여기서, SE_{PW}: 10 cm 도파관 차단 주파수 차폐효율

f: 주파수

위 식들에 기초한 EMP 차폐효율에 대한 최소 기준은 **그림 6.13**과 같다. 특히 주파수 10 MHz ~ 1 GHz에서는 80 dB 이상이어야 하며, 다른 주파수 대역에서는 최소한 **그림 6.13**의 차폐효율을 충족하여야 한다.

EMP 방호는 EMP의 전자기장이 차폐벽이나 개구부를 통하여 침투하지 못하거나 충분히 감쇠되도록 방호시설을 금속차폐물로 둘러싸고 등전위접지를 한다. 개구부에는 EMP 방호문을 설치하고, 흡배기구에는 허니콤을 설치하며, 안테나 또는 전력선, 통신선 등을 통한 에너지의 직접 투사를 차단하기 위해 각 용량에 맞는 여파기를 설치하여 방호한다.

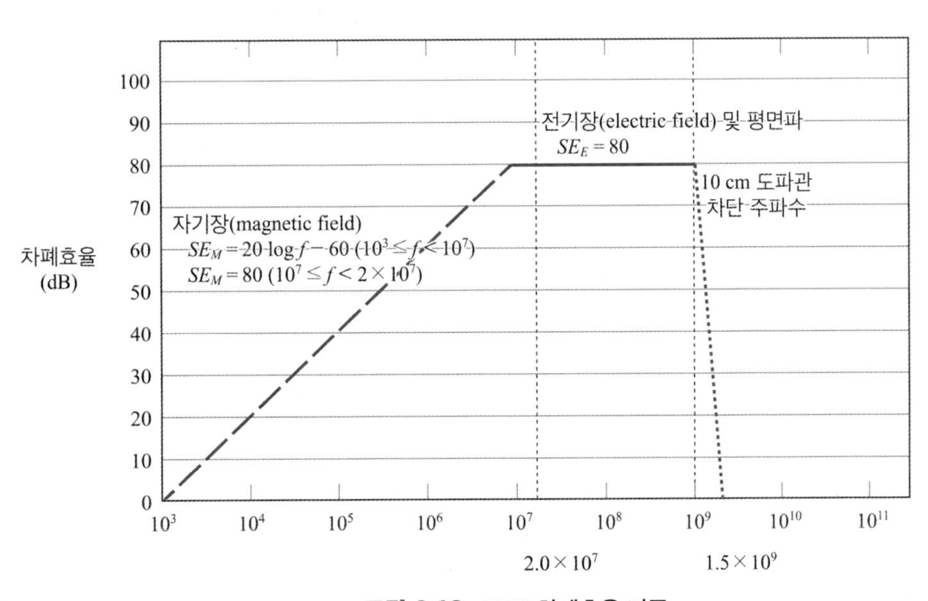

그림 6.13 EMP 차폐효율 기준

CHAPTER 7

방호시설 종합설계

방호시설은 운영 주체, 방호 특성, 방호도, 수용 능력, 설치 위치, 여과장치 등에 따라 다르게 분류할 수 있다.

먼저, 방호시설은 운영 주체에 따라 군사 방호시설과 민방위시설로 분류된다. 순수한 군사 목적을 위하여 군에서 운영하는 군사 방호시설에는 지휘소, 엄체호, 야전축성, 숙영지에서의 대피시설 등이 있다. 주로 중앙 정부나 지방자치단체 등의 책임하에 운영되는 민방위시설 역시 우리가 고려해야 할 중요한 방호시설이다. 왜냐하면 현대전의 특징인 대량 살상과 파괴로부터 국민의 생명과 재산을 보호하여 전쟁 상태에서 국가체제를 유지하며 긴급한 구호 활동을 하고, 전후에는 신속한 복구를 기하기 위해 항상 고도의 민방위 태세를 유지해야 하기 때문이다.

방호 특성에 따라 분류하자면 폭풍과 파편으로부터의 방호와 방사능에 대한 방호로 크게 나눌 수 있으나, 명확한 선을 그어 구분하기는 어렵다. 방호시설은 방호도에 따라 혹은 수용 능력에 따라 두께가 얇은 것부터 두꺼운 것까지, 작은 방호시설부터 대규모에 이르는 방호시설까지 나누어 생각할 수 있고, 설치 위치에 따라서 건물의 일부를 방호시설로 전환할 수도 있고 완전히 별도로 건설할 수도 있다. 또한 여과장치를 사용하여 공기를 실내로 공급하는 통풍형 방호시설과 외부 공기를 완전히 차단시키는 밀폐식 방호시설로 분류할 수도 있다.

일단 유사시 잘 건설된 방호시설로 대피하는 것이 대량 파괴 무기로부터 인원을 보호할 수 있는 가장 확실한 방법이다. 적의 공격 시 적절한 방호시설로 대피하지 못한 인원에게는 방독면과 보호의 등이 유용한 방호수단이 된다. 이러한 개인 방호장비의 사용과 더불어, 도랑에 엎드린다든가 방호가 될 만한 구조물 뒤에 피신하는 등의 개인의 대피활동은 인명 피해를 줄이는 데 도움이 된다. 따라서 이러한 개인의 방호활동이 방호시설의 보완적 역할을 하게 된다는 것을 간과해서는 안 된다.

7.1 방호시설의 기본 요구사항

7.1.1 일반 요구사항 예

- 방호시설은 재래식 무기나 핵무기 공격으로 발생하는 폭풍과 충격에 견딜 수 있도록 견고하고 안전해야 한다.
- 방호시설은 열복사, 초기 핵방사선, 방사능 오염으로부터 대피 인원을 보호할 수 있어야 한다.
- 방호시설은 화학 및 생물학 무기의 공격으로부터 대피 인원을 보호할 수 있어야 한다.
- 방호시설은 대상 인원이 신속히 대피할 수 있도록 근거리에 위치해야 한다.

- 방호시설의 위치는 홍수 다발지역이나 지하수위가 높은 지역, 부근에 급배수용 큰 파이프가 지나는 곳, 큰 저수탱크가 있는 곳 등은 피해야 한다.
- 방호시설에 접근하는 통로 근처에는 가연성 물질이나 악취 나는 물질이 없어야 한다.
- 대피 인원이 장기간 체류해야 할 때는 급수 및 식량의 저장시설이 갖추어져야 한다.
- 방호시설은 이중 용도(dual use)로 건설하여 평시에도 유용한 시설로 활용할 수 있어야 한다.

1) 방호시설의 위치

적의 공격 징후가 있을 때 얼마나 미리 경보를 받을 수 있는가 하는 문제는 방호시설을 계획하는 데 매우 중요하다. 미국에서는 15분, 러시아에서는 20분을 기준으로 하고 있으나, 우리나라에서는 좁은 국토와 적과의 짧은 거리를 감안하면 5~10분도 넘지 못할 것이며, 아마 전혀 경보를 받지 못할 가능성도 있다.

경보를 받은 뒤 방호시설로 대피하기 위해 최초의 반응을 보이는 시간은 약 95%의 사람이 3~7분 정도이다. 경보시간을 10분으로 가정하고 이 최초 반응시간을 평균 5분으로 잡으면 실제 방호시설로 가는 시간은 5분뿐이다. 방호시설로 이동하는 속도는 분당 50~110 m로, 최젓값인 50 m를 기준으로 할 때 5분 동안 250 m를 이동한다. 따라서 방호시설은 대피자의 위치로부터 최대 250 m를 넘지 않는 곳에 있어야 한다.

2) 대피기간

대피 인원이 얼마나 긴 기간 동안 방호시설 내에 대피해야 하는가 하는 문제 역시 방호시설을 계획하고 설계하는 데 중요한 요소가 된다. 즉, 1인당 환기량, 물 저장량, 배설물 처리량, 식량, 전력 소요량 등은 대피기간을 결정하는 데 중요한 고려 요소가 된다.

대피 인원이 방호시설 내에 장기간 머무르는 주요 원인은 방사능 오염 때문이다. 그러므로 대피기간은 초기 방사능 및 낙진의 정도, 인원에 대한 방사선 노출량, 방호시설의 효율, 식품과 식수의 저장량, 대피 인원의 행동 등에 달려 있으나, 이 요소들이 불확실하기 때문에 정확한 대피기간의 산출은 어렵다.

방사능이 인체에 미치는 영향은 총 노출선량과 선율에 달려 있다. 만일 방호시설 내에서 핵폭발 후 최초 4일간에 200 rad 이상의 선량을 받았다면 외부의 방사능이 1.5 rad에 이를 때까지 방호시설 내에 머물러야 하며, 200 rad 이하인 경우에는 외부 방사능이 10 rad일 때 밖으로 나올 수 있다. 방호시설 내에서 받은 총 노출선량이 수 rad 이하로 아주 적다면 밖으로 나오는 시기는 외부의 낙진 오염 정도에 달려 있다. 이런 요소를 감안해서 미국에서는 14일을 표준 대피기간으로 하고 있고,

러시아에서는 수일에서 수개월로 잡고 있다. 대피 인원이 4주 이상 방호시설 내에 머무르는 데는 많은 문제점이 있으므로 대피기간은 최대 28일을 기준으로 하는 것이 타당하다.

3) 식량 및 급수

방호시설 내에 장기간 체류해야 하는 경우에는 식량과 급수문제를 고려해야 한다. 정상적인 사람이 하루에 필요로 하는 열량은 2,000칼로리 정도이지만, 방호시설 내에서는 1일 1,500칼로리로 줄일 수 있으며, 대피기간이 길어짐에 따라 더 줄일 수도 있다. 방호시설 내에서는 일상적인 음식은 적합하지 않으며, 그 환경에 맞는 적절한 식량이 저장되어야 한다. 예를 들면 장기간 체류에 대비하여 표준식으로 포장된 식량을 방호시설 내에 저장하는 문제를 생각할 수 있을 것이다. 알곡은 벌레와 습기로부터 보호된다면 10년까지 저장이 가능하고, 통조림 음식은 2~4년까지 저장이 가능하다.

방호시설 내의 급수문제는 식량문제와 직접적인 관련이 있다. 방호시설 내에서 1인 1일 급수량(단위는 liter per capita day, lpcd)의 절대 최젓값은 인원의 자제력을 전제로 했을 때 1 lpcd까지 내려갈 수도 있으나, 실제로 방호시설 계획 시에는 3~3.75 lpcd로 설정하는 것이 타당하다. 방호시설 내에 외부로부터의 상수도 시설이 되어 있더라도 유사시에 대비하여 별도의 급수시설을 갖춰야 한다. 방호시설 내에 물탱크를 설치하여 물을 저장하거나 우물을 설치할 수도 있다. 이때 우물은 가능하면 수동식 펌프를 사용하는 것이 좋다.

4) 방호시설의 이중 용도

완벽한 방호를 제공할 수 있는 정도로 방호시설을 구축하는 데는 막대한 비용이 필요하며, 이렇게 건설된 시설, 특히 대피시설을 평시에 사용하지 않고 놔둔다면 국가적인 손실이 아닐 수 없다. 따라서 전시에는 대피시설의 기능을 발휘할 수 있도록 하고, 평시에는 다른 용도로 사용할 수 있도록 하는 것이 바람직하다. 평시 용도의 예를 들면 농구장, 배구장, 실내 수영장, 볼링장과 같은 체육시설, 전시장, 교육장, 회의장, 연구실, 사무실, 창고, 커피숍, 식당, 극장 등 여러 가지를 생각할 수 있다.

7.1.2 구조 세목

1) 방호시설의 크기

방호시설을 계획함에 있어서 대피 인원 1인당 기준 소요면적을 설정하는 것은 매우 중요한 일이다. 단순대피의 경우 미국과 러시아에서는 0.93 m^2, 스웨덴에서는 1 m^2를 적정 면적으로 설정하였으나, 성인이 앉았을 때 차지하는 면적을 고려한 절대 최소 면적은 0.46 m^2 정도인 것으로 알려져 있다.

바닥 면적과 함께 공기 공급 면에서 볼 때 1인당 소요용적(容積)도 중요한 고려 요소가 된다. 방호시설의 소요면적은 단순대피의 경우 1인당 면적 1.4 m^2(공용면적 포함)가 적정하며, 시설의 용도가 지휘 통제 및 특수 목적인 경우 1인당 면적 7 m^2(공용면적 포함), 최소 천장 높이는 2.5 m를 기준으로 한다.

2) 철근

실험 결과에 의하면 철근콘크리트 구조에서 철근은 포탄이나 폭탄의 관입을 감소시키는 데 크게 효과적이지 못하다는 것이 밝혀졌다. 그러나 철근은 폭풍과 충격에 의한 인장력에 저항하며, 콘크리트와 부착되어 파쇄를 방지하는 데 상당한 역할을 한다.

철근 설계 및 시공 시 주요 고려사항은 다음과 같다.

- 철근의 배근 간격은 콘크리트 표준 시방서의 규준을 따르되, 파쇄 방지를 위하여 직경이 작은 철근들을 조밀하게 격자입방식(cubic lattice)으로 배근하는 것이 좋다. 벽체 외측의 수직 철근은 내측 철근량의 약 반 정도로 배근한다.
- 양호한 정착을 위하여 모든 철근의 끝은 구부린다. 겹침이음을 할 경우에는 철근 직경의 50배 길이로 한다.
- 특수 통신장비가 방호시설 내에서 사용될 경우, 전기적 장애를 제거하기 위하여 모든 철근은 용접 연결한 다음에 접지시켜야 한다.
- 노출된 콘크리트의 가장자리에는 위장망 등의 설치를 위한 철근 고리를 만들어 두는 것이 좋다.

3) 표면 처리

콘크리트 구조물의 노출 표면은 위장을 할 수 있도록 적절한 대책을 수립해야 한다. 외부의 모서리 부분은 둥글게 함으로써 포탄이나 폭탄이 이 부분에 명중하더라도 도탄이 발생하게 할 수 있으며, 큰 조각의 콘크리트가 튀어나오는 것을 어느 정도 줄일 수 있다.

콘크리트 구조물의 내부 표면도 균열과 파쇄를 감소시키고 충격에 따른 진동 및 전투 소음을 줄이는 방향으로 처리해야 한다. 이를 위해 천장, 벽, 바닥이 연결되는 구석은 필릿(fillet) 처리를 하고, 천장과 벽체에는 파쇄방지판을 설치할 수 있다. 전투 시 엄체호 내의 충격 소음은 대단하여 전투 인원에 대한 심리적 압박이 심대하므로 우레탄 뿜칠 또는 고도의 흡음 재료를 사용하여 음향 및 충격에 대한 처리를 해야 한다. 충격은 바닥을 통해 그대로 내부 인원에게 전달되어 손상을 줄 수 있으므로 바닥에는 탄성이 좋은 고무판 또는 두꺼운 매트 등을 깔아 충격을 완화시킬 수 있다.

4) 방수 처리

방호시설이 지하구조물로 계획될 때는 특히 방수 처리 문제를 소홀히 해서는 안 된다. 일반적으로 지붕 슬래브의 방수는 5 mm 아스팔트 시트 방수 또는 아스팔트 8층 방수 등을 고려할 수 있고, 벽체도 동일한 아스팔트 시트 방수나 액체 방수 2차로 할 수 있으며, 벽체의 최하부에는 바깥쪽으로 피트(pit)를 설치하여 물이 빠지게 해야 한다.

5) 내벽

방호시설의 내벽이 내력벽인 경우에는 설계하중을 충분히 지지할 수 있어야 하지만, 칸막이 기능만이 요구된다면 소음 흡수 처리만 하면 된다. 내벽이 방호 부재로서의 기능이 요구될 경우에는 일반적으로 최소한 60 cm의 두께를 가져야 한다.

6) 출입구 및 비상탈출구

방호시설의 출입 통로는 필요시 차단할 수 있어야 하며, 가능하면 폭풍 포켓을 설치하여 폭풍파 압력을 줄이고, 통로의 벽체도 출입구와 마찬가지로 폭풍과 파편으로부터 방호되어야 한다. 지하 방호시설에서 주 출입구로 향하는 통로는 환자를 수송하거나, 노약자나 장애자가 쉽게 대피할 수 있도록 계단식을 피하고 경사로(ramp)로 설계해야 한다.

그림 7.1에 출입구를 보호하기 위한 차폐벽의 몇 가지 예를 나타냈다. 규모가 큰 방호시설을 계획할 때, 200명당 80 cm × 180 cm 규격의 출입구가 한 개씩 필요하다. 방사능이나 유독 가스 및 생물학 매개체가 출입구를 통해 침투하는 것을 막기 위해 출입구에는 오염통제구역을 두어야 하며, 외곽출입문은 방폭문으로 한다. 또한 방폭문 틈새로 오염공기가 침투하지 못하도록 문 둘레에 고무 실링재를 설치해야 한다. 방폭문의 설계압력은 0.4 kg/cm^{2}를 기준으로 하며, 방폭문의 개폐 방향은 폭풍 발생 방향을 향하게 해야 한다. 그리고 출입구가 파괴되어 사용이 불가능할 때를 대비하여 **그림 7.2**와 같은 비상탈출구를 만들어야 한다.

비상탈출 통로는 90 cm × 100 cm의 지하 터널로 하여 터널 끝에는 외부로 나갈 수 있는 수직 통로를 만들고, 공기가 유통될 수 있게 그릴로 된 문(60 cm × 80 cm)을 달아야 한다. 수직 통로의 밑 부분은 수평 통로보다 1.5 m 정도 더 깊게 파서 파괴 시 수평 통로가 막히지 않게 해야 하고, 탈출구도 지표면보다 1.2 m 높게 하여 유독 가스의 유입을 방지하고 흙더미가 쌓여서 입구가 막히는 일이 없게 해야 한다. 이 탈출구는 인접 건물로부터 건물 높이(H)의 1/2에 3 m를 더한 길이($L = H/2 + 3$) 이상 떨어진 거리에 설치하여 그 건물의 파괴로 탈출구가 봉쇄되는 것을 방지해야 한다.

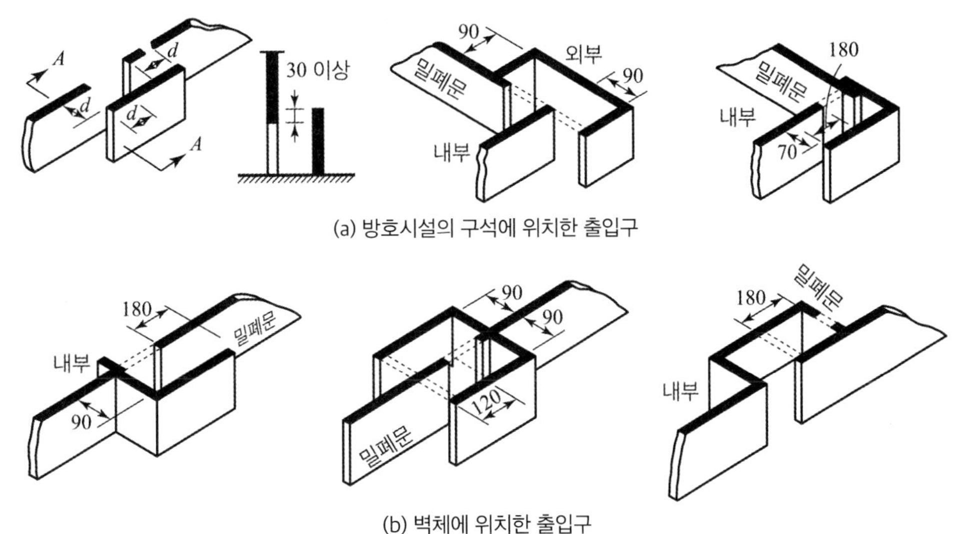

1) 단위: cm
2) 모든 경우의 차폐벽은 단면 A-A의 개구부 높이 이상으로 함

그림 7.1 출입구의 치수와 차폐벽 예

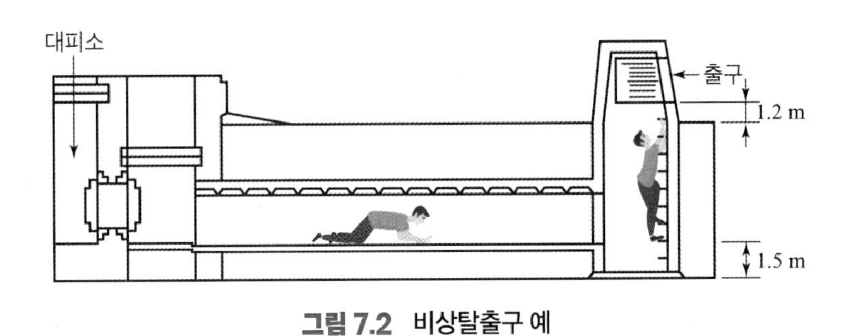

그림 7.2 비상탈출구 예

7.1.3 설비 세목

1) 위생설비

위생(배설물 처리) 문제는 방호시설 내 인원에 대한 식량과 급수문제 못지않게 방호시설 계획에 있어서 중요한 고려 요소이다. 방호시설에서 위생시설의 용량은 4~6 lpcd 정도가 요구되므로 그 상한선인 6 lpcd로 계획함이 타당하다.

방호시설 내에 화장실이 없을 때는 비어 있는 급수통을 사용할 수 있다. 5인을 기준으로 했을 때 2주간의 대피기간에 최소 약 152 L의 배설물이 나오므로 20 L짜리 통 8개 이상을 준비하면 된다. 이보다 큰 용량의 통은 사후 처리가 어려우므로 사용을 피해야 한다.

2) 공기 공급 및 환기

(1) 실내 공기의 오염

화생방 공격을 받게 되면 방사능, 화학 및 생물학 매개물이 공기 중에 혼합되므로 방호시설에 대한 공기 공급 및 환기에 특별한 주의를 하지 않으면 이러한 매개물이 방호시설 내로 유입되어 비극적인 결과를 초래할 수도 있다. 제한된 공간 내에서 인간의 활동은 공기 중의 산소를 소비하고 탄산가스를 증가시키며, 냄새 등이 동반된 분해물질을 생성시킨다. 또한 실내 온도를 높이고 피부 및 호흡을 통한 습기의 기화 현상으로 습도를 증가시킨다. 보통 사람의 신체적인 활동에 대한 에너지 소비량, 호흡량, 산소 소모량, 탄산가스 생성량 등의 관계를 표 7.1에 나타내었다.

(2) 환기 기본 요구사항

방호시설의 환기는 다음을 만족시켜야 한다.

- 방사능 낙진, 화학작용제 또는 세균에 의한 방호시설 내 공기 오염을 막고 연기, 탄산가스, 일산화탄소 등 유해가스를 희석하거나 배출할 수 있어야 한다.
- 체취나 음식, 배설물로부터 나오는 악취를 제거할 수 있어야 한다.
- 신선한 공기를 충분히 유입하여 대피 인원으로 말미암아 발생하는 온도 상승과 습도의 증가를 막아야 한다.
- 실내 공기 중 산소와 탄산가스의 균형을 유지시켜 산소의 함량이 최소 14% 이하로 내려가거나 탄산가스의 함량이 최대 3% 이상으로 올라가지 않게 해야 한다.

방호시설 내 환기는 가스입자여과기를 통해서 유해한 물질을 제거하고 신선한 공기를 유입함으로써 이루어진다. 이 공기 여과기는 동력으로 가동할 수도 있지만, 비상사태를 감안하여 수동식을 고려할 수도 있다. 일반적으로 가스입자여과기는 세 부분으로 구성된다. 첫 부분은 프리필터(prefilter)로서 먼지와 같은 비교적 큰 입자물질을 제거해 준다. 다음 부분은 헤파필터(HEPA filter)로서 아주 미세한 먼지나 박테리아와 같은 생물학적 병원체를 걸러준다. 마지막 부분은 활성

표 7.1 신체활동에 대한 에너지 소비 및 호흡 관계

신체활동	에너지 소비량 (cal/h)	호흡량 (m^3/h)	산소 소모량 (m^3/h)	탄산가스 생성량 (m^3/h)
누워서 휴식	75,600	0.42	0.017	0.014
앉아서 일함	100,800	0.57	0.023	0.019
걷기	252,000	1.42	0.057	0.047
중노동	378,000~756,000	2.12	0.085	0.071

표 7.2 방호시설의 실내 온도와 습도가 인체에 미치는 영향

온도(℃)	습도(%)	신체적 · 심리적 영향
21~24	50~70	편안함
29~32	90	심한 불쾌감(질식할 것 같은 느낌), 혼수상태
33	90	체온 · 맥박 · 호흡 속도의 급상승, 고통스러움
37	95~100	체온의 급상승으로 인한 위험

탄으로서 유해가스를 흡착 제거해 준다. 공기 흡입구와 배기구는 파괴에 대비하여 각각 다른 곳에 설치하되, 여과장비의 공기 흡입구는 작용제의 농도가 비교적 낮은 상층부의 공기를 취할 수 있도록 지표면에서 떨어진 건물 상부에 두는 것이 좋다.

통풍형 방호시설의 출입구에는 압력의 손실이 없는 출입구를 만들기 위해 공기폐쇄실을 설치한다. 공기폐쇄실의 공기압력은 주 대피시설의 내부 압력보다는 낮고, 외부 대기압보다는 높은 압력을 유지해야 한다.

체취나 악취의 제거는 다른 요구 조건이 충족되면 저절로 해결된다. 인체로부터 발생하는 열과 수분으로 말미암아 상승하는 실내의 온도와 습도는 환기장치로 조정한다. 냉난방설비를 할 경우에는 가능하면 전기제품이 바람직하다. 실내의 온도와 습도가 인체에 미치는 영향은 표 7.2에 나타나 있다.

(3) 공기 공급량

방호시설 내에는 산소와 탄산가스의 균형이 유지된 호흡할 공기가 충분히 있어야 한다. 보통 사람이 정상적인 상태에서는 매시간 14.2 L의 산소를 소모하고 11.8 L의 탄산가스를 배출하므로, 실내에 계속적으로 공기가 유입되지 않으면 산소와 탄산가스의 균형이 깨지고 인체에 유해한 영향을 미치게 된다. 표 7.3과 표 7.4에는 공기 중에 포함된 산소와 탄산가스의 양에 따른 인체에 대한 영향이 나타나 있다.

밀폐된 방호시설에서 1인당 용적이 1.3~1.5 m^3라면 2~2.5시간 뒤에는 탄산가스의 함량이 3~4%에 이르러 위험 수준이 된다. 1인당 매시간 최소한 2 m^3의 신선한 공기가 방호시설 내로 공급된다면 탄산가스는 1.5% 이상을 넘지 않게 된다. 그러나 이런 비율(2 m^3/h)로 공기가 유입된다면 10~12시간 후에는 실내 온도가 29~30 ℃에 이르게 된다.

표 7.3 산소 함량에 따른 신체적 반응

공기 중 산소(%)	산소 결핍으로 인한 영향	공기 중 산소(%)	산소 결핍으로 인한 영향
20.9	정상적인 공기, 영향 없음	7	혼수상태 시작
15	즉각적인 영향 없음	5	생명을 유지할 수 있는 최솟값
10	현기증, 짧은 호흡, 급한 심호흡, 빠른 맥박	2~3	1분 이내 사망

표 7.4 탄산가스 함량에 따른 신체적 반응

공기 중 탄산가스(%)	탄산가스에 의한 영향	공기 중 탄산가스(%)	탄산가스에 의한 영향
0.04	정상적인 공기, 영향 없음	7~9	견딜 수 있는 한계
2	심호흡, 흡입공기량 30% 증가	10~11	10분 후 의식 불명
4	더 큰 심호흡, 상당한 불쾌감	15~20	증세 악화, 1시간까지는 치명적이지 못함
4.5~5	호흡 곤란, 멀미	25~30	호흡 중지, 혈압 강하, 수 시간 후 사망

탄산가스 이외에도 공기 중에 일산화탄소가 증가하면 인체에 매우 심각한 영향을 준다. 산림이나 도시의 넓은 지역이 화재에 휩싸이게 되면 다량의 일산화탄소가 방호시설 내로 유입될 우려가 있으며, 공기 중에 0.2% 정도의 극소량인 일산화탄소가 함유되더라도 여러 시간 체류하면 인체에 치명적이다.

(4) 공기 재생

여과기를 이용하여 환기하는 방법 이외에 공기 재생장치를 활용하여 방호시설 내의 산소와 탄산가스의 균형을 유지할 수도 있다. 예를 들면 1 kg의 과산화칼륨은 250 L의 산소를 발생시키며 150 L의 탄산가스를 흡수하여 밀폐된 방호시설 내의 공기를 정화시킨다.

3) 전기설비

전기는 주로 조명용으로 사용되며, 환기나 배기의 동력원으로, 그리고 지하수를 퍼 올리기 위한 양수 펌프용으로 필요하다. 전기시설은 발전소로부터 전력을 공급받거나 자체 발전으로 해결할 수 있지만, 반드시 비상전원시설을 갖춰야 한다. 비상전원으로 가장 좋은 것은 디젤 발전기이며, 발전기 등을 위한 기계실은 방호시설과는 별도로 공기 공급과 배기체계를 갖추고, 출입문도 별도로 계획해야 한다. 또한 전원이 완전히 없을 경우를 대비해서 충전식 비상조명등을 설치해야 한다. 모든 전기제품은 충격에 견딜 수 있고 내구성이 있는 것으로 선정해야 한다.

4) 경보장치 및 통신시설

방호 성과를 극대화하기 위해서는 완벽한 방호시설뿐만 아니라 완벽한 경보시스템을 갖춰야 한다. 공격경보를 받고 즉시 방호시설로 대피하지 않는다면 아무리 훌륭한 방호시설이라도 쓸모가 없으며, 마찬가지로 경보장치가 잘되어 있다고 하더라도 방호시설이 미비하다면 아무 의미가 없다.

경보는 경계경보와 공격경보의 두 가지로 나눌 수 있다. 경계경보는 적이 공격 준비의 징후를 보일 때, 즉 실제로 공격이 있을지의 여부는 미정이지만 공격의 가능성이 있을 때 며칠, 몇 주, 몇 개월의 시간을 갖는 준비 단계의 경보이고, 공격경보는 실제로 적의 탄두가 목표를 향해 날아오고 있을 때 하는 경보를 말한다. 우리나라는 여건상 공격경보시간이 5~10분을 넘지 못할 것으로 추측되며, 공격경보를 받을 시간이 전혀 없을 수도 있다.

방호시설에 인원이 대피한 뒤 출입문을 완전히 폐쇄시키는 시간을 알리거나 적의 공격 간에 그 정보를 시시각각으로 대피 인원에게 알리는 통신시설이 마련되어야 한다. 따라서 공격에 핵무기나 화생무기가 사용되었는지의 여부와 이들에 의한 오염의 종류와 정도를 파악하여 방호시설 내에서 환기장치를 활용하거나 대피시간 등 여러 활동에 지침을 줄 수 있으며, 공격 후 방호시설 밖으로 나와서도 신속한 상황 대처와 복구작업 등에 대한 지침을 줄 수 있다. 또한 주 진입램프(ramp)나 방호시설 내의 중요한 요소에 CCTV(closed circuit television)를 설치하여 운영하면 지휘실에서 효과적으로 통제가 가능하다.

5) 소방설비

방호시설 내의 화재에 대해서도 대책을 강구해 두어야 한다. 또한 이를 위하여 스프링클러나 실내 소화전을 설치하거나 휴대용 소화기를 두어야 한다.

7.2 방호시설의 설계 과정

재래식 무기, 화생전 무기, 핵무기 등 각종 무기의 공격에 대한 방호 요구사항과 방호시설의 기본 요구사항을 통합 적용하여 방호시설의 설계 과정을 요약하면 다음과 같다.

1) 방호등급(방호도) 결정

예상되는 적의 공격 형태와 사용 무기 등을 고려하는 전술적 측면과, 안전한 방호를 제공하기 위한 구조적 측면, 효율적인 예산 사용을 위한 경제적 측면을 함께 고려하여 방호시설의 중요도를 가름하는 방호도를 결정한다.

2) 방호구조물의 두께 산정

방호구조물에 가장 적합한 재료는 철근콘크리트이며, 강재 역시 방폭문 등에 부분적으로 흔히 사용된다. 방호도가 결정된 후에는 방호구조물을 구성하는 3요소인 지붕, 벽체, 바닥에 대하여 그 방호도에 적절한 소요두께를 산정해야 한다. 재래식 무기의 공격에 방호가 가능한 두께를 결정해야 하며, 일반적으로 이렇게 결정된 두께는 화생무기의 공격에도 안전하므로 화생전에 대해서는 별도로 고려하지 않아도 된다.

핵무기 공격에 대한 방호두께의 결정은 주로 방사능에 대한 방호를 기준으로 하며, 핵폭발 효과는 크게 고려하지 않는다. 왜냐하면 핵무기는 폭발 형태, 폭발거리, 무기 위력 등에 따라 다르기는 하지만, 그 충격과 폭발 효과가 너무나도 커서, 예를 들면 1 MT의 핵무기가 표면 폭발 시 견고한 암반에 반경 128 m의 폭발구를 형성할 정도로 크기 때문에, 이에 저항할 수 있는 두께로 구조물을 시공한다는 것은 현실성이 없기 때문이다. 그러나 필요하다면 **표 6.4**에 주어진 구조물에 각종 피해를 줄 수 있는 초과 압력을 근거로 하여 설계압력을 결정한 다음, 이에 저항하는 두께를 설계할 수 있다.

3) 방호시설의 규모

대피용 시설의 경우 사람이 앉은 자세의 점유면적을 고려할 때 1인당 필요한 대피전용면적은 1 m^2 정도이며, 이동통로 등의 공용면적을 포함할 경우 약 1.4 m^2 정도면 무난하다. 이때 기계실이나 오염통제구역과 같은 부대시설의 소요면적은 별도이다. 대피 차원을 넘어 지휘 통제 등의 군사 업무가 방호시설 안에서 행해질 경우에는 위의 면적보다 더 넓은 면적이 필요하다. 활동이 일반 사무인 경우 1인당 소요면적으로 최소한 5 m^2가 필요하며, 통로 등의 공용 부분을 고려하면 약 7 m^2가 필요하다. 물론 전체 면적의 약 30%를 차지하는 기계실이나 개소당 약 60 m^2가 소요되는 오염통제구역 등의 부수시설은 별도이다.

4) 방호시설 평면도

방호시설의 기능을 가장 잘 나타낼 수 있는 평면도는 방호시설 계획 시 우선적으로 고려해야 할 아주 중요한 도면이다. **그림 7.3**에 방호시설 평면도의 한 예가 도시되어 있다. 선정된 방호도에 따라 달라질 수는 있겠으나, 방호시설에는 필수적 시설로 오염통제구역, 화장실, 응급치료실, 피복지급실, 무해구역, 기계실, 급수를 위한 물탱크실 등을 갖춰야 하고, 선택사항으로는 지휘실, 식당, 취사실, 식품저장창고, 의무실, 침실 등을 둘 수 있다.

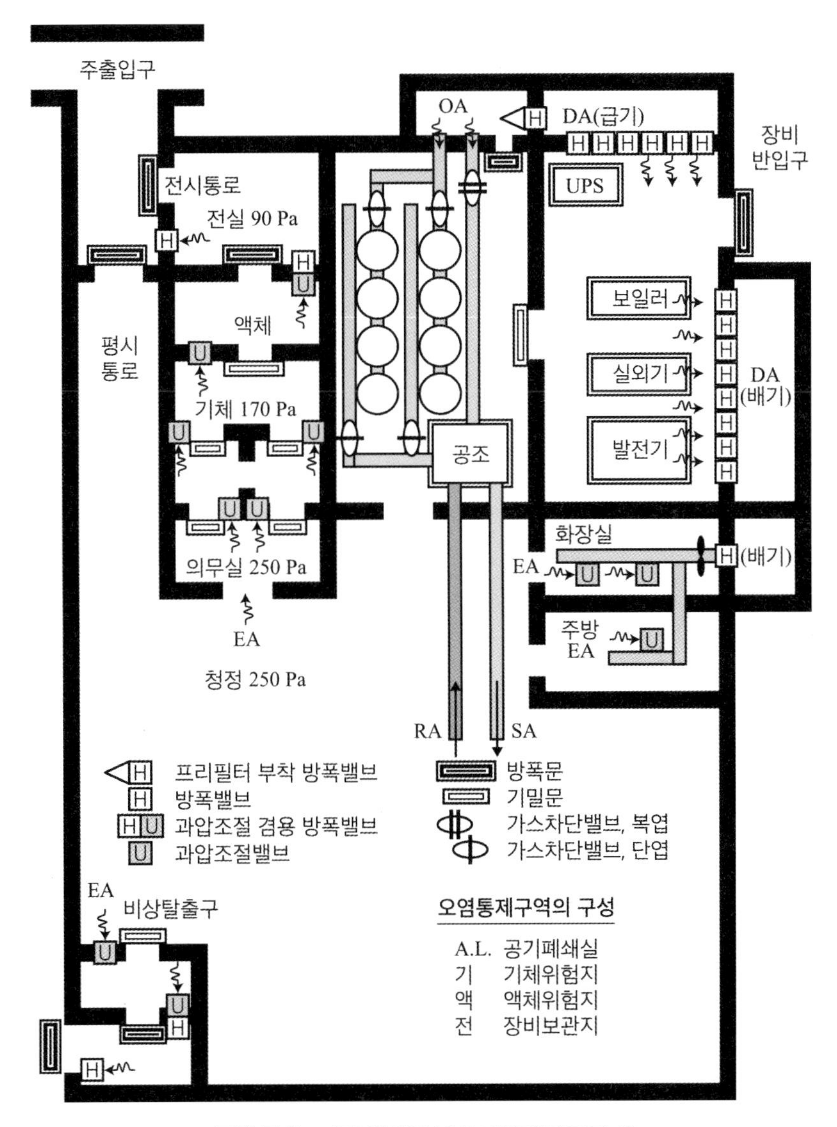

그림 7.3 지하 화생방 방호시설의 평면도 예

(1) 출입 경로

외부가 화학작용제에 의해 오염되지 않았을 때는 출입문(방폭문)을 통해 건물 안으로 직접 들어올 수 있으나, 외부가 화학작용제에 의해 오염되었을 때는 건물 안으로 직접 통하는 방폭문은 폐쇄되므로 오염된 인원은 오염통제구역을 통해 소정의 제독 절차를 거친 다음에 무해구역으로 입장해야 한다.

(2) 지휘실

여기서 지휘실이란 작전을 지휘하는 지휘실이 아니라 방호시설의 운영을 지휘하는 시설을 말한다. 지휘실의 주요 기능은 다음과 같다.

- 오염 탐지: 외부의 오염 여부를 탐지한다. 외부의 주요 개소에 화학작용제 탐지기가 설치되며, 탐지 결과가 이곳으로 전달된다.
- 각종 장비의 작동 상태 모니터링: 가스입자여과기, 환기시스템, 공기조절밸브, 비상발전기, 송풍기 등 각종 장비의 작동 상태를 모니터링한다.
- 감시: 외부 및 내부의 주요 개소에 설치된 CCTV를 통해 상황을 감시한다.
- 통신 및 방송: 방호시설 운용요원과의 통신이나, 통제 및 전달사항 전파를 위한 방송을 실시한다.

(3) 식당과 취사실

방호시설 내 공간의 여유가 있을 때는 별도의 식당을 운영할 수 있고, 장기간 대피할 경우를 대비하여 취사실도 둘 수 있다. 취사실에는 식품저장창고를 설치해야 하며, 조리시설은 전기제품으로 해야 한다.

(4) 급수시설

급수를 위한 물 저장용 탱크는 가능하면 방호시설과 같거나 높은 층에 설치하여 자연유하식(自然流下式)으로 물을 공급하도록 하고, 지하수를 양수하기 위한 펌프는 유사시를 대비하여 수동 겸용 전기식으로 하는 것이 좋다. 1일 급수량은 수용 인원 1인당 약 26 L가 적당하다.

(5) 기계실

기계실에는 공기여과장치, 냉난방기계설비 등을 설치하여 운영하며, 방호시설의 평면이 협소할 경우에는 발전실 기능을 이곳에 통합시켜 운영할 수 있다. 기계실의 출입구는 외부에 별도로 두어야 하며, 방호시설 내부와 연결되는 출입문은 반드시 가스차단문으로 해야 한다.

(6) 화장실

방호시설이 일정 규모 이상일 경우에는 화장실은 반드시 남녀용을 구분하여 계획해야 한다.

단위환산표

1. SI계, CGS계, MKS계 기본 단위

구분	SI계	CGS계	MKS계
길이	cm	cm	m
질량	kg	g	$kgf \cdot s^2/m$
시간	s	s	s
힘	N	dyn	kgf
응력	N/m^2 또는 Pa	dyn/cm^2	kgf
양력	Pa	dyn/cm^2	kgf/m^2
에너지(일)	J	erg	$kgf \cdot m$
공률	W	erg/s	$kgf \cdot m/s$

2. 접두어 명칭

배수	접두어 명칭	기호	배수	접두어 명칭	기호
10^9	giga	G	10^{-1}	deci	d
10^6	mega	M	10^{-2}	centi	c
10^3	kilo	k	10^{-3}	milli	m
10^2	hecto	h	10^{-6}	micro	μ
10	deca	da	10^{-9}	nano	n

3. 힘 단위환산

구분	환산계수		
N	1	9.80665	4.44822
kgf	1.01972×10^{-1}	1	4.53592×10^{-1}
lbf	2.2481×10^{-1}	2.20462	1

4. 모멘트 단위환산

구분	환산계수		
N	1	9.80665	1.35581
kgf	0.10197	1	0.138255
lbf	0.73756	7.23305	1

5. 응력 단위환산

구분	환산계수		
N/mm^2(MPa)	1	9.80665×10^{-2}	6.89476×10^{-3}
kgf/cm^2	1.01972×10	1	7.0306×10^{-2}
psi	1.4504×10^2	1.4504×10	1

6. 길이 단위환산

구분	환산계수		
m	1	0.0254	0.3048
in	39.37	1	12
ft	3.281	0.08333	1

주요 용어해설

- **강도(strength)**: 재료가 외력에 견딜 수 있는 내적 저항력, 부재나 구조물이 그 기능을 유지하면서 받을 수 있는 최대 하중 또는 응력의 크기
- **균형(balance)**: 한 부재 내에서 압축력과 인장력이 같거나 미소 요소의 좌우 측면에서 전단력 또는 휨모멘트가 같은 상태
- **극한강도(ultimate strength)**: 부재의 응력이 최대일 때의 강도
- **극한응력(ultimate stress)**: 변경경화 이후 하중을 계속 증가시킬 때 작용하는 하중이 최댓값에 도달하게 될 때의 응력
- **내력(internal force)**: 외력을 받는 부재 또는 구조물 등의 내부에 생기는 힘
- **단면력(section forces)**: 구조부재를 임의로 절단했을 때, 한 단면이 다른 단면에 서로 작용하는 내적 힘. 축력, 전단력, 휨모멘트, 비틀림모멘트의 네 가지가 있음
- **단순보(simple beam)**: 두 개의 지점으로 지지되며, 한쪽은 힌지지점, 다른 쪽은 롤러지점인 정정보
- **도심(centroid)**: 단면의 중심
- **등분포하중(uniform load)**: 하중의 분포 상태가 하중 작용 방향으로 일정한 하중
- **모멘트(moment)**: 힘이 물체를 어떤 점이나 축을 중심으로 회전하도록 작용하여 발생하는 힘의 회전 효과
- **반력(reaction)**: 구조물의 지점에 유발되는 반작용력
- **변위(displacement)**: 구조물의 처짐각(rotation)과 처짐(deflection)을 총칭함
- **변형률(strain)**: 변형 가능한 물체에 외력이 작용하면 물체가 변형되는데, 변형량을 원래 치수로 나눈 값
- **보(beam)**: 어떤 구조물의 축에 측면으로 작용하는 힘을 지탱하기 위해 설계된 부재. 축 방향에 대해 수직인 하중을 받는 구조부재
- **선형 탄성(linear elastic)**: 재료가 탄성적으로 거동하면서 응력과 변형률 사이의 관계가 선형적으로 나타나는 것
- **세장비(slenderness ratio)**: 물체의 유효길이를 단면 회전 반지름으로 나눈 값

- **소성(plasticity)**: 외력이 탄성한계를 넘어 작용했을 때 큰 변형이 생기고, 외력을 제거하여도 원래의 상태로 돌아가지 않고 변형이 남는 성질
- **안전율(factor of safety)**: 항복점 강도를 허용응력으로 나눈 값
- **연성(ductility)**: 파단이 일어나기 전까지 큰 변형률에 견디는 재료의 성질
- **연속보(continuous beam)**: 여러 개의 지지점 위에 연속적으로 놓여 있는 보
- **응력(stress)**: 축력에 대해서는 단위면적당 힘으로 정의하며, 휨응력은 휨모멘트를 단면계수로 나눈 값
- **인장(tension)**: 균일 단면 봉 등에서 축하중이 봉에 균일한 신장을 일으키는 것
- **자유물체도(free body of diagram)**: 역학적 대상 물체를 서로 연관되어 있는 주위의 물체에서 분리하여 주위의 물체로부터 받는 힘을 그려 넣은 그림
- **전단강도(shearing strength)**: 재료에 가할 수 있는 최대 전단력을 원래의 단면적으로 나눈 값
- **전단력(shear force)**: 부재의 축에 대해 직각 방향으로 힘이 작용할 때, 그 면에 따라서 부재를 절단하려고 하는 힘
- **전단력도(shear force diagram)**: 부재 위치에 따른 전단력의 변화를 나타낸 그림
- **정역학적 평형상태(static equilibrium)**: 어떤 질점이나 강체에 작용하는 힘의 합력이 0인 상태
- **정하중(static load)**: 운동에 의한 동적 영향이나 초기 영향이 없는 하중
- **중립축(neutral axis)**: 중립면과 임의 단면이 교차하여 이룬 선
- **처짐(deflection)**: 보가 하중을 받아 변형되었을 때 그 축상의 임의의 점의 변위에 연직 방향의 거리
- **처짐곡선(deflection curve)**: 직선인 보가 하중을 받아 곡선으로 휠 때 보의 중립축이 이루는 곡선
- **축력(axial forces)**: 부재의 축에 따라 그 부재를 인장 또는 압축하려는 힘
- **취성 재료(brittle material)**: 재료가 인장할 때 비교적 작은 변형률 값에서 파단을 일으키는 재료
- **탄성(elasticity)**: 외력을 제거하면 변형이 없어짐과 동시에 원래의 형상으로 돌아가는 성질
- **탄성계수(modulus of elasticity)**: 선형 탄성 영역에서 응력-변형률 선도의 기울기
- **평형상태(equilibrium state)**: 어떤 물체가 움직이지 않는 정지 상태 또는 등속도운동을 하는 상태
- **푸아송비(Poisson's ratio)**: 재료에 인장 또는 압축을 가한 경우 그 힘의 방향으로 신축함과 동시에 힘과 직각 방향으로도 변형이 생기는데, 단위길이당 가로 변형과 세로 변형의 비

- **하중(load)**: 구조물에 작용하는 외력으로, 일반적으로 구조물 자체 중량인 고정하중과 크기와 작용 위치가 시간에 따라 변하는 활하중, 풍하중, 설하중, 지진하중, 정수압 및 토압 등을 총칭함
- **항복(yielding)**: 응력-변형률 선도에서 비례한도를 넘어 하중을 점차로 증가해 가면 응력에 비해 변화율이 훨씬 급속도로 증가하며, 응력-변형률 곡선의 경사가 점차 작아지다가 수평이 되는 점에 도달하는데, 이 점에서부터 인장력이 거의 증가하지 않더라도 변형만은 증가하는 현상
- **항복응력(yielding stress)**: 재료가 항복되는 점에서의 응력
- **허용응력(allowable stress)**: 탄성설계에 있어서 정해진 하중 상태에 대해 재료에 허용되는 최대 응력. 항복응력을 안전율로 나눈 값

참고 문헌

- 강영철 등. (2008). 토목환경공학개론. 청문각.
- 국립전파연구원. (2014). 고출력 · 누설 전자파 안전성 평가 기준 및 방법 등에 관한 고시.
- 국방부. (2011). 폭발물의 적정 보호기준에 관한 연구.
- 국방시설본부. (2022). 국방 · 군사시설 기준(DMFC 2-02-10) 방폭 및 방탄시설 설계기준.
- 김석봉, 오경두, 백상호, 이준학, 박영준, 백종혁. (2013). 방호공학. 청문각.
- 육군사관학교. (1984). 군사구조물. 청문각.
- 이평수. (1997). 재래식 무기에 대한 방호설계 기본. 군사연구총서 제21집. 육군사관학교 화랑대연구소.
- 이평수, 강영철. (2003). 구조물 방호설계. 군사연구총서 제46집. 육군사관학교 화랑대연구소.
- 이평수 등. (2003). 방호공학. 청문각.
- American Society of Civil Engineers(ASCE). (2010). Design of Blast Resistant Buildings in Petrochemical Facilities.
- Commission to Assess the Threat to the United States from Electromagnetic Pulse(EMP) Attack. (2004). Report of the Commission to Assess the Threat to the United States from Electromagnetic Pulse(EMP) Attack. U.S. Department of Defense.
- Federation of American Scientists(FAS). (2009). Electromagnetic Pulse(EMP) – A Clear and Present Danger.
- Friedlander, F. G. (1946). The Diffraction of Sound Pulses I. Diffraction by a Semi-Infinite Plane Barrier. Proceedings of the Royal Society of London. Series A. Mathematical and Physical Sciences, 186(1006), 322-344.
- Glasstone, S., & Dolan, P. (1977). The Effects of Nuclear Weapons. U.S. Department of Defense.
- Gosling, F. G. (1999). The Manhattan Project: Making the Atomic Bomb (DOE/MA-0001). History Division, Department of Energy.
- Morari, C., & Balan, I. (2015). Methods for determining shielding effectiveness of materials. Electrotehnica, Electronica, Automatica, 63(2), 126.

- North Atlantic Treaty Organization. (2010). AASTP-1: Manual of NATO Safety principles for the storage of military ammunition and explosives. Allied Ammunition Storage and Transport Publication.
- Office of Technology Assessment(OTA). (1979). Nuclear Bomb Effects.
- Oughterson, A. W., & Warren, S. (Eds.). (1956). Medical Effects of the Atomic Bomb in Japan (Chapter 4). McGraw-Hill Book Co., Inc.
- Radiation Effects Research Foundation. (2005). Reassessment of the Atomic Bomb Radiation Dosimetry for Hiroshima and Nagasaki – Dosimetry System 2002. https://www.rerf.or.jp/library/scidata/scids/ds02/index.html
- Riedel, W., Thoma, K., & Hiermaier, S. (1999). Penetration of Reinforced Concrete by BETA-B-500 Numerical Analysis Using a New Macroscopic Concrete Model for Hydrocodes. Fraunhofer-Institut für Kurzzeitdynamik, Ernst-Mach-Institut.
- U.S. Department of Defense. (1959). EM 1110-345-413: Design of structures to resist the effects of Atomic Weapons.
- U.S. Department of Defense. (1998). MIL-STD-188-125-1: High-Altitude Electromagnetic Pulse(HEMP) Protection for Ground-Based C4I Facilities Performing Critical, Time-Urgent Missions.
- U.S. Department of Defense. (2014). UFC 3-340-02: Structures to Resist the Effects of Accidental Explosions.
- U.S. Department of Defense. (2024). The Defense Explosives Safety Regulation(DESR) 6055.09: DoD Explosives Safety Standards.
- U.S. Department of Energy. (1945). Nagasaki Atomic Bombing. https://www.osti.gov/opennet/manhattan-project-history/Events/1945/nagasaki.htm
- U.S. Department of the Army. (1984). TM 5-855-2, Designing Facilities to resist Nuclear Weapon Effects.

- U.S. Department of the Army. (1986). TM 5-855-1, Fundamentals of Protective Design for Conventional Weapons.
- U.S. Department of the Army. (2018). U.S. Army Explosives Safety Handbook.
- U.S. Department of the Army, the Navy, and the Air Force. (1990). TM 5-1300, Structures to resist the effects of accidental explosions.
- White, D. R., Griffith, R. V., & Wilson, I. J. (1992). ICRU Report 46: Photon, electron, proton, and neutron interaction data for body tissues. Journal of the International Commission on Radiation Units and Measurements.

찾아보기

ㅅ

ㅇ

ㅈ

ㅍ

ㅎ

기타